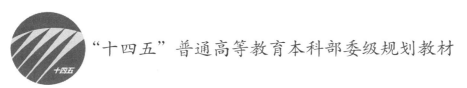

"十四五"普通高等教育本科部委级规划教材

U0161759

饮品与调酒

李祥睿　陈洪华　主　编

中国纺织出版社有限公司

图书在版编目（CIP）数据

饮品与调酒 / 李祥睿，陈洪华主编 . -- 北京 ： 中国纺织出版社有限公司， 2023.12

"十四五"普通高等教育本科部委级规划教材

ISBN 978-7-5229-0473-3

Ⅰ.①饮… Ⅱ.①李… ②陈… Ⅲ.①饮料—制作—高等学校—教材②酒—调制技术—高等学校—教材 Ⅳ. ① TS27 ② TS972.19

中国国家版本馆 CIP 数据核字（2023）第 056440 号

责任编辑：舒文慧　　　　特约编辑：吕　倩
责任校对：王花妮　　　　责任印制：王艳丽

中国纺织出版社有限公司出版发行
地址：北京市朝阳区百子湾东里 A407 号楼　邮政编码：100124
销售电话：010—67004422　传真：010—87155801
http://www.c-textilep.com
中国纺织出版社天猫旗舰店
官方微博 http://weibo.com/2119887771
三河市宏盛印务有限公司印刷　各地新华书店经销
2023 年 12 月第 1 版第 1 次印刷
开本：710×1000　1/16　印张：21.25
字数：369 千字　定价：58.00 元

　　《饮品与调酒》既是研究饮品与调酒制作工艺的一门课程，也是高等教育旅游和烹饪等相关专业的一门必修课程。教材编写过程中，体现出系统性、科学性、实用性和专业性等原则，注重知识的应用性和可操作性，理论和实践相结合，使之能够顺应饮品与调酒发展的潮流，合乎酒吧饮品和调酒发展的节奏，最大限度地发挥本教材的专业示范和指导作用。

　　本教材有上、下两篇，分别为饮品和调酒。在上篇的八章中主要介绍了饮品的概念、分类及发展概况，以及蒸馏酒、酿造酒、配制酒、茶、咖啡、碳酸饮料、果蔬汁饮料、乳品饮料、冷冻饮品、饮用矿泉水、新型饮料等相关饮品的知识；在下篇的五章中主要介绍了酒吧和调酒业的起源与发展、酒吧常用器具和设备、鸡尾酒的调制、鸡尾酒的配方等相关内容。知识叙述全面，内容阐述恰当，具有很高的实用价值。

　　本教材由扬州大学李祥睿、陈洪华担任主编，扬州大学毕亮，江苏旅游职业学院董芝杰，安徽工商职业学院蒋一璟，无锡旅游商贸高等职业技术学校徐子昂，广东省顺德职业技术学院李东文、仲玉梅，杭州第一技师学院王爱明，安徽黄山学院孙克奎，重庆商务职业学院韩雨辰担任副主编，其他具体分工如下：第一章、第二章由扬州大学李祥睿、陈洪华撰写；第三章由扬州大学毕亮撰写；第四章由广东省顺德职业技术学院李东文、仲玉梅撰写；第五章由无锡旅游商贸高等职业技术学校徐子昂撰写；第六章由安徽工商职业学院蒋一璟撰写；第七章由重庆商务职业学院韩雨辰撰写；第八章由扬州大学李祥睿、陈洪华撰写；第九章由杭州第一技师学院王爱明、安徽黄山学院孙克奎撰写；第十章由江苏旅游职业学院董芝杰撰写；第十一章、第十二章、第十三章等由扬州大学李祥睿、陈洪华撰写。全书由李祥睿、陈洪华统稿总纂。

　　本教材在撰写过程中参考了部分国内外同行的相关著作和文献资料，其目录附在书稿后。另外，本书稿在编写过程中得到了扬州大学旅游烹饪学院领导、中国纺织出版社有限公司的大力支持,也得到了扬州大学本科教材出版基金的支持,在此一并表示谢忱。

李祥睿　陈洪华

2022 年 9 月 20 日

《饮品与调酒》下篇教学内容及课时安排

章 / 课时	课程性质 / 课时	节	课程内容
第九章 （2 课时）			·调酒业简述
		一	调酒的产生与发展
		二	调酒师的职业素养
		三	调酒师的等级标准
第十章 （2 课时）			·酒吧简述
		一	酒吧概述
		二	酒吧的组织结构
		三	酒吧员工的岗位职责
		四	酒吧的工作程序和服务标准
第十一章 （2 课时）			·酒吧常用器具和设备
		一	酒吧常用器具
	下篇 调酒 （12 课时）	二	酒吧常用设备
		三	酒吧常用器具、设备的清洗和消毒
第十二章 （2 课时）			·鸡尾酒的调制
		一	鸡尾酒的概念
		二	鸡尾酒的传说
		三	鸡尾酒的分类
		四	鸡尾酒的命名
		五	鸡尾酒的基本组成
		六	鸡尾酒的调制概述
		七	鸡尾酒的色彩搭配
		八	鸡尾酒的香气配制
		九	鸡尾酒的口味调配
		十	鸡尾酒的造型装饰
第十三章 （4 课时）			·鸡尾酒的配方
		一	鸡尾酒调制常用度量换算
		二	世界上著名的鸡尾酒配方

目 录

上篇　饮品

下篇　调酒

上篇　饮品

第一章　饮品概述

本章内容：饮品的概念、分类及发展概况

酒的概述及分类

酒的饮用方法

软饮料的概述及分类

软饮料的饮用方法

教学时间：2 课时

教学方式：由教师介绍饮品的相关知识，对比讲解酒和软饮料。

教学要求：1. 了解酒与软饮料的概念。

2. 熟悉酒与软饮料的分类方法。

3. 掌握酒与软饮料的饮用方法。

课前准备：准备一些饮品的样品，进行对照比较。

第一节　饮品的概念、分类及发展概况

一、饮品的概念

饮品即为饮料（Beverage），又称为酒水，是指经过加工制造供饮用的液态食品。英语牛津字典解释为"Any sort of drink except water,e.g. milk,tea,wine and beer."意指除水以外的任何一种可饮用的液体，如牛奶、茶、葡萄酒、啤酒等。可见，饮品是一切含酒精与不含酒精饮料的统称。

二、饮品的分类

世界上饮品品牌不计其数，令人眼花缭乱，其分类方法和标准各国也不尽相同。然而，从有无酒精来分，我们可以把所有的饮品分为非酒精饮料和含酒精饮料两大类。

（一）非酒精饮料（Non-alcoholic Drinks）

非酒精饮料又称为软饮料（Soft Drink），它是一种不含酒精的、提神解渴的饮品。虽然少数软饮料含有0.5%（体积分数）以下的酒精，但这部分酒精仅仅是作为调香调味之用，因而，这些"软饮料"仍划归为非酒精饮料。

非酒精饮料是近代和现代食品工业的产物，主要包括世界三大饮料（茶、咖啡、可可）以及果蔬饮料、碳酸饮料、矿泉水及蒸馏水饮料、乳饮料及其他保健饮料等。

（二）含酒精饮料（Alcoholic Drinks）

含酒精饮料就是我们通常所说的酒，它是指酒精含量为0.5%～65%的饮料。酒精是用含淀粉或含糖物质为原料，经发酵制作而成的一种无色、易燃的液体，能按任何比例与水混合。酒是一种特殊的饮料，因为酒液里含有酒精，所以它主要不是为了解渴，而是使人兴奋、麻醉，带有刺激性。

三、饮品的发展概况

人类的生存离不开饮和食。随着人类社会的发展，人类对饮品的需求，通过对自然的发掘改造有了很大的进步。例如，茶、咖啡和果汁类的饮品相继出现在最早期的人类社会里。随着加工设备和技术的改进，欧洲国家与中国等相继发明了酿造葡萄酒的技术，其后烈酒的生产也得以迅速发展，产品遍及全世界。

饮品的概念、
分类与发展情况

在饮品的历史发展长河中，酒的出现和发展给人类社会带来了无穷的欢乐，它使人类懂得了享受的含义，也使人类对自己的传统习惯实现了第一次革命性的改革，其结果是大大促进了饮品的蓬勃发展。

饮品的第二个发展高潮是以种类繁多的酒的大规模生产为突破口，其历史背景是随着地区间的贸易和商业发展，国与国之间广泛交流，促进了各种酒的大量生产，扩大了其销售范围，同时，也增加了各种酒的综合利用，各种混合饮品正是在此时出现并广为流行的。

饮品的第三个高潮是第二次世界大战之后到今天，由于科学技术的进步和酿酒工艺设备的现代化，在饮品这个大家庭里又诞生了许多新品种，除了葡萄酒类、烈酒、啤酒和利口酒（香甜酒类）外，还有汽水类、果汁类、蔬菜汁类、矿泉水、蒸馏水、纯净水、活性水、植物蛋白饮料等饮品的开发和生产，这就大大地丰富了整个饮品市场，与此同时，随着制冷设备和酒吧工具的不断发展，鸡尾酒的调制技术日趋成熟，出现了很多经典的鸡尾酒品种，也使饮品日趋成为现代生活享受的重要组成部分。

在 21 世纪的今天，随着世界各国经济的发展和生活水平的提高，人们对饮品的选择开始讲究营养和口味。目前中国、日本、美国和欧洲国家开发饮品新产品呈如下趋势。

第一，重视天然成分。在传统含二氧化碳的饮品中加入各种鲜果汁，成为含二氧化碳饮品的新产品，如美国可口可乐公司在新加坡推出的樱桃可口可乐，还有在葡萄酒等清凉低度酒饮品中加入鲜果汁，果汁浓度一般在 3%～10%。

第二，重视研制具有热带风味的果汁饮品。传统的果汁饮品大多为柑橘汁、橙汁，欧洲一些国家以苹果汁为主。而今天带有热带风味的饮品如椰子汁、芒果汁、菠萝汁、西番莲汁等，深受消费者欢迎。

第三，重视开发保健减肥饮品。德国研制出一种果皮芳香饮品，它呈玫瑰色，是一种保健减肥饮品；日本研制成香菇饮品和茶饮料；美国研制成大米发酵饮品；在我国上市的减肥可乐、减肥百事等减肥汽水，均很受欢迎。

第四，重视开发蔬菜汁饮品。把蔬菜加工成蔬菜汁饮品是近几年国外兴起的一种新的品种。因蔬菜中含有一种生理活性物质——酶，可直接参与人体的新陈代谢，并可促使人体的某些物质的结合和分解。此外，某些蔬菜还有一定的辅助治疗作用。所以蔬菜汁饮品被许多国家重视。近年来各国开发的此类饮品有胡萝卜汁、芦笋汁、白菜汁、白萝卜汁、大蒜汁等，复合菜汁和发酵菜汁也在开发之中。

第五，重视开发营养、保健、低度、安全的各类饮品。随着人民生活水平的提高，酒类消费更重视安全、营养和保健功能，酒类市场出现多样化、低度化、营养化、绿色化趋势。高度烈酒和杂类酒消费开始下降，果酒、啤酒消费加速上升。

总之，饮品的发展主要与社会的经济发展水平息息相关，经济发展好了，人们的生活水平就自然而然地提高了，人们对饮品的消费要求也是越来越高。

第二节　酒的概述及分类

一、酒的概述

（一）酒的概念

根据《现代汉语词典》的解释：酒是一种用粮食、果品等含淀粉或糖的物质经发酵、蒸馏而成的含乙醇、带刺激性的饮料。

酒的概念、
分类与饮用方法

从饮品的分类角度来讲，所谓"酒"，就是上文所说的"含酒精饮料（Alcoholic Drink）"。因为习惯上，人们把含有酒精（乙醇）的饮料称为酒类，并规定了酒精的最低含量标准必须大于或等于 0.5%（体积分数），最高含量需小于或等于 65%（体积分数）。

（二）酒精的特性

酒中最重要的成分是酒精（乙醇），酒精的特性在很大程度上决定了酒的特性。酒精的主要物理特性是：常温下呈液态、无色透明、易挥发、易燃烧，沸点为 78.3℃，冰点为 −114℃；不易感染杂菌，刺激性较强；可溶解酸、碱和少量油类，不溶解盐类，可溶于水；酒精与水相互作用释放出热量，体积收缩，以 53% 的酒精与水分子结合最紧密，因而刺激性相对小（我国有许多白酒便是 53° 的）。

除含酒精外，酒中还有其他多种物质，主要包括水分、总醇类、总醛类、总酯类、糖分、杂醇油、矿物质、微生物、酸类、酚类及氨基酸等物质。这些物质虽然在酒中所占比重甚小，但这些物质对酒的质量以及色、香、味、体等有很大的关联，决定了酒与酒之间千差万别的口味。同时，酒是由五谷杂粮、果实制成。中医认为酒有水谷之气，味辛甘，性热，易入心肝二经，所以有通畅血脉、行气活血、祛风散寒、清除冷积、医治胃寒、强健脾胃以及运行药势的功效。适量饮酒，可使人思维活跃，激发人的智慧，强心提神、缓解疲劳、促进睡眠。酒进入体内，可扩张血管，增加血流量；酒对味觉、嗅觉也是一种刺激，可反射性地增加呼吸量、增进食欲。经测试得知：人体内含少量酒精，可以提高血液中的高密度脂蛋白的含量和降低低密度脂蛋白的水平，为此少量饮酒可减少因脂肪沉积引起的血管硬化、阻塞的机会。

总之，酒精能刺激人的神经和血液循环，但过量饮用也会引起中毒。

（三）酒的度数

所谓酒度（或称为酒精强度）通常是指其在 20℃ 时酒精（乙醇）的百分含量。乙醇在饮料酒中的含量是用酒度来表示的。目前，国际上酒度表示法有三种。

1. 标准酒度（Alcohol % by volume）

标准酒度（Alcohol % by volume）或称盖·吕萨克（Gay Lusaka，其缩写为 GL）酒度，是用酒精体积分数（%）表示酒度的。

标准酒度是法国著名化学家盖·吕萨克发明的。它是指在温度 20℃ 条件下，每 100mL 酒液中含有多少毫升的酒精。这种表示法比较容易理解，因而使用较为广泛。我国酒度是以此为标准的，例如，在 20℃ 条件下，某种酒含酒精 38%，则该酒为 38°。

从 1983 年开始，当时的欧洲共同体成员国和英国统一实行 GL 标准，即按酒精所占液体容量的百分比作为度数，用符号"。"表示。而美国仍沿用 proof 方式。

2. 酒精的质量百分数表示酒度（Alcohol % by weight）

酒精的质量百分数即 100g 酒中含有纯酒精的质量（g）。例如啤酒的酒度就采用这种表示法。因为德国是世界上啤酒发展最早的国家，该国用酒精的质量分数（%）表示啤酒的酒度，所以后来世界各国均照此表示，但近几年来，不少国家也都以酒精体积分数来表示啤酒的酒度了，即上述两种表示方法并用。但应注意，酒精在 20℃ 时的相对密度约为 0.7893。故若某啤酒的相对密度为近于 1，则用酒精质量分数（%）表示的酒度，要比以酒精体积分数（%）表示的酒度数值小得多。

3. 英制酒度（Degrees of proof U.K. & Sikes）

英制酒度（Degrees of proof U.K.）又称 Sikes，它是 18 世纪由英国人克拉克（Clark）创造的一种酒度计算方法；规定在 60°F（约 15.5℃）下，英式度数的 100，即为酒精体积分数 57.07%（含质量百分数 49.44%），英国威士忌的酒度就是这样表示的。

4. 美制酒度（Degrees of proof U.S.）

美制酒度用酒精纯度（proof）表示，一个酒精纯度相当于 0.5% 的酒精含量。规定在 60°F（约 15.5℃）下，不含水的纯酒精的 U.S.proof 为 200，即纯水的 U.S.proof 为 0，一般来讲，只要将 U.S.proof 的度数除以常数 2，所得的商即为以酒精的体积百分数表示的酒度。

5. 酒度之间的量度换算

英制酒度和美制酒度的发明都早于标准酒度的出现。古代将蒸馏酒酒在火药上，凡能点燃火药时的蒸馏酒的最低酒度，即为标准酒度100。它们都用酒精纯度"proof"来表示。

但三种酒度之间可以进行换算。因此，如果知道英制酒度，想算出它的美制酒度或标准酒度，只要有下列公式就可以算出来：

标准酒度 ×1.75= 英制酒度

标准酒度 ×2= 美制酒度

英制酒度 ×8/7= 美制酒度

6. 鸡尾酒的酒度计算

鸡尾酒种类较多，大部分鸡尾酒都含有一定量的酒精，但随着社会的发展和人们对口味需求的变化，少部分鸡尾酒发展为无酒精鸡尾酒，主要适合于女士、儿童以及酒精过敏者饮用。鸡尾酒一般情况下是由基酒、辅料和装饰料等组成的。根据它的组成，我们可以依据标准酒度的概念，来初步计算鸡尾酒的酒度。

注：鸡尾酒调制中，冰块的融化量忽略不计。

例如，鸡尾酒"蓝潟湖（Blue Lagoon）"酒度的计算见表1-1。

表 1-1　蓝潟湖的酒度计算

蓝潟湖（Blue Lagoon）	
基酒	40° 的伏特加酒 30mL
辅料	蓝柑桂酒 20mL、柠檬汁 30mL
装饰料	柠檬片 1 片、橙子片 1 片、红车厘子 1 颗、酒签 1 只
载杯	阔口香槟杯
制法	①将材料和冰放入调酒壶，摇匀 ②注入盛有碎冰的香槟杯中 ③用酒签刺好的柠檬片、橙子片、红车厘子装饰
特点	色泽艳丽、口味甘甜
酒度	—

所以，鸡尾酒"蓝潟湖（Blue Lagoon）"酒度是 15°。

（四）醉酒与解酒

饮品是人类饮食当中一项不可缺少的内容。其中，酒几乎是同人类文明一起来到人间的，自古以来，酒精饮料一直是人类生活中的一种嗜好品，是一个永恒的话题。医学观点一直认为，酒是既有益又有害的东西，适当饮用有益，饮用不当有害。

1. 醉酒

所谓醉酒，是指饮入多量的酒精（乙醇）或酒精类饮料后引起的中枢神经系统兴奋、抑制状态和出现的一系列临床症状，又称酒精中毒。一般分急性中毒和慢性中毒。急性中毒是短时间内大量饮酒后发生的临床中毒症状。慢性中毒是指长期饮酒而出现的脑部损害、全身器官营养不良、代谢紊乱及产生的一系列并发症。

酒精中毒是由遗传、身体状况、心理、环境和社会等诸多因素造成的，但就个体而言差异较大，遗传被认为是起关键作用的因素。酒量大小与每个人对乙醇的承受能力，即胃肠吸收酒精的能力和肝脏的代谢能力不同有关。不同的人体内所含的能够分解乙醇的醛脱氢酶的含量是不同的，含量高的人，代谢功能好，能够尽快把酒精分解掉，因而显得有酒量。从这一点来看，酒量（即分解酒精的能力）可以说是天生的。

饮酒后，酒精先进入胃部，胃黏膜将其吸收后，通过血液循环，20%的酒精通过肺循环进入肺，通过呼吸呼出。其余80%酒精再通过肝脏转化。肝脏是人体代谢酒精的主要器官，在生物酶的作用下，肝脏将大部分酒精分解成乙醛，乙醛再进一步氧化成醋酸，再经过三羧酸循环，形成 CO_2 和 H_2O，放出能量并进入循环系统，最后排出体外。正常的酒精代谢过程不会对人体产生危害。

人之所以出现醉酒，是由于当人们快速、大量地饮酒后，进入体内的酒精不能迅速地被全部分解排出体外，而是积存在血液里，使血液中酒精含量增高，从而使人体的正常机能发生紊乱。一般来讲，人体正常状态下血液中的酒精含量为0.03%，饮酒后5min之内，血液中的酒精含量就会增高；当血液中的酒精含量达到0.05%时，人会感到舒展，思维敏捷，语言流畅，这是饮酒适量的表现；当酒精含量达到0.1%时，人便有了醉意，意识开始朦胧，语言错乱，平衡失调；当酒精含量达到0.2%时，人便喝醉了，视觉呈双重影像，站立不稳，语言、举止失控；当酒精含量达0.3%时，人就喝得烂醉，口齿不清，思维混乱，视觉模糊；当酒精含量上升到0.4%～0.5%时，人更烂醉如泥，不省人事；当酒精含量进一步上升到0.6%～0.7%时，人的呼吸和心跳就会停止，导致死亡。所以，大家要注意饮酒适量。

那么，一次饮用多少酒才算适量呢？根据大量病理学资料分析，人的饮酒限度以1kg体重可以消化1g酒精作为安全量的上限。换句话说，60kg体重的人每天可消化酒精60g，相当于每天饮用60°白酒不超过100g，啤酒不超过3瓶。合适饮酒量也可以用下述公式测算。

例如，通过计算，一位60kg体重的消费者，在饮用40°的烈性酒时，他的适量饮酒范围是25～50mL。

2. 解酒

酒精中毒主要是血中乙醇含量增高又不能及时分解排泄而引起的一系列中毒

症状。因此，解酒的关键是要延缓乙醇的吸收，促进其在体内分解代谢，加速乙醇的排泄。

（1）解酒的原则

根据酒精的化学性质，应该考虑从以下几个方面着手解酒。

①促成氧化可使乙醇失去毒性。目前，抢救酒精中毒者的常用方法是，洗胃后灌稀释的高锰酸钾溶液。当然，高锰酸钾不能用于加工解酒食品，但可利用维生素 E、维生素 C、胡萝卜素及富硒食物等，配合解酒。

②阻止酒精快速大量地进入血液循环。可使聚乙二醇和树胶等吸附、分散酒精并形成胶状体，以阻止酒精快速、大量地进入血液循环。

③利用鞣酸的收敛作用，保护胃肠道。鞣酸可与酒精发生作用，收缩和保护胃肠黏膜，减缓酒精的吸收。

④促进发汗和利尿。利尿可帮助酒精排出。服用有显著利尿和发汗作用的食物，对解酒的作用可能更有效。

⑤稀释作用，降低酒精的浓度。单双糖、食盐、山梨醇等可稀释体内的酒精，缓解酒精中毒症状。

⑥利用蛋白质的凝聚反应，减缓对酒精的吸收。蛋白质，尤其是蛋白胨和多肽等可与酒精发生凝聚反应，可以凝聚一部分酒精，减缓吸收。例如，饮酒时宜多以豆腐类菜肴作为下酒菜。因为豆腐中的半胱氨酸是一种主要的氨基酸，它能解乙醛毒，食后能使之迅速排出。

（2）解酒的方法

关于解酒的方法，民间有很多偏方，这里我们筛选出一些方案，以供参考。

①牛奶醒酒法。醉酒者可饮些牛奶，以便使蛋白凝固，保护胃黏膜，减少对酒精的吸收。

②甘蔗汁醒酒法。醉酒神志尚清醒者可自己嚼食甘蔗，严重者可榨出甘蔗汁灌服，能醒酒。

③皮蛋醒酒法。醉酒时，取 1～2 只皮蛋，蘸醋服食，可以醒酒。

④白菜醒酒法。将大白菜心切成细丝，加白糖、醋拌匀，当凉菜服食，对消除酒醉有一定的作用。

⑤生梨醒酒法。吃几个梨或将梨去皮切片，浸入凉开水中 10min，吃梨饮水，可解酒。

⑥米汤醒酒法。醉酒者可取浓米汤饮服，米汤中含有多糖类及 B 族维生素，有解毒醒酒之效。加入白糖饮用，疗效更好。

⑦杨桃醒酒法。醋渍杨桃 1 个，加水煎服，可用于醒酒。

⑧芹菜醒酒法。将适量芹菜挤汁饮服，可以醒酒，尤其可消除醉酒后的头疼脑涨、面部潮红等症状。

⑨中药醒酒法。葛根 30g，加水适量，煎汤饮服，解酒效果很好。

⑩柿子醒酒法。饮酒醉后，取几只鲜柿子，去皮食用，可以醒酒。

⑪茶叶醒酒法。醉酒后可饮浓茶，茶叶中的单宁酸能解除急性酒精中毒，咖啡碱、茶碱对呼吸抑制及昏睡现象有疗效。

⑫橘汁醒酒法。酒后出现头晕、头痛、恶心、呕吐，可吃几个橘子或饮用鲜橘汁即可醒酒。

⑬海蜇醒酒法。取 100g 鲜海蜇，洗刷干净后加水煎汤饮服，可以醒酒。

⑭蛋清醒酒法。醉酒时取 1～2 只生鸡蛋清服下，可保护胃黏膜，并缓解对酒精的吸收。

⑮萝卜醒酒法。将 500g 鲜萝卜捣碎取汁，1 次饮服，或适量吃些生白萝卜，都可起到醒酒之效。

⑯绿豆醒酒法。取 50g 绿豆、10g 甘草，加适量红糖煎服，可醒酒。如单用绿豆煎汤，也有一定功效。

⑰糖水醒酒法。取适量白糖用开水冲服，有解酒、醒脑的作用。

⑱醋醒酒法。取 50g 米醋或陈醋，加 25g 红糖、3 片生姜煎汤饮服，可减轻酒精对人体的损害。

⑲藕醒酒法。将鲜藕捣烂取汁饮服，对消除醉酒症状有一定的作用。

⑳甘薯醒酒法。醉酒后，可将生甘薯切细，拌入白糖服食，即可解酒。

总之，酒精与水可以无限度地互溶，进入体内速度快，所以解酒应在胃肠里和血液乃至器官组织里同时进行。但当摄入酒精的量过大时，仅靠食物解酒不能根本解决问题，那应及时到医院进行救治。因此，要提倡适量饮酒，不可酗酒。目前，可以迅速解酒的物质还没有发现，上面的建议和方法只能对一般的饮酒过量有一定作用。

二、酒的分类

（一）按照酒的生产工艺不同分类

1. 蒸馏酒

蒸馏酒又称烈性酒，是指以水果、谷物等为原料先进行发酵，然后将含有酒精的发酵液进行蒸馏而得的酒。其酒度不低于 24°，一般都在 40° 以上，各种烈性酒都属于这种类型。其主要品种有以下几种。

（1）谷物类蒸馏酒

①威士忌酒（Whisky & Whiskey）。

②伏特加酒（Vodka & Wodka）。

③金酒（Gin）。

④中国白酒（Chinese White Liquor）。

（2）水果蒸馏酒（水果白兰地，Fruit Brandy）

①葡萄白兰地。

②苹果白兰地。

③樱桃白兰地。

④李子白兰地。

（3）果杂蒸馏酒

①朗姆酒（Rum）。

②特基拉酒（Tequila）。

2. 发酵酒

发酵酒也可称为酿造酒，又称为原汁酒，是在含有糖分的液体中加入酵母进行发酵而产生的含酒精的饮料。其生产过程包括糖化、发酵、过滤、杀菌等。发酵酒的主要酿造原料是谷物和水果，其特点是酒精含量低，一般都在20°以下，刺激性较弱，属于低度酒。其主要品种有以下几种。

（1）葡萄酒

①原汁葡萄酒（Natural Wine）。

②气泡葡萄酒（Sparkling Wine）。

③强化葡萄酒（Fortified Wine）。

④加香葡萄酒（Aromatized Wine）。

（2）谷物发酵酒

①啤酒（Beer）。

②黄酒（Chinese Rice Wine）。

③清酒（Sake）。

3. 配制酒

配制酒是用白酒或食用酒精与药材、香料等浸泡、配制而成的。其酒度在22°左右，个别配制酒的酒度高些，但一般都不超过40°，开胃酒、甜食酒、利口酒以及中国药酒、露酒就属于这种类型。其主要品种有以下几种。

（1）开胃类配制酒

①味美思（Vermouth）。

②苦味酒（Bitters）。

③茴香酒（Anise）。

（2）佐甜食类配制酒

①雪利酒（Sherry）。

②波特酒（Port）。

③玛德拉酒（Madeira）。

④马萨拉酒（Marsala）。

（3）餐后用配制酒

①水果类利口酒（Fruit Liqueur）。

②本草类利口酒（Plant Liqueur）。

③种子类利口酒（Seed Liqueur）。

④乳脂类利口酒（Milk Liqueur）。

（二）按配餐方式分类

1. 餐前酒（Aperitif）

餐前酒也称为开胃酒，一般包括的品种有以下几种。

（1）味美思（Vermouth）

（2）苦味酒（Bitters）

（3）茴香酒（Anise）

2. 佐餐酒（Table Wine）

佐餐酒通常是指葡萄酒。在西餐的正餐中，只有葡萄酒可以作为佐餐用酒。

3. 甜食酒（Dessert Wine）

甜食酒是以葡萄酒为酒基，调入蒸馏酒勾兑配制而成的，也被称为强化葡萄酒（Fortified Wine）。甜食酒的糖度和酒度均高于一般的葡萄酒。甜食酒中的干型类酒也常被作为开胃酒来饮用。甜食酒的主要种类有以下几种。

（1）波特酒（Port）

（2）雪利酒（Sherry）

（3）玛德拉酒（Madeira）

（4）马萨拉酒（Marsala）

4. 餐后酒（After Dinner Wine）

通常可用做餐后酒的酒水有以下几种。

（1）利口酒（Liqueur）

（2）白兰地酒（Brandy）

（3）伏特加酒（Vodka）

（三）按酒精含量分类

1. 高度酒

酒度在40°以上的酒均为高度酒。高度酒一般指各种蒸馏酒。例如，白兰地酒、朗姆酒、茅台酒、五粮液等。

2. 中度酒

酒度20°～40°的酒为中度酒。中度酒一般指各种配制酒。例如，味美思、五加皮等。

3. 低度酒

酒度在 20° 以下的酒为低度酒。低度酒一般指各种发酵酒。例如，黄酒、葡萄酒、日本清酒等。

（四）按酒吧饮用方式分类

（1）餐前酒或开胃酒（Aperitif）

（2）雪利酒和波特酒（Sherry and Port）

（3）鸡尾酒（Cocktail）：长饮（Long Drinks）、短饮（Short Drinks）、无酒精鸡尾酒（Non Alcoholic Cocktails）

（4）威士忌酒（Whisky & Whiskey）

（5）朗姆酒（Rum）

（6）金酒（Gin）

（7）伏特加酒（Vodka & Wodka）

（8）白兰地（Brandy）：干邑（Cognac）、雅文邑（Armagnac）、马尔白兰地酒（Marc Brandy）等

（9）特基拉酒（Tequila）

（10）利口酒（香甜酒，Liqueur）

（11）葡萄酒（Wine）

（12）啤酒（Beer）

第三节　酒的饮用方法

一、净饮

净饮（Straight up）又称"纯喝"，也就是单纯喝一种酒，观察其漂亮的色泽、品味其独特的芬芳与气味。通常净饮的步骤如下。

（一）观色

当我们端起一杯酒，首先要观色，即举杯对着光，观察酒的色泽。如果是有颜色的酒，应具有该酒品特有的颜色，而且清亮透明，夺目悦人，如果酒色发暗、混浊、有悬浮物自然不好。白酒除酱香型、兼香型和少部分浓香型微有黄色外，其他香型的酒都应该是白色（无色）；白酒要求纯净透明，清澈晶莹。例如，白葡萄酒和红葡萄酒的色泽较为丰富，白酒有淡黄绿、稻草黄、金黄、金、暗金、马德拉酒色和棕色；红葡萄酒有紫、红宝石、药砖红、红棕、棕色。而且当白葡萄酒陈年后颜色会加深，相反地，红葡萄酒则会失去色泽。

物蛋白饮料。

3. 复合蛋白饮料（Mixed Protein Beverage）

以乳或乳制品，和一种或多种含有一定蛋白质的植物果实、种子或种仁等为原料，添加或不添加其他食品原辅料和（或）食品添加剂，经加工或发酵制成的制品。

4. 其他蛋白饮料（Other Protein Beverage）

除 1～3 之外的蛋白饮料。

（四）碳酸饮料（汽水，Carbonated Beverage）

以食品原辅料和（或）食品添加剂为基础，经加工制成的，在一定条件下充入一定量二氧化碳气体的液体饮料，如果汁型碳酸饮料、果味型碳酸饮料、可乐型碳酸饮料、其他型碳酸饮料等，不包括由发酵自身产生二氧化碳气的饮料。

（五）特殊用途饮料（Beverage for Special Uses）

加入具有特定成分的适应所有或某些人群需要的液体饮料。

1. 运动饮料（Sports Beverage）

营养成分及其含量能适应运动或体力活动人群的生理特点，能为机体补充水分、电解质和能量，可被迅速吸收的制品。

2. 营养素饮料（Nutritional Beverage）

添加适量的食品营养强化剂，以补充机体营养需要的制品，如营养补充液。

3. 能量饮料（Energy Beverage）

含有一定能量并添加适量营养成分或其他特定成分，能为机体补充能量，或加速能量释放和吸收的制品。

4. 电解质饮料（Electrolyte Beverage）

添加机体所需要的矿物质及其他营养成分，能为机体补充新陈代谢消耗的电解质、水分的制品。

5. 其他特殊用途饮料（Other Special Usage Beverage）

除 1～4 之外的特殊用途饮料。

（六）风味饮料（Flavored Beverage）

以糖（包括食糖和淀粉糖）和（或）甜味剂、酸度调节剂、食用香精（料）等的一种或者多种作为调整风味的主要手段，经加工或发酵制成的液体饮料，如茶味饮料、果味饮料、乳味饮料、咖啡味饮料、风味水饮料、其他风味饮料❶等。

---

❶ 不经调色处理、不添加糖（包括食糖和淀粉糖）的风味饮料为风味水饮料，如苏打水饮料、薄荷水饮料、玫瑰水饮料等。

（七）茶（类）饮料（Tea Beverage）

以茶叶或茶叶的水提取液或其浓缩液、茶粉（包括速溶茶粉、研磨茶粉）或直接以茶的鲜叶为原料，添加或不添加食品原辅料和（或）食品添加剂，经加工制成的液体饮料，如原茶汁（茶汤）/ 纯茶饮料、茶浓缩液、茶饮料、果汁茶饮料、奶茶饮料、复（混）合茶饮料、其他茶饮料等。

（八）咖啡（类）饮料（Coffee Beverage）

以咖啡豆和（或）咖啡制品（研磨咖啡粉、咖啡的提取液或其浓缩液、速溶咖啡等）为原料，添加或不添加糖（食糖、淀粉糖）、乳和（或）乳制品、植脂末等食品原辅料和（或）食品添加剂，经加工制成的液体饮料，如浓咖啡饮料、咖啡饮料、低咖啡因咖啡饮料、低咖啡因浓咖啡饮料等。

（九）植物饮料（Botanical Beverage）

以植物或植物提取物为原料，添加或不添加其他食品原辅料和（或）食品添加剂，经加工或发酵制成的液体饮料，如可可饮料、谷物类饮料、草本（本草）饮料、食用菌饮料、藻类饮料、其他植物饮料，不包括果蔬汁类及其饮料、茶（类）饮料和咖啡（类）饮料。

（十）固体饮料（Solid Beverage）

用食品原辅料、食品添加剂等加工制成的粉末状、颗粒状或块状等，供冲调或冲泡饮用的固态制品，如风味固体饮料、果蔬固体饮料、蛋白固体饮料、茶固体饮料、咖啡固体饮料、植物固体饮料、特殊用途固体饮料、其他固体饮料等。

（十一）其他类饮料（Other Beverage）

除了（一）～（十）之外的饮料均可归为其他类饮料，其中经国家相关部门批准，可称具有特定保健功能的制品为功能饮料。

第五节　软饮料的饮用方法

一、净饮

净饮就是什么成分也不加，单纯品尝软饮料的风味。因为大部分软饮料具有适宜的色、香、味等明显的风味特征。例如，橙汁饮料，本身具有淡淡的黄色、鲜明的橙香味和适口的酸甜味等风味特征。同时，有一些软饮料也必须采用净饮的方式饮用。例如，矿泉水中含有较多的钙和镁，具有一定的硬度，在常温下，钙镁呈离子状态，易被人体吸收，起到补钙的作用。而矿泉水煮沸时，由于脱碳酸作用，二氧化碳逸出，钙镁容易沉淀变成水垢，饮用时只是减少了钙镁的摄入，喝也无妨。但是饮用矿泉水的最佳方法还是在常温下饮用，或稍加温饮用，最好不要煮沸。

另外，矿泉水矿化度较高，冰冻时温度急剧下降，钙镁离子等在过饱和条件下就会结晶析出，造成感官上的不适，但不影响饮用。矿泉水国家标准中规定："在 0℃ 以下运输与储存时，必须有防冻措施。"所以矿泉水宜冷藏不宜冰冻。

二、加冰饮用

在软饮料中加入冰块，可以降低饮料的饮用温度，具有清凉的口感。例如，各种果汁软饮料加入冰块，都具有特别凉爽的效果，适合夏天酷暑饮用。同时，有些软饮料加入了冰块，还有稳定饮料风味的作用。例如，碳酸类饮料加入冰块饮用时，可以稳定饮料中的二氧化碳气体，延长其散逸时间，在比较长的时间里，保持了碳酸类饮料的风味。

三、加热饮用

加热饮用（Hot Drinks）比较适合冬季饮用。软饮料中有一些固体饮料需要用热水冲泡后饮用的，例如，雀巢柠檬茶、速溶咖啡、菊花晶、速溶麦片、TANG 果珍、茶叶等，而且，其中的一些饮料在冲泡或煮制过程中，所要求的温度不同。例如，绿茶冲泡时，温度不超过 85℃；乌龙茶的冲泡需要 100℃ 的开水；咖啡的煮制同样需要 100℃ 的开水，但在饮用时以不超过 85℃ 为宜。

四、混合饮用

混合饮用实际上是将软饮料作为鸡尾酒的辅料，选择合适的基酒，采用一定的调酒方法，将其混合均匀的一种饮用方式。

调制出来的鸡尾酒色、香、味等风味俱佳，是一种具有富有情调和审美情趣的饮品。

✔ **思考题**

1. 试述饮品的概念。
2. 一般情况下，饮品怎样分类？
3. 酒的概念是什么？

4. 酒的分类方法是什么？

5. 标准酒度的概念是什么？

6. 酒度之间的量度换算关系是什么？

7. 鸡尾酒的酒度如何计算？

8. 通常酒净饮的步骤有哪些？

9. 醉酒的概念是什么？

10. 解酒的关键是什么？

11. 什么是软饮料？

12. 软饮料的饮用方法有哪些？

第二章　蒸馏酒

本章内容：蒸馏酒的概念和生产原理
蒸馏酒的生产工艺及分类
谷物类蒸馏酒
水果类蒸馏酒
果杂类蒸馏酒

教学时间：4 课时

教学方式：运用多媒体的教学方法叙述蒸馏酒的相关知识，对比介绍各类蒸馏酒的特点。

教学要求：1. 了解蒸馏酒相关的概念。

2. 掌握蒸馏酒的分类方法和生产原理。

3. 熟悉各类蒸馏酒的特点和代表性的品种。

课前准备：准备一些蒸馏酒的样品，进行对照比较，掌握其特点。

第一节　蒸馏酒的概念和生产原理

一、蒸馏酒的概念

凡以糖质或淀粉质为原料，经糖化、发酵、蒸馏而成的酒，统称为蒸馏酒（Distilled Alcoholic Drink）。这类酒酒精含量较高，常在40%以上，所以又称为烈酒（Spirits）。世界上蒸馏酒的品种很多，较著名的有白兰地、威士忌、金酒、朗姆酒、伏特加酒、特基拉酒、中国白酒等，被称为世界著名蒸馏酒。

二、蒸馏酒类的生产原理

酒的酿造过程分为发酵、蒸馏两大部分。酒精的形成需要具有一定的物质条件和催化条件。糖分是酒精发酵最重要的物质条件，而酶则是酒精发酵必不可少的催化剂。在酶的作用下，单糖被分解成酒精、二氧化碳和其他物质。以葡萄糖酒化为例：

$$C_6H_{12}O_6 \rightarrow 2C_2H_5OH + 2CO_2 + 100kJ \text{ 热量}$$
$$\text{葡萄糖　　　酒精　　　二氧化碳}$$

用于酿酒的原料并不都含有丰富的糖分，而酒精的产生又离不开糖，因此将不含糖的原料变成含糖原料，就需进行工艺处理。淀粉很容易转化成葡萄糖，当水温超过50℃时，淀粉溶解于水，在淀粉酶的作用下，麦芽糖可以水解成葡萄糖。这一变化过程，我们称为淀粉糖化。可用下式来表示：

$$\text{淀粉＋水→酒精＋麦芽糖}$$
$$\text{麦芽糖＋水→葡萄糖}$$

从理论上说，100kg淀粉可掺水11.12L，生产111.12kg糖，再产生酒精56.82L。但在实际工作中远远达不到这个数字，其原因是多种多样的。在实际酿酒过程中，正常发酵后所得到的酒液的浓度是15°左右，这是一般酿造酒的酒度。得到酒精浓度更高的酒液，是人类在发明蒸馏器之后才得以实现的愿望。

第二节　蒸馏酒的生产工艺及分类

一、蒸馏酒的主要生产工艺

（一）发酵工艺（Fermenting）

任何酒的生产都必须经过发酵，这是酿酒过程中最重要的一步。简单地说，此工艺的关键就是将酿酒原料中的淀粉糖化，继而酒化的过程。

（二）蒸馏工艺（Distilling）

蒸馏是酿酒的重要过程，蒸馏的原理很简单，即根据酒精的理化性质：酒精的汽化温度为78.3℃，只要将发酵过的原料加热到78.3℃以上，就能获得酒精气体，冷却之后即为液体酒精。据专家测验，采用蒸馏方法来提高酒度，酒精含量一次可提高3倍，即把酒精含量为15°的酒液进行一次蒸馏，可得到45°的酒液，但原则上，通过这种方法永远也得不到100％的纯酒精。

（三）陈化工艺（Maturing）

陈化工艺对于最终酒品的形成非常关键。通常需要将酒液在木桶或窖池中放置一段时间以促进酒液的成熟，从而形成完美的香气和良好的品质。但有少数酒可不需要陈化，如金酒、伏特加等。

（四）勾兑工艺（Blending）

勾兑工艺就是将不同酒龄、不同品质特点的酒在装瓶前进行处理以达到统一良好出品品质的工艺。勾兑工艺是酒类生产过程中相当重要的一步，酒的最终风格形成有赖于勾兑工艺的好坏。

二、蒸馏酒的分类

根据制酒的原料不同，蒸馏酒主要分为：谷物类蒸馏酒、水果类蒸馏酒、果杂类蒸馏酒等。

（一）谷物类蒸馏酒

（1）威士忌（Whisky & Whiskey）
（2）伏特加（Vodka & Wodka）
（3）金酒（Gin）
（4）中国白酒（Chinese White Liquor）

（二）水果类蒸馏酒（水果白兰地，Fruit Brandy）

（1）葡萄白兰地
（2）苹果白兰地
（3）樱桃白兰地
（4）李子白兰地

（三）果杂类蒸馏酒

（1）朗姆酒（Rum）

（2）特基拉酒（Tequila）

第三节　谷物类蒸馏酒

谷物类蒸馏酒的种类较多，著名的品种有：威士忌、伏特加、金酒和中国白酒等。

一、威士忌

（一）威士忌的起源

威士忌酒

威士忌（Whisky & Whiskey）的由来是个意外——中世纪的炼金术士们在炼金的同时，偶然发现制造蒸馏酒的技术，并把这种可以焕发激情的酒以拉丁语命名为 Aqua-Vitae（生命之水）。随着蒸馏技术传遍欧洲各地，Aqua-Viate 被译成各地语言，意指蒸馏酒。生命之水一路辗转漂洋过海流传至古爱尔兰，与当地的麦酒蒸馏之后，生产出强烈的酒精饮料，并将之称为 Visge beatha，古苏格兰人称为 Visage baugh。经过年代的变迁，逐渐演变成今天的 Whisky 一词。不同的国家对威士忌的写法也有差异，在爱尔兰和美国写成 Whiskey，而在苏格兰和加拿大则写成 Whisky，发音区别在于尾音的长短。而"威士忌"一词，意为"生命之水"，这是公认的威士忌的起源，也是威士忌名称的由来。

（二）威士忌的分类

几百年来，威士忌大多是用麦芽酿造的。直至 1831 年才诞生了用玉米、燕麦等其他谷类所酿造的威士忌。到了 1860 年，威士忌的酿造又出现了一个新的转折点，人们学会了用掺杂法来酿造威士忌，所以威士忌因原料不同和酿制方法的区别可分为麦芽威士忌、谷物威士忌、五谷威士忌、稞麦威士忌和混合威士忌五大类。掺杂法酿造威士忌的出现使世界各国的威士忌家族更加壮大，许多国家和地区都有生产威士忌的酒厂，生产的威士忌酒更是种类齐全、花样繁多，其中最著名、最具代表性的威士忌分别是苏格兰威士忌、爱尔兰威士忌、美国威士忌和加拿大威士忌四大类。

1. 苏格兰威士忌（Scotch Whisky）

旧橡木桶赋予它诱人的琥珀色，宜人的环境和气候赋予它柔和的清新，特殊的泥煤赋予它迷人的烟熏味，海风的洗礼则赋予它大海般的辛辣气概，而充满智慧的苏格兰人最终赋予了它醇厚馥郁的精致内涵。花格呢裙、古老悠扬的风笛配上甘醇的威士忌酒，也构成了苏格兰在世人印象中的民族风情。

苏格兰威士忌具有独特的风格，色泽棕黄带红，清澈透明，气味焦香，略带烟熏味，口感甘洌、醇厚、劲足、圆正绵柔，酒度一般为 40°～43°。衡量苏格兰威士忌的重要标准是嗅觉的感受，即酒香气味。苏格兰威士忌是世界上最好的威士忌之一。

苏格兰威士忌在苏格兰有四个生产区城，即高地区（Highlands）、低地区（Low-lands）、康倍尔镇（Campbel town）和艾雷岛（Islay），生产的产品各有其独特风格。

（1）苏格兰威士忌的生产特点

①地理、气候条件优越。苏格兰南部低地区（Lowlands），山清水秀、气候温和。优美的环境、怡人的气候赋予这里的酒一种柔和的清新味道。

②好水出佳酿。苏格兰北部斯贝赛德（Speyside）地区所酿造的威士忌之所以能闻名于世，主要是因为它所用的水，当地的水质堪称酿酒的极品。在苏格兰大概有 120 家酒厂，其中 60 多家在斯贝赛。从数量上就能发现这个地方很适合酿酒。

③特别的燃料赋予特殊的风味。在苏格兰有一种特殊的泥煤，在世界上是独一无二的。当地人使用这种特殊的泥煤来烘干麦芽，因此麦芽在这个过程中充分地吸入了烟熏的风味，从而令威士忌独树一帜。

④与众不同的蒸馏方法。威士忌的生产采用传统的壶式蒸馏器。苏格兰的法律规定，苏格兰威士忌必须经过两遍的蒸馏，而取用的只是蒸馏过程中去头去尾的中间精华部分。因此，蒸馏器的大小就直接关系到酒味道的浓淡。越大越高的蒸馏器酿出来的酒味道越淡；相反味道就越浓。优质威士忌为中馏酒精，其酒度为 63%～71%，在酒精混合槽中加入水稀释后，分别装入橡木桶储存。

⑤对威士忌老熟陈酿的要求。蒸馏出来的酒精是无色的，口味比较粗糙，要改变威士忌的色泽和糙味，就要将酒液进行陈酿。根据英国的酿酒法规定，威士忌必须在橡木桶中储存，用至少 3 年的时间进行老熟。

在储存过程中，酒中粗劣的味道逐渐被橡木桶吸收，木桶的颜色也慢慢渗入酒中，因而成品酒的颜色呈淡琥珀色。苏格兰威士忌必须陈年 5 年以上方可饮用，普通的成品酒需储存 7～8 年，醇美的威士忌需储存 10 年以上，通常储存 15～20 年的威士忌是最优质的，这时的酒色、香味均是上乘的。储存超过 20 年的威士忌，酒质会逐渐变差，但装瓶以后，则可保持酒质永久不变。

在不同的橡木桶中储存，也会影响到酒的风味。例如，苏格兰斯贝赛地区生产的威士忌最大的特点是带有水果味。苏格兰威士忌之所以有水果味或干果味，是因为大多数的苏格兰威士忌是保存在装过水果味雪利酒的酒桶里。这一传统甚至被写进了法律：苏格兰威士忌一定要装在用过的橡木桶中。

⑥神秘的勾兑工艺。勾兑工艺是将不同的威士忌进行混合，既是一门技术、也是一门艺术，更有科学的内涵。英国人形容这种艺术有些神乎其神，说它好比是一个乐队的指挥者，在指挥乐队的合奏一样。通过勾兑工艺，使威士忌获得一种"和谐"的口味，也保证了历年的产品质量一致。例如，在英国名气最大，产量又最高的牌子"红方""黑方"则是由40种不同的原酒样品勾兑而成的，经勾兑混合、储存若干年后的威士忌，烟熏味被冲淡，香味更加诱人，并且在世界上销量最多，这是苏格兰威士忌的精华所在。

（2）苏格兰威士忌的分类及各自名品酒

独一无二的气候环境、清冽的泉水造成了别具风情的苏格兰威士忌，国际法规定，只有在苏格兰境内蒸馏和醇化的才可称为苏格兰威士忌。苏格兰威士忌根据用料不同分为纯麦威士忌、谷物威士忌和兑和威士忌3种。

①纯麦威士忌（Straight Malt Whisky）。纯麦威士忌是以在露天泥煤上烘烤的大麦芽为原料，经发酵后，用罐式蒸馏器蒸馏，然后装入特别的木桶（由美国的一种白橡木制成，内壁需经火烤炙后才能使用）中陈酿，装瓶前加以稀释，酒度在40°以上。

较著名的纯麦威士忌的品牌有：格兰菲迪（Glenfiddich）、托玛亭（Tomatin）、卡尔都（Carldu）、格兰利非特（Glenlivet）、不列颠尼亚（Britain nia）、马加兰（Macallan）、高地公园（High Land Park）、阿尔吉利（Argyli）、斯布林邦克（Spring Bank）。

②谷物威士忌（Grain Whisky）。谷物威士忌以燕麦、小麦、黑麦、玉米等谷物为主料。大麦只占20%，主要用来制麦芽，作为糖化剂使用。谷物威士忌的口味很平淡，几乎和食用酒精相同，属清淡性烈酒，谷物威士忌很少零售，多用于勾兑其他威士忌酒。

③兑和威士忌（Blended Whisky）。兑和威士忌是用纯麦威士忌、谷物威士忌或食用酒精勾兑而成的混合威士忌。勾兑时加入食用酒精者，一般在商标上都有注明。勾兑威士忌是一门技术性很强的工作，通常是由出色的兑酒师来掌握。在兑和时，不仅要考虑到纯、杂粮酒液的兑和比例，还要照顾到各种勾兑酒液的年龄、产地、口味及其他特征。威士忌勾兑时，不用口品尝，而是用嗅觉判断来勾兑，在气味分辨遇到困难时，取一点酒液涂于手背上，使其香味挥发，再仔细嗅别鉴定。

兑和威士忌通常有普通和高级之分。一般来说，纯麦威士忌用量在50%～80%者，为高级兑和威士忌。如果谷物威士忌所占的比重大于纯麦威士忌，即为普通威士忌。高级威士忌兑和后要在橡木桶中储存12年以上，而普通威士忌在兑和后储存8年左右即可出售。

普通威士忌（Standard Whisky）名品有：特醇百龄坛（Ballantine's Finest）、

金铃（Bell's）、红方（Red Label）、白马（White Horse）、龙津（Long John）、珍宝（J＆B）、顺凤（Cutty Sart）、69酿（Vat 69）等。

高级威士忌（Premier Whisky）名品有：金玺百龄坛（Ballantine's Goldsed）、百龄坛30年（Ballantine's 30 Years Old）、高级海格（Haig Dimple）、格兰（Grant's）、高级白马（Logan's）、黑方（Johnnie Walker Black Label）、特级威士忌（Something Special）、高级詹姆斯·巴切南（Strat bconon）、百龄坛17年（Ballantine's 17 Years Old）、老牌（Old Parr）、芝华士（Chivas Regal）、皇室敬礼（Chivas Regal Royal Salute）、威雀苏格兰威士忌（The Famous Grouse Scotch Whisky）等。

2. 爱尔兰威士忌（Irish Whiskey）

从威士忌的起源和目前的学术争论来看，威士忌的蒸馏技术起源于爱尔兰，而后传到苏格兰。

爱尔兰威士忌是以80%的大麦为主要原料，混以小麦、黑麦、燕麦、玉米等为配料，制作程序与苏格兰威士忌大致相同，但不像苏格兰威士忌那样要进行复杂的勾兑。另外，爱尔兰威士忌在口味上没有那种烟熏味道，是因为在熏麦芽时，所用的不是泥煤而是无烟煤，爱尔兰威士忌陈酿时间一般为8～15年，成熟度也较高，因此口味较绵柔长润，并略带甜味。蒸馏酒液一般高达86°，用蒸馏水稀释后陈酿，装瓶出售时酒度为40°。

爱尔兰威士忌名品主要有：约翰波尔斯父子（John Power and sons）、老布什米尔（Old Bush Mills）、约翰·詹姆森父子（John Jameson and Son）、帕蒂（Paddy）、特拉莫尔露（Tullamore Dew）等。

3. 美国威士忌（American Whiskey）

美国威士忌与苏格兰威士忌在制法上大致相似，但所用的谷物不同，蒸馏出的酒精纯度也较苏格兰威士忌低。

（1）纯威士忌（Straight Whiskey）

以玉米、黑麦、大麦或小麦为原料，不混合其他威士忌或谷类制成的中性酒精，制成后贮放在炭化的橡木桶中至少两年。此酒又细分为4种。

①波本威士忌（Bourbon Whiskey）。波本是美国肯塔基州（Kentucky）的一个地名，所以波本威士忌又称 Kentucky Stright Bourbon Whiskey，它是用51%～75%的玉米谷物发酵蒸馏而成的，在新的内壁经烘炙的白橡木桶中陈酿4～8年，酒液呈琥珀色，原体香味浓郁，口感醇厚绵柔，回味悠长，酒度为43.5°。

波本威士忌并不意味着必须生产于肯塔基州波本县。按美国酒法规定，只要符合以下三个条件的产品，都可以用此名：第一，酿造原料中，玉米至少占51%；第二，蒸馏出的酒液度数应在40°～80°范围内；第三，以酒度

40°～62.5°储存在新制烧焦的橡木桶中，储存期在 2 年以上。所以，伊利诺伊州、印第安纳州、俄亥俄州、宾夕法尼亚州、田纳西州和密苏里州也出产波本威士忌，但只有肯塔基州生产的才能称"Kentucky Straight Bourbon Whiskey"。

②黑麦威士忌（Rye Whiskey）。用 51% 以上的黑麦及其他谷物制成的，颜色为琥珀色，味道与波本不同，略感清冽。

③玉米威士忌（Corn Whiskey）。用 80% 以上的玉米和其他谷物制成，用旧的炭橡木桶贮陈。

④保税威士忌(Bottled in Bond)。存在保税仓库陈放的威士忌。一种纯威士忌，通常是波本或黑麦威士忌，是在美国政府监督下制成的。政府不保证它的质量，只要求至少陈年 4 年，酒精纯度在装瓶时为 100proof，必须是一个酒厂所造，装瓶也为政府所监督。

（2）混合威士忌（Blended Whiskey）

由一种以上的单一威士忌，以及 20% 的中性谷物类酒精混合而成的。装瓶时酒度为 40%，常用来作混合饮料的基酒，共分为 3 种。

①肯塔基威士忌。它是用该州所产的纯威士忌和中性谷物类酒精混合而成的。

②纯混合威士忌。它是用两种以上的纯威士忌混合而成的，但不加中性谷物类酒精。

③美国混合淡质威士忌。它是美国的一种新酒种，用不得多于 20% 纯威士忌和 80% 的酒精纯度为 100proof 的淡质威士忌混合而成。

（3）淡质威士忌（Light Whiskey）

美国政府认可的一种新威士忌，蒸馏时酒精纯度高达 161～189proof，口味清淡，用旧橡木桶陈年。淡质威士忌所加的 100proof 的纯威士忌用量不得超过 20%。

此外，在美国还有一种酒称为 Sour-Mash Whiskey（酸麦芽威士忌），这种酒是把老酵母加入要发酵的原料里蒸馏而成的，其新旧比率为 1：2。此种发酵的情况比较稳定，而且多用在波本酒中，是由比利加·克莱（Elija Craing）在 1789 年所发明的。

美国威士忌的名品主要有：天高（Ten High）、四玫瑰（Four Roses）、杰克·丹尼（Jack Daniel）、西格兰姆斯 7 王冠（Seagram's 7 Crown）、老祖父（Old Grand Dad）、老皇冠（Old Crown）、老林头（Old Forster）、老火鸡（Old Turkey）、伊万·威廉斯（Evan Williams）、珍品（Jim Bean）、野火鸡（Wild Turkey）等。

4. 加拿大威士忌（Canadian Whisky）

根据加拿大酒法，加拿大威士忌（Canadian Whisky）主要酿制原料为玉米、黑麦，再掺入其他一些谷物原料，但没有一种谷物超过 50% 的。而且加拿大威士忌在酿制过程中需 2 次蒸馏，然后在橡木桶中陈酿 2 年以上，再与各种烈酒混合后装瓶，装瓶时酒度为45°。一般上市的酒都要陈年6年以上，如果少于4年，在瓶盖上必须注明。加拿大威士忌酒色棕黄，酒香芬芳，口感轻快爽适，酒体丰满，以淡雅的风格著称。形成原因主要有以下几点：首先，加拿大寒冷的气候影响谷物的质地；其次，水质较好，发酵技术特别；最后，蒸馏出酒后，马上加以兑和。

加拿大威士忌的名品主要有：加拿大俱乐部（Canadian Club，简称CC）、西格兰姆斯特醇（Seagram's V.O.）、米·盖伊尼斯（Me Guinness）、辛雷（Schenley）、怀瑟斯（Wiser's）、加拿大之家（Canadian House）、金带（Gold Stripe）、古董（Antique）、皇家加拿大（Royal Canadian）等。

（三）威士忌的饮用与服务操作规范

1. 威士忌的饮用

威士忌的饮用步骤如下。

（1）观色

每一种威士忌都有其固有的色泽，观察其色，可以洞察威士忌的很多信息。所以，拿到一杯威士忌酒的时候，第一步是仔细观察这杯酒的色泽。

拿酒杯时应该拿住杯子的下方杯脚，而不能托着杯壁。因为手指的温度会让杯中的酒发生微妙的变化，在灯光下仔细观察手中的酒，可以在酒杯的背后衬上一张白纸作为背景，这样可以更清晰地观察酒色。威士忌的颜色有很多种，从深琥珀色到浅琥珀色都有。因为威士忌酒都是存放在橡木桶里的，酒的色泽和存放时间的长短密切相关，通常存放的时间越长，威士忌的色泽就越深。

（2）闻香

衡量威士忌酒的主要标准是嗅觉感受，即酒香气味。不同的威士忌有不同的嗅觉感受，主要有：烟熏味、水果味、干果味、草香味等。例如，常见的著名品牌——"黑方"威士忌是一种混合酒，是混合着来自苏格兰南部的香草味、北部的水果味和烟熏味的威士忌。

而清晰可辨的辛辣气味并伴有清新海水味的威士忌多半来自苏格兰西部的岛屿地区。这里靠近大海，一年四季气候恶劣，风暴是这里的常客，酿出的威士忌自然有海风的烙印。至于有些威士忌令人联想到古巴雪茄的迷人烟熏味，是苏格兰特殊的泥煤烘干麦芽的效果。

（3）品尝

享用一杯上好的威士忌，其过程本身就很精致：准备一大杯冰冻纯净的水，每喝一口威士忌之前先喝一大口冰水，然后细品酒液，小口啜饮，让酒在齿间和舌尖回荡。喝冰水有助于冲淡威士忌的强烈味道，延长其口感和香味。

（4）赏型

所谓赏型实际上是要看威士忌的挂杯。先把酒杯慢慢地倾斜过来，这个动作要尽量轻柔小心，然后恢复原状。这时你会发现，酒从杯壁流回去的时候，留下了一道道酒痕，这就是酒的挂杯。所谓"长挂杯"就是酒痕流的速度比较慢，"短挂杯"就是酒痕流的速度比较快。挂杯长意味着酒更浓、更稠，也可能是酒精含量更高，好的威士忌是一种非常醇厚的液体，所以优质的威士忌通常挂杯很长。

2. 威士忌的服务操作规范

①杯具选择。在饮用威士忌时常用古典杯盛装，这种宽大而不深的平底杯，更利于威士忌风格的表现。苏格兰威士忌、加拿大威士忌等适合在餐前或餐后饮用。标准用量为每份 40mL。

②加冰饮用。饮用时通常于古典杯内先加 1/3 冰块，再以不超过冰块之量斟酒。

③常温纯饮。高年份的威士忌宜常温纯饮，方能享受其细致与香醇。

④混合饮用。除纯饮之外，苏格兰威士忌、爱尔兰威士忌、美国威士忌、加拿大威士忌等也可加冰、水、可乐、七喜或用来调制鸡尾酒。例如，爱尔兰威士忌口味比较醇和、适中，所以人们很少用于净饮，一般用来作鸡尾酒的基酒。比较著名的爱尔兰咖啡（Irish Coffee），就是以爱尔兰威士忌为基酒的一款热饮。其制法是：先用酒精炉把杯子温热，倒入少量的爱尔兰威士忌，用火把酒点燃，转动杯子使酒液均匀地涂于杯壁上，加糖、热咖啡搅拌均匀，最后在咖啡上加上鲜奶油，用 1 杯冰水配合饮用。

总之，威士忌的喝法，各个地区会有些差异。欧洲人喝威士忌，通常就只加点水而已，兑水的喝法比较能展现威士忌的原味。在法国，人们往往什么都不加，喜欢威士忌原本的浓香醇厚。美国人则会先放大量冰块，然后倒少量威士忌，琥珀色的液体流过冰块冒着冷气；而有些人分得非常细致，如芝华士 12 加一些碎冰，而喝芝华士 18 则会兑水。

二、伏特加

（一）伏特加的起源

伏特加酒

伏特加（Vodka & Wodka）是来源于东欧的烈酒，这个名字来源于俄罗斯的词"voda"，正如波兰人（Poles）可以说成是"woda"一样。所以，伏特加是俄罗斯和波兰的国酒，是北欧寒冷国家十分流行的烈性饮料。伏特加的历史悠久，据说产生于 14 世纪左右，其英文名为 Vodka，出自俄罗斯的一个港口名 Viatka，从词源上讲，"vodka"来源于"voda"，后者在俄语中意为"水"，其含义是"生命之水"。19 世纪中叶，"водочка"（vodka）一词开始收录于标准俄语词典中。

伏特加是以多种谷物（马铃薯、玉米）为原料，用重复蒸馏、精炼过滤的方法，除去酒精中所含毒素和其他异物的一种纯净的高酒精浓度的饮料。伏特加无色无味，口味凶烈，劲大刺鼻，酒度一般为40°～50°。由于酒中所含杂质极少，口感纯净，并且可以以任何浓度与其他饮料混合饮用，所以经常用于作鸡尾酒的基酒，与软饮料混合使之变得甘洌，与烈性酒混合使之变得更烈。

（二）伏特加的分类

伏特加的种类较多，全世界除了俄罗斯、波兰生产伏特加外，还有很多国家，如美国、英国、芬兰、瑞典、法国、荷兰等都生产伏特加。

1. 俄罗斯伏特加（Russian Vodka）

伏特加的传统酿造法是：首先，以马铃薯或玉米、大麦、黑麦为原料，用精馏法蒸馏出酒度高达96%的酒精液；其次，再使酒精液流经盛有大量木炭的容器，以吸附酒液中的杂质（每10L蒸馏液用1.5kg木炭连续过滤不得少于8h，40h后至少要换掉10%的木炭）；最后，用蒸馏水稀释至酒度40%～50%而成的。此酒不用陈酿即可出售、饮用，也有少量的如加香型伏特加在稀释后还要经串香程序，使其具有芳香味道。

俄罗斯伏特加酒液透明，除酒香外，几乎没有其他香味，口味凶烈，劲大冲鼻，火一般的刺激。

俄罗斯伏特加名品主要有：波士伏特加（Bolskaya）、苏联红牌（Stolichnaya）、苏联绿牌（Mosrovskaya）、柠檬那亚（Limonnaya）、斯大卡（Starka）、朱波罗夫卡（Zubrovka）、俄国卡亚（Russkaya）、哥丽尔卡（Gorilka）以及AK-47伏特加。例如，AK-47伏特加，它源自俄罗斯高加索山脉，那里纯净的雪峰融水，静静地汇入美丽的塞凡湖，优美的自然环境，孕育了清冽纯正的伏特加。AK-47伏特加以优质玉米和谷物为原料，延承俄罗斯传统酿酒工艺，展现出纯净而浓郁的非凡个性。表面纯净清澈，内质浓烈张扬，正是AK-47伏特加的率真本性。AK-47伏特加是俄罗斯第一酿酒厂为纪念反法西斯战争胜利60周年而特别酿造的庆功酒，也是俄罗斯的国酒之一。AK-47伏特加由纯正的粮食经先进的工艺设备发酵蒸馏，反复提纯，把对人体有害的物质如甲醇、杂醇油、铅、锰等剔除殆尽，饮后不伤肝、不伤胃、头不痛、口不干，醒酒快，酒质纯净、口感纯正，加上其固有的独特风格——即不含任何香料，使消费者进入一个更高雅的消费层次。

2. 波兰伏特加（Poland Wodka）

据历史考证，波兰也是伏特加酒的原产地之一。波兰家庭常用伏特加酒作为一种药物，并把它作为一种招待客人的美酒。到了19世纪，波兰人已经开始全神贯注地寻找完美的伏特加酒。1823年，当地的一家主流报纸为能够生产"口感纯正、精致提炼、足够纯净并能够显露它成分的真实口味"伏特加酒的生产商设立一个奖项。优胜者是一位叫皮斯托留斯（Pistorious）的科学家，他在柏林将传统波兰人的技术与新蒸馏技术开发并结合，创新了波兰伏特加的生产工艺。

波兰伏特加的酿造工艺与俄罗斯相似，区别只是波兰人在酿造过程中，加入一些草卉、植物果实等调香原料，所以波兰伏特加比俄罗斯伏特加酒体丰富，更富韵味，名品有：兰牛（Blue Rison）、维波罗瓦（Wyborowa）、朱波罗卡（Zubrowka）。

3. 其他伏特加（Other Vodka）

俄罗斯人在国外生活的很多，同时也把酿造伏特加酒的工艺和秘方带出国门，所以有很多国家都生产伏特加酒。但第二次世界大战前，只有苏联、波兰、爱沙尼亚、拉脱维亚等波罗的海国家生产伏特加。战后，伏特加的生产急速发展，遍及世界各地。目前，除俄罗斯及东欧各国外，生产和消费量较多的还有美国和欧洲许多国家。

（1）英国生产的伏特加

英国生产的伏特加主要有：哥萨克（Cossack）、夫拉地法特（Viadivat）、皇室伏特加（Imperial）、西尔弗拉多（Silverado）。

（2）美国生产的伏特加

美国生产的伏特加主要有皇冠伏特加（Smirnoff）、沙莫瓦（Samovar）、菲士曼伏特加（Fielshmann's Royal）。例如，皇冠伏特加产自美国，是全世界销量最大的伏特加。1818年，在莫斯科建立了皇冠伏特加酒厂（Pierre Smirnoff Factory），1917年十月革命后，仍为一个家族企业。1930年，其配方被带到美国，在美国建立了皇冠伏特加酒厂。皇冠伏特加雄居世界首席伏特加之位，全球销售达1500万箱，超出第二位达1000万箱，销往多个国家和地区。酿制过程要求严格：每滴酒精都需至少8小时才通过14000磅活化木炭。皇冠伏特加的彻底过滤法和47种质量控制标准是伏特加酒工业中无可匹比的特点。皇冠伏特加以标榜至真、至清、至纯的品质为尚。

（3）芬兰生产的伏特加

芬兰生产的伏特加主要有芬兰地亚（Finlandia）。来自北欧芬兰的芬兰伏特加具有最高级的品质。由于它的品质纯净且独具天然的北欧风味及传统，因而树立了高级伏特加的品牌形象。过去十年来销量增长迅速，是全球免税店中最受欢迎的领导品牌之一。芬兰伏特加选用纯正的冰川水及最优等的六束大麦酿造，由芬兰赫尔辛基Altia Corp蒸馏及灌装。

（4）法国生产的伏特加

法国生产的伏特加主要有卡林斯卡亚（Karinskaya）、弗劳斯卡亚（Voloskaya）、法国灰雁伏特加（Grey Goose）等。法国灰雁伏特加具有独特的奢华品质，法国悠久的美食文化赋予它登峰造极的独特口味和高贵气质。用无数酒商垂涎的著名法国特级小麦产区柏斯地区（Le Beauce）的精选法国优质小麦、来自法国香槟区 Massif Mountain 天然泉水，经过香槟区石灰石的自然过滤和 5 次蒸馏，以及干邑区酒窖调配师的精湛工艺，保证了法国灰雁无与伦比的顺滑出众的口感。

（5）加拿大生产的伏特加

加拿大生产的伏特加主要有西豪维特（Silhowltte）等。

（6）瑞典生产的伏特加

瑞典生产的伏特加主要有绝对伏特加（Absolute Vodka）等。绝对伏特加产自瑞典南部的小镇 Aringhus。那里特产的冬小麦赋予了绝对伏特加优质细滑的谷物特征。经过几个世纪的经验已经证实，绝对伏特加选用的坚实的冬小麦能够酿造出优质的伏特加酒。

绝对伏特加采用连续蒸馏法酿造而成。这种方法是由"伏特加之王"——拉斯·奥尔松·史密斯（Lars Olsson Smith），于 1879 年在瑞典首创。酿造过程的用水是深井中的纯净水。正是通过采用单一产地、当地原料来制造，绝对伏特加公司（V&S Absolute Spirits）可以完全控制生产的所有环节，从而确保每一滴酒都能达到绝对顶级的质量标准。所有口味的绝对伏特加都是由伏特加与纯天然的原料混合而成，绝不添加任何糖分。

绝对伏特加的产品有：绝对伏特加（Absolute Vodka），绝对伏特加（辣椒味，Absolute Pepper），绝对伏特加（柠檬味，Absolute Lemon），绝对伏特加（黑醋栗味，Absolute Currant），绝对伏特加（柑橘味，Absolute Citrus），绝对伏特加（香草味，Absolute Vanilla），绝对伏特加（覆盆子味，Absolute Raspberry），绝对伏特加（蜜桃味，Absolute Peach）等。

（三）伏特加的饮用与服务操作规范

1. 伏特加的饮用

（1）净饮

伏特加可作佐餐酒或餐后酒，纯饮时，备一杯凉水，常温快饮（干杯）是其主要饮用方式。许多人喜欢冰镇后干饮，仿佛冰融化于口中，进而转化成一股火焰般的热烈。

（2）伏特加作基酒来调制鸡尾酒

伏特加无色无味，清澈如水，适合作鸡尾酒的基酒，调制各种鸡尾酒，其中比较著名的鸡尾酒有：黑俄罗斯（Black Russian）、螺丝钻（Screw Driver）、血腥玛丽（Bloody Mary）等。

2. 伏特加的服务操作规范

①品尝伏特加常常使用利口酒杯或古典杯。

②标准分量为 40mL。

三、金酒

（一）金酒的起源

金酒

金酒（Gin）诞生于 17 世纪中叶。原为药酒，由荷兰莱顿大学（Leiden University）席尔华斯（Franciscus Srlvius）教授为保护荷兰人免于感染热带疾病所调制。他把杜松子浸泡在酒精中予以蒸馏后，作为解热剂来利尿解热，这就是杜松子酒的由来。酒名缘于法语 Geninèver 杜松子的发音，意思即是杜松子酒，后由英国人缩写为 Gin。这种酒受到爱喝酒的人的喜爱，很快被当作普通的酒被普遍饮用，开启了金酒的历史。在中国，金酒又称为毡酒（香港及广东地区），实际上常用译名之一的"琴"酒是英语"gin"字在上海话中的音译，而"金"的译法则起源于标准汉语的音译。

然而，真正让金酒在英国广为流行的关键人物是玛莉女王的夫婿——英王威廉三世（William III）。原本是荷兰国王的威廉（William）本身就是金酒爱好者，他更因为当时英荷联合王国跟法国之间的战争，下令抵制法国进口的葡萄酒与白兰地，并且使用英格兰本土的谷物制造烈酒就可以得到免税权——这立法几乎可说是为金酒量身打造了一个非常有利的环境。

金酒的原料是玉米、大麦、裸麦等，再将这些原料以连续式蒸馏机制造出 95° 以上的谷物蒸馏酒，加进一些植物性成分后，再用单式蒸馏机蒸馏，以溶解出各组分的香味成分。植物性组分中，除了杜松子外，还使用胡姜、葛缕子、肉桂、当归、橘子或柠檬皮，以及其他各种药草、香草等。

（二）金酒的分类

1. 根据金酒的产地来分

金酒的独特香味因各酒厂所用的配方而异。金酒品牌、种类甚多，按生产地可分为以下几种。

（1）荷兰金酒（Genever & Dutch Gin）

荷兰金酒迄今为止一直维持着 400 多年前初上市时的风味特性，以大麦芽与裸麦等为原料，经发酵后蒸馏 3 次获得谷物原酒，然后加入杜松子香料再蒸馏。最后将精馏而得的酒储存于玻璃槽中待其成熟，包装时稀释至酒度 40° 左右，荷兰金酒色泽透明清亮。香味突出，风格独特，适宜于单饮，不宜作鸡尾酒的基酒。

荷式金酒在装瓶前不可储存过久，以免杜松子氧化而使味道变苦，而装瓶后则可以长时间保存而不降低质量。荷式金酒常装在长形陶瓷瓶中出售。新酒叫

Jonge，陈酒叫 Oulde，老陈酒叫 Zeet Oulde。

荷兰金酒主要名品酒有：亨克斯（Henkes）、波尔斯（Bols）、波克马（Bokma）、邦斯马（Bomsma）、哈瑟坎坡（Hasekamp）。

（2）英式干金酒（London Dry Gin）

伦敦干金酒（London Dry Gin）名声很大，所谓的"Dry"是指酒类的口味偏向不甜的意思，而非真的很"干"，这与甜味非常重的荷兰金酒差别很大。伦敦金酒通常以使用谷物、甘蔗或糖蜜为原料制造出来的高酒度蒸馏白酒作为基酒，虽然各家蒸馏厂各有其特殊做法，但一些最高品质的品牌通常都会在基酒里加入以杜松子为主，也包括胡荽子、橙皮、香鸢尾根、黑醋栗树皮等的多种植物性香料一起再蒸馏，至于香料配方，则是各酒厂的商业机密或祖传秘方。

"伦敦干金酒"这名称原则上是指一类酒，而非严格意义上产地标示，事实上现今仍在伦敦境内营运的蒸馏厂其实只有一家——杰姆斯伯勒（James Burrough）酒厂生产的著名品牌英国卫兵（Beefeater）。而除了英格兰外，在包括北美洲与澳大利亚在内的许多国家都生产属于此类金酒的产品。然而，在某些国家（例如法国），他们严格规定只有英国生产的金酒，才有资格冠上伦敦金酒的名称来销售。

英式干金酒的商标有：Dry Gin、Extra Dry Gin、Very Dry Gin、London Dry Gin 和 English Dry Gin，这些都是英国上议院给金酒一定地位的记号。

主要名品酒有：英国卫兵（Beefeater）、歌顿（Gordon's）、杰彼斯（Gilbey's）、仙蕾（Schenley）、添加利（Tanqueray）、伊丽莎白女王（Queen Elizabeth）、老女士（Old Lady's）、老汤姆（Old Tom）、上议院（House of Lords）、格利挪尔斯（Greenall's）、博德尔斯（Boodles）、博士（Booth's）、伯内茨（Burnett's）、沃克斯（Walker's）、怀瑟斯（Wiser's）等。

（3）普利茅斯金酒（Plymouth Gin）

普利茅斯金酒是一种在英国西南港埠普利茅斯生产的金酒。由于当初金酒是海员由欧洲大陆传至英国，因此身为金酒第一个登陆的重要海港，普利茅斯也拥有自己特殊风味的金酒。相较于伦敦金酒，源自于芳香金酒（Aromatic Gin）的普利茅斯金酒只使用带有甜味的药用植物作为材料，因此其杜松子的气味并不似伦敦金酒般明显。但普利茅斯金酒严格规范必须在该城的范围内制造才能挂上此名。主要名品为：普利茅斯金酒（Plymouth Gin）。

（4）德国金酒（Schinken Haper）

德国产金酒制法特殊，是让未经加工的新鲜杜松子发酵蒸馏后，和另外发酵蒸馏的大麦混合而成。因此，德国产金酒无论是味道和香气皆比英产杜松子酒温和，容易入口，与德国啤酒是绝妙的搭配，目的是温暖喝过啤酒后冷却的胃。其主要名品酒有：辛肯哈根（Schinkenhager）、西利西特（Schlichte）、多亨卡特

（Doornkaat）等。

（5）美国金酒（American Gin）

美国金酒为淡金黄色，因为与其他金酒相比，它要在橡木桶中陈年一段时间。美国金酒主要有蒸馏金酒（Distilled Gin）和混合金酒（Mixed Gin）两大类。通常情况下，美国的蒸馏金酒在瓶底部刻有"D"字，这是美国蒸馏（Distillation）金酒的特殊标志，而有"R"字表示精馏（Rectifier）而成的。混合金酒是用食用酒精和杜松子简单混合而成的，很少用于单饮，多用于调制鸡尾酒。

2. 根据金酒的口味来分

金酒按口味风格可分为辣味金酒（干金酒）、老汤姆金酒（加甜金酒）、荷兰金酒和果味金酒（芳香金酒）四种。辣味金酒质地较淡、清凉爽口，略带辣味，酒度为 80 ～ 94proof；老汤姆金酒是在辣味金酒中加入 2% 的糖分，使其带有怡人的甜辣味；荷兰金酒除了具有浓烈的杜松子气味外，还具有麦芽的芬芳，酒度通常为 100 ～ 110proof；果味金酒是在干金酒中加入了成熟的水果和香料，如柑橘金酒，柠檬金酒、姜汁金酒等。

另外，干金酒中有一种叫黑刺李金酒（Sloe Gin），是一种不以杜松子为主，而是以黑刺李等植物作为调味香料制作的金酒。Sloe Gin 习惯上可以称为"金酒"，但要加上"黑刺李"，称为"黑刺李金酒"。

（三）金酒的饮用与服务操作规范

1. 金酒的饮用

（1）净饮

金酒无色透明，清香爽口，其散发出的诱人香气是最让人难以忘怀的特色所在，直接喝最能品尝其原始风味。尤其是荷兰金酒（Holland & Dutch Gin）的味道是辣中带甜，无论是纯喝或加冰块，都很爽口。荷兰是唯一有专卖金酒的店的国家。

荷式金酒的饮法也比较多，它冰过或加上冰块，再加 1 片柠檬，是辣马丁尼（Dry Martini）酒最好的代用品。东印度群岛流行在饮用前用苦精（Bitter）洗杯，然后注入荷兰金酒，大口快饮，痛快淋漓，具有开胃之功效，饮后再饮 1 杯冰水，更是美不胜言。

伦敦干金酒也可以冰镇后纯饮。冰镇的方法有很多，例如，将酒瓶放入冰箱或冰桶，或在倒出的酒中加冰块。

（2）金酒作基酒调制鸡尾酒

金酒尤其是干金酒，作为基酒加入其他配料调制鸡尾酒，似乎更能显现金酒的优点。金酒是近百年来调制鸡尾酒时，最常使用的基酒之一，其配方多达千种以上，故有"金酒是鸡尾酒的心脏"之说。

2. 金酒的服务操作规范

①金酒净饮时常用利口杯或古典杯。

②标准分量为 25mL。

四、中国白酒

与世界其他国家的蒸馏酒相比，中国白酒（Chinese White Spirits）具有特殊的、不可比拟的风味。酒色晶莹、香气馥郁、纯净、溢香好，余香不尽；口味醇厚柔绵，甘润清冽，酒体协调，回味悠久。

（一）中国白酒的起源

我国白酒起源于何时，众说不一，尚无定论。通常流行四种说法。

第一种说法，起源于公元前 12 世纪。

商王武丁和他的大臣有"若作酒醴，尔维曲糵（酒曲）"的对话。对话中的"曲糵"就是指酒曲和发芽的谷物。说明距今 3200 多年前，我们的祖先就掌握了利用酒曲酿酒的技术了。其后，《汉书·食货志》记载："用粗米二斛，曲一斛，得成酒六斛六升。"至北魏时，贾思勰著的《齐民要术》中记载："用神曲一斛，杀米三石；笨曲一斛，杀米六升。"（古代的计量单位换算：1 斛 =10 石；1 石 =10 斗 =60kg）这说明用曲量在不断地下降。古代的制曲技术，由散曲发展到茂密生衣曲，最后发展到今天的曲饼和曲丸。总之，酒曲是我国酿酒技术的重大发明，也是世界上最早的一种复合酶制剂。欧洲人到 19 世纪末，才了解我国的酒曲作用，称其为"淀粉发酵法"。

第二种说法，起源于唐代。

首先，在唐代文献中，烧酒、蒸酒之名已有出现。例如，唐代诗句中常出现烧酒的说法。白香山有诗云："荔枝新熟鸡冠色，烧酒初开琥珀香。"雍陶也有诗云："自到成都烧酒熟，不思身更入长安。"可见当时的四川已生产烧酒。其次，古诗中又常出现白酒的说法，例如，李白的"白酒新熟山中归"；白居易的"黄鸡与白酒"，说明唐朝的白酒就是烧酒，也名烧春（唐代普遍称酒为"春"）。研究白酒的起源，必先以蒸馏器为佐证。方心芳先生认为宋朝已有蒸馏器（《自然科学史》6 卷 2 期，1987 年），但他在 1934 年时曾说我国唐代即有蒸馏酒（《黄海化学工业研究社调查报告》第 7 号）。1975 年在河北承德市青龙县出土的金代铜质蒸馏器，其制作年代最迟不超过公元 1161 年的金世宗时期（南宋孝宗时），被认为可信无疑。

第三种说法，元代时（公元 1271—1368 年）由国外传入。

元时中国与西亚和东南亚交通方便，往来频繁，在文化和技术等方面多有交流。有人认为"阿剌古"酒是蒸馏酒，远从印度传入。还有人说："烧酒原名'阿刺奇'，元时征西欧，曾途经阿刺伯，将酒法传入中国。"章穆写的《饮食辨》中说："烧酒，又名火酒、'阿刺古'。'阿刺古'番语也。"现有人查明"阿刺古""阿刺吉""阿刺奇"皆为译音，是指用棕榈汁和稻米酿造的一种蒸馏酒，在元代曾一度传入中国。

第四种说法，起源于元代。

明代药物学家李时珍（公元1518—1593年）在《本草纲目》中写："烧酒非古法也，自元时始创，其法用浓酒和糟入甑，蒸令气上，用器承取滴露，凡酸败之酒皆可蒸烧。近时惟以糯米或黍或秫或大麦蒸熟，和曲酿瓮中十日，以甑蒸好，其清如水，味极浓烈，盖酒露也。"这段话，除说明我国烧酒创始于元代之外，还简略记述了烧酒的酿造蒸馏方法。

总之，以上说法，各有争论。但是，中国是制曲酿酒的发源地，有着世界上独创的酿酒技术。日本东京大学名誉教授坂口谨一郎曾说中国创造酒曲，利用霉菌糖化，用酵母菌发酵酿酒，并推广到东亚，其重要性可与中国的四大发明媲美。白酒是用酒曲酿制而成的，为中华民族的特产饮料，又为世界上独一无二的蒸馏酒，通称烈性酒。

（二）中国白酒的分类

1. 按原材料分类

根据酿酒用的原材料不同，可以划分为两类。

（1）粮食酒

粮食酒就是以粮食为主要原料生产的酒，如高粱酒、糯米酒、玉米酒等。

（2）代粮酒

代粮酒就是用粮食以外的原料，如野生植物淀粉原料或含糖原料生产的酒，习惯称为"代粮酒"，或者叫"代用品酒"，如用青杠子、薯干、木薯、芭蕉芋、糖蜜等为原料生产的酒均为代粮酒。

2. 按所用酒曲和主要工艺分类

（1）固态法白酒的主要种类

①大曲酒。以大曲为糖化发酵剂，大曲的原料主要是小麦、大麦，加上一定数量的豌豆。大曲又分为中温曲、高温曲和超高温曲。一般是固态发酵，大曲酒所酿的酒质量较好，多数名优酒均以大曲酿成。

②小曲酒。小曲酒是以稻米为原料制成的，多采用半固态发酵，南方的白酒多是小曲酒。

③麸曲酒。以纯培养的曲霉菌及纯培养的酒母作为糖化、发酵剂，发酵时间较短，由于生产成本较低，为多数酒厂所采用，此种类型的酒产量最大，以大众为消费对象。

④混曲法白酒。主要是大曲和小曲混用所酿成的酒。

⑤其他糖化剂法白酒。是以糖化酶为糖化剂，加酿酒活性干酵母（或生香酵母）发酵酿制而成的白酒。

（2）固液结合法白酒的种类

①半固、半液发酵法白酒。是以大米为原料，小曲为糖化发酵剂，先在固态条件下糖化，再于半固态、半液态下发酵，而后蒸馏制成的白酒，其典型代表是桂林三花酒。

②串香白酒。采用串香工艺制成，其代表有四川沱牌酒等。还有一种香精串蒸法白酒，此酒在香醅中加入香精后串蒸而得。

③勾兑白酒。是将固态法白酒（不少于10%）与液态法白酒或食用酒精按适当比例进行勾兑而成的白酒。

（3）液态发酵法白酒

液态发酵法白酒又称"一步法"白酒，生产工艺类似于酒精生产，但在工艺上吸取了白酒的一些传统工艺，酒质一般较为淡薄；有的工艺采用生香酵母加以弥补。此外还有调香白酒，这是以食用酒精为酒基，用食用香精及特制的调香白酒经调配而成。

3. 按酒度的高低分类

我国白酒的酒度早期很高，有67°、65°、62°之高。度数这样高的酒在世界其他国家是罕见的。近几年，国家提倡降低白酒度数，有不少较大的酒厂，已试制成功了39°、38°等低度白酒。

（1）高度白酒

高度白酒是我国传统生产方法所形成的白酒，酒度在41°以上，多在55°以上，一般不超过65°。

（2）低度白酒

低度白酒采用了降度工艺，酒度一般在38°，也有20°左右的。

4. 按酒质分类

（1）国家名酒

国家评定的质量最高的酒。茅台酒、汾酒、泸州老窖、五粮液等酒在历次国家评酒会上都被评为名酒。例如，1952年全国第一届评酒会评选出全国八大名酒，其中白酒4种，称为中国四大名酒。随后连续举行至第五届全国评酒会，共评出国家级名酒17种，优质酒55种。

（2）国家级优质酒

与名酒的评比同时进行。随后连续举行至第五届全国评酒会，共评出优质酒55种。

（3）各省、部评比的名优酒

此处不进行详细介绍。

（4）一般白酒

占酒产量的大多数，价格低廉，适应面广，这种白酒大多是用液态法生产的。

5. 按酒的香型分类

自 1979 年全国第三届评酒会开始，将评比的酒样分为酱香、清香、浓香、米香和其他香 5 种，称为全国白酒五大香型，以后其他香发展为芝麻香、兼香、凤型、豉香和特型 5 种，共计称为全国白酒十大香型。这种方法按酒的主体香气成分的特征分类，在国家级评酒中，往往按这种方法对酒进行归类。

（1）酱香型白酒

以茅台酒为代表，酱香柔润为其主要特点，发酵工艺最为复杂，所用的大曲多为超高温酒曲。

茅台酒是世界名酒之一，是我国大曲酱香型酒的鼻祖，是酿造者以神奇的智慧，提高粱之精，取小麦之魂，采天地之灵气，捕捉特殊环境里不可替代的微生物发酵、糅合、升华而树立起酒文化的丰碑。茅台酒的历史源远流长，据史料记载，早在公元前 135 年，古属地茅台镇就酿出了使汉武帝"甘美之"的枸酱酒，盛名于世。1916 年在巴拿马万国博览会上，荣获金质奖章。1935 年举办的西南物品展阅会上荣获特等奖。在全国举办的历届评酒会上，茅台酒均蝉联国家名酒称号。

茅台酒的生产工艺古老、优秀、独特。当地劳动人民科学而又巧妙地利用当地特有的气候、优良的水质、适宜的土壤，汇集了我国古代酿酒技术的精华，创造出一整套与国内其他名酒完全不同的"高温制曲，两次投料，八次发酵，七次烤酒，分别储存，长期陈酿，精心勾兑"的传统工艺，使酿造出的酒风格卓著，独树一帜。因此，茅台酒被称为国酒，产地茅台镇被誉为"酒都"。

茅台酒属酱香型大曲白酒，酒精含量 53°，风格特点是：酒色晶莹透明，酱香突出，幽雅细腻，回味悠久；酒体丰满而醇厚，并具有独有的空杯香。

（2）浓香型白酒

以泸州老窖特曲、五粮液、洋河大曲等酒为代表，以浓香甘爽为特点，发酵原料是多种原料，以高粱为主，发酵采用混蒸续渣工艺。发酵采用陈年老窖，也有人工培养的老窖。在名优酒中，浓香型白酒的产量最大。四川、江苏等地的酒厂所产的酒均是这种类型。

其代表酒五粮液，所在地宜宾市属于亚热带暖湿气候，山水交错，平均温度 17.6 ℃、降水较充沛，加上有水稻土、新积土、紫色土等六大类优质土壤，不仅适合种植糯、稻、玉米、小麦、高粱等作物，而且空气微生物和泥土微生物也异常丰富。

五粮液的地穴式曲酒发酵窖，有 636 年历史。酒谚曰："千年老窖万年糟，酒好全凭窖池老。"1900 年，陈氏家族第十代子孙陈三，继承祖业，在原有酿造基础上，提炼出小麦、大米、糯米、高粱、玉米五种粮食作为酿造五粮液的原料，这就是五粮液历史上的"陈氏秘方"。五粮液一直沿用"陈氏秘方"的特殊配比，规避了用单一品种的粮食或两三种粮食为原料酿酒口味单一的不足。

五粮液采用独有的"包包曲"作为空气和泥土中的微生物结合的载体，非常适合酿造五粮液的150多种微生物的均匀生长和繁殖。"包包曲"是一种糖化发酵剂，发酵的不同温度，可形成不同的菌系、酶系，有利于酯化、生香和香味物质的累积，构成产品的独特风格。

五粮液在漫长的岁月中一直采用"跑窖循环""固态续糟""双轮底发酵"等发酵技术，采用"分层起糟""分层蒸馏""按质并坛"等独特的酿造工艺。

酒的"勾兑"极为玄妙、神奇，因其难度很大，要求极其严格。五粮液采用"陈酿勾兑"，即利用物理、化学、生物学原理和原酒的不同风格，有针对性地实施组合调味，其独特之处是实现分级入库、陈酿、优选、组合、勾兑、调味的精细化控制。

该酒自问世以来，以"喷香浓郁、清洌甘爽、醇甜余香、回味悠长"的四大特点而饮誉国内外。五粮液酒是选用优质大米、糯米、玉米、高粱、小麦五种粮食，巧妙酿制而成。在全国名酒评比中连续三届被评为国家名酒，并三次荣获国家金质奖。

再如泸州老窖特曲，它是浓香型白酒中的另一个著名品牌。

泸州位于四川南部长江、沱江合口处，冬无严寒，气候温和，雨量充足，土地肥沃，占了酿酒的天时地利。早在东汉时期，这里已经萌发了曲酒的酿造技术。传说，公元225年，诸葛亮屯军泸州古城江阳，适遇瘟病流行。他叫人采集草药百味，制成曲药，用城南龙泉水酿制成酒，令军民饮之以避瘟疫。这曲药制酒的传说和泸州忠山的诸葛武侯祠一并留存至今。到了宋代，这里的酿酒业已经相当繁荣了。

现在，闻名于世的泸州老窖特曲始于明朝万历年间，距今已有四百多年历史。据记载，明末清初泸州舒姓武举，在陕西略阳担任军职，对当地曲酒十分欣赏，曾多方探求酿酒技艺和设备。清朝顺治十四年（公元1657年），他解甲还乡时，把当地的万年酒母、曲药、泥样等材料用竹篓装上，聘请当地技师，一起回到泸州，在城南选择一处泥质适合做酒窖的地方。附近的"龙泉井"水清洌而回甜，与窖泥相得益彰，于是开设酒坊，试制曲酒。这就是沙州的第一个酿酒作坊——舒聚源，也是现在泸州曲酒厂的前身。到清乾隆二十二年（公元1757年），所产曲酒已闻名遐迩。

1915年泸州老窖在巴拿马国际博览会上荣获国际名酒一等金质奖章和奖状，1916～1926年相继获南洋劝业会、北洋劝业会一等奖章，获上海展览会甲等奖状。1952年，在第一届全国评酒会上，被评为全国四大名酒之一。在以后的历届评酒中，都蝉联全国名酒称号，并多次荣获国家金质奖。

现在，泸州曲酒厂的产品扩展为老窖特曲、老窖头曲、老窖低度特曲等15个品种，其中老窖特曲是泸州老窖大曲酒中品级最高的一种。该酒具有"无色透明、窖香优雅、绵甜爽净、柔和协调、尾净香长、风格典型"的特点。泸州老窖特曲（大曲）是中国最古老的四大名酒之一，蝉联历届中国名酒称号，被誉为"浓香鼻祖""酒中泰斗"。

此外，还有洋河大曲酒，它也是浓香型白酒中的名品酒，已有400多年历史。该酒属浓香型大曲酒，系以优质高粱为原料，以小麦、大麦、豌豆制作的高温火曲为发酵剂，辅以闻名遐迩的"美人泉"水精工酿制而成。沿用传统工艺"老五甑续渣法"，同时采用"人工培养老窖，低温缓慢发酵""中途回沙，漫火蒸馏""分等储存、精心勾兑"等新工艺和新技术，形成了"甜、绵、软、净、香"的独特风格。洋河大曲在1979年全国第三届评酒会上，一跃跻身于国家八大名酒之列，1984年和1989年在全国第四届、第五届评酒会上再次蝉联中国名酒称号。

（3）清香型白酒

清香型白酒以汾酒为代表，其特点是清香纯正，采用清蒸清渣发酵工艺，发酵采用地缸。汾酒产于山西省汾阳市的杏花村酒厂，是中国白酒的鼻祖，素有色、香、味三绝之称。南北朝时期（公元420—589年），汾酒作为宫廷御酒受到北齐武成帝的极力推崇，后被载入《二十四史·北齐书》，成为我国正史最早的有关酒的成名记载，这是汾酒的首次成名。

晚唐时期，诗人杜牧的一首《清明》吟出了千古绝唱"借问酒家何处有，牧童遥指杏花村"，汾酒借此声名远播，这是汾酒的第二次成名。

1915年，义泉泳生产的"高粱汾酒"，在美国举办的"巴拿马万国博览会"上荣获最高荣誉——甲等金质大奖章，成为中国有史料记载现存的唯一获此殊荣的中国白酒，把我国这一传统行业带上了世界级高峰，为祖国争得了荣誉，这是汾酒的第三次成名。

1949年后国家共进行过5次名酒评比，汾酒5次荣获"国家名酒"称号，这是汾酒的第四次成名。

汾酒历史上的4次成名被称为汾酒四大酒文化财富。汾酒属于大曲酒，以高粱为主要原料。其酒液晶莹透明，清香纯正，幽雅芳香，绵甜爽净，酒体丰满，回味悠长。酒精度为53°。

（4）米香型白酒

以桂林三花酒为代表，特点是米香纯正，以大米为原料，小曲为糖化剂。桂林三花酒以桂北优质大米为原料，用特制药曲，用漓江上游清澈澄碧、无怪味杂质的优良江水，陈贮于条件优越、冬暖夏凉的岩洞——象山岩洞内，加之工艺精湛，使酿得的酒香醇无比。

因在摇动酒瓶时，只有桂林三花酒会在酒液面上泛起晶莹如珠的酒花，而且，入坛堆花，入瓶要堆花，入杯也要堆花，故名"三花酒"。

桂林三花酒清亮透明，有浓郁幽雅的蜜香，入口香醇甘爽，清洌回甜，饮后留香，为米香型白酒，酒度为56°。桂林三花酒早年就是广西名酒，远销东南亚和日本等。"三花香飘云天外，八仙醉卧烟霞中"，说的就是这个酒。

（5）其他香型白酒

主要代表有西凤酒、董酒、白沙液等，香型各有特征，这些酒的酿造工艺采用浓香型、酱香型或汾香型白酒的一些工艺，有的酒蒸馏工艺也采用串香法，如西凤酒。它是中国古老的名酒之一，产于陕西省凤翔县柳林镇。凤翔古称"雍县"，民间传说是生长凤凰的地方，唐朝至德二年（公元757年）升凤翔为府，人称"西府凤翔"，"西凤酒"的名称便由此而来。

关于西凤酒的历史，相传始于周秦，盛于唐宋，距今已有二千六百多年的历史。据《凤翔府志》记载，在秦穆公时代，雍县（今凤翔县）已有美酒佳酿。当地出土的文物中，有春秋时的酒器觚、延爵，战国时期的酒器铜壶等。唐代贞观年间（公元627—649年），西凤酒就享有"开坛香十里，隔壁醉三家"之美誉，时人赞叹："富哉关中，酒哉西凤"。

清朝光绪二年（公元1876年），在南洋赛酒会上，西凤酒荣获二等奖。1956年，国家投资在柳林镇建起了"陕西省西凤酒厂"，从此，西凤酒迅速发展，生产规模不断扩大，产量日趋增长，品质风格更加醇馥突出。在1952年、1963年和1984年的第一、第二、第四届全国评酒会上，西凤酒3次被评为国家名酒，两次荣获国家金质奖章。1984年，在原轻工业部酒类质量大赛中，西凤酒又获得金杯奖。

西凤酒具有"凤型"酒的独特风格。它清而不淡，浓而不艳，酸、甜、苦、辣、香，诸味协调，又不出头。它把清香型和浓香型二者的优点融为一体，香与味、头与尾和谐一致，属于复合香型的大曲白酒。西凤酒的特点是：酒液无色，清澈透明，清芳甘润、细致，入口甜润、醇厚、丰满，有水果香，尾净味长，为喜饮烈性酒者所钟爱。

再如董酒，因产于贵州省遵义市北郊董公寺而得名，是中国名白酒中独树一帜的曲酒。它以酒液清澈透明，香气幽雅舒适，入口醇和浓郁，饮后甘爽味长的独特风格，享有中国名酒的美誉。

该酒选用优质高粱为原料，引水口寺甘洌泉水，以大米加入95味中草药制成的小曲、小麦加入40味中草药制成的大曲为糖化发酵剂，以石灰、白泥和洋桃藤泡汁拌和而成的窖泥筑成偏碱性地窖为发酵池，采用两小两大，双醅串蒸工艺，即小曲由小窖制成的酒醅和大曲由大窖制成的香醅，两醅一次串蒸而成原酒，经分级陈贮1年以上，精心勾兑等工序酿成。

董酒无色，清澈透明，香气幽雅舒适，既有大曲酒的浓郁芳香，又有小曲酒的柔绵、醇和、回甜，还有淡雅舒适的药香和爽口的微酸，入口醇和浓郁，饮后甘爽味长。由于酒质芳香奇特，被人们誉为其他香型白酒中独树一帜的"药香型"或"董香型"典型代表。

此外，白沙液是复香型名酒，兼有两种以上主体香的酒，产于古城长沙。白沙液酒以优质高粱为原料，取古城名泉——"白沙矿泉"之水精心酿制而成。1974年12月26日，毛泽东主席亲自为酒定名为"白沙液"。如今，白沙液酒已经形成了54°特级、54°、46°、39°四个品种。酒液无色透明，曲香浓郁，味醇柔和，后味回甜。

（三）中国白酒的饮用与服务操作规范

1. 中国白酒的饮用

（1）净饮

按照中国人饮酒习惯，中国白酒适合于净饮，便于细细品味中国白酒的色、香、味等特色。刚启开茅台酒瓶盖时，便闻到一股幽雅而细腻的芬芳，继而细闻，又嗅到一股类似豆类发酵的酱香，其间夹带着烘炒的甜香；呷一小口，气若幽兰，弥于口腔，甘绵醇厚，缭绕于口；饮后的空杯，仍有一股香兰素和玫瑰花的幽雅芳香，5～7天不会消失，被誉称为"空杯香"。如果把开始闻到的香称为前香，继而闻到的香和最后留存的"空杯香"称为后香，那么，前香幽雅诱人，别有风韵，后香则细腻持久，耐人寻味。前香、后香相辅相成，浑然一体，卓然而绝，这就是茅台酒成为国酒和世界名酒之所在。对于其他香型的酒也有另外的体验。

（2）混合饮用

随着鸡尾酒在中国的推广，酒吧行业也渐渐使用中国白酒作为基酒，调制各种鸡尾酒。例如，中国马天尼、长城之光、太空星等一些鸡尾酒应运而生。

2. 中国白酒的服务操作规范

①中国白酒的饮用常常使用利口酒杯和古典酒杯。

②中国白酒饮用的标准分量为40mL。

第四节　水果类蒸馏酒

水果类蒸馏酒，俗称水果白兰地（Fruit Brandy），它主要以各种水果为原料制作各种白兰地，其中最主要的是以葡萄为原料制作的白兰地酒。

一、白兰地的起源

传说一是英语中白兰地（Brandy）从荷兰语 Brandewijn 而来，意思为"烧的酒"。16世纪时，荷兰为海上运输大国，法国是葡萄酒重要产地，荷兰船主将法国葡萄酒运往世界各地，但当时英国和法国开战，海上交通经常中断，葡萄酒贮藏占地费用大，于是荷兰商人想将葡萄酒蒸馏浓缩，可节省贮藏空间和运输费用，运到目的地后再兑水出售。可意想不到的是浓缩的酒更受欢迎，而且贮藏时间越长酒味越醇，从此，出现一种新酒，蒸馏葡萄酒——白兰地。

白兰地酒

　　传说二则是白兰地最早起源于法国。在18世纪前，法国人喝的是葡萄酒。由于法国的地理环境优越，整个国家成为种植最好、最多葡萄的大葡萄园，也使法国成为最大的葡萄酒出口国。当时最著名的葡萄酒出港是"夏朗德"（Charente）。由于葡萄酒的酒精含量很低，以当时的运输条件来说，长途运输容易变质，而且整箱葡萄酒占船的空间很大。于是法国人便想出了双蒸的办法，即把白葡萄酒蒸馏两次，去掉葡萄酒的水分，提高酒精含量，以便运输。到达遥远的外国后，再加水稀释复原为白葡萄酒，然后在市场上出售。那些被蒸馏两次的白葡萄酒便是最早期的白兰地。

　　传说三是在18世纪，法国夏朗德（Charente）地区由于地理条件优越，成为白葡萄酒著名的出入口。但因为白葡萄酒酒精含量低，长途运输往往易变质，法国人便发明了双蒸之法，以提高其酒精含量。但是，最初的白兰地无色透明，一个偶然的原因，白兰地才变成现在这种琥珀色。1701年，盛产白兰地的法国卷入了西班牙王位继承的战争。战火纷飞，交通阻塞，白兰地只有封存在橡木酒桶里，躺在地窖中熬度悠悠岁月，战争结束以后，人们惊喜地发现，白兰地变成了晶莹透明的琥珀色，显得十分华贵，而且香味更加醇美。从此，用橡木桶陈贮白兰地，便成为酿制这种美酒不可缺少的工序。因为橡木桶对酒质影响很大，橡木桶和白兰地有微妙的"交换作用"，橡木桶内的溶解物质和微生物会与白兰地产生一系列复杂的化学反应，橡木桶颜色逐渐渗入酒中，使白兰地神奇地变成了晶莹的琥珀色，而且，年代越久，颜色越深，同时，也增添了白兰地特有的香味。

　　总而言之，白兰地就是用发酵过的葡萄汁液，经过两次蒸馏而成的美酒。因此白兰地的英文Brandy通常的意思是"葡萄酒的灵魂"，1L白兰地大约需要8L葡萄酒浓缩。同时，除了使用葡萄为原料制作白兰地之外，还有以苹果、樱桃、李子、杏仁等为原料制作的白兰地，它们通常称为苹果白兰地、樱桃白兰地、李子白兰地、杏仁白兰地等，而用葡萄为原料制作的白兰地，一般不需要加限定词汇"葡萄"，可以直接称呼"白兰地"。

二、白兰地的分类

（一）葡萄白兰地（即白兰地）

1. 干邑（Cognac）白兰地

（1）干邑（Cognac）的概念

它是白兰地中的极品，干邑其实是法国西南部地区夏朗德省（Charente）的一个古老小镇，是著名的葡萄产区。因为其独特的气候土壤适合葡萄的种植，加上干邑地区悠久的酿酒历史和独特的蒸馏酿造工艺，使得干邑白兰地被称为"白兰地之王"。法国政府为保证白兰地的酒质，在1909年5月1日，制定了极其严格的规定：只有用干邑地区的葡萄并在该区内酿造的白兰地才能冠以干邑的美名。而干邑区共分为6个种植区，所产酒的品质从高到低的排列顺序是：①大香槟区（Grande Champagne），②小香槟区（Petite Champagne），③边缘区（Borderies），④植林区（Fins Bois），⑤优等植林区（Bons Bois），⑥一般植林区（Bois Ordinaires）。

（2）干邑的生产工艺

白兰地是以葡萄为原料的，它的工艺中发酵前几步工序基本上和发酵白葡萄酒相同，在破碎时应防止果核的破裂，一般大粒葡萄破碎率为90%，小粒葡萄破碎率为85%以上，及时去掉枝梗，立即进行压榨工序。取分离汁入罐（池）发酵，将皮渣统一堆积发酵或有低档白兰地生产时并入低档葡萄原料酒中一并发酵。干邑白兰地的原料选用的是圣·爱米勇（Saint Emilim）、哥伦巴（Colombard）、白疯女（Folle Blanche）3个著名的白葡萄品种。

①发酵工艺。用于酿造白兰地的葡萄必须无病害、无腐烂。采用自然发酵法，温度不超过34℃，4～5天即可发酵完毕，发酵后理化指标为酒度5%～9%（体积分数），残糖<3g/L。

②蒸馏工艺。白兰地蒸馏工艺在白兰地生产环节中可以说起着承前启后的重要作用，法国对白兰地原料酒的蒸馏酒度要求为不可高于85%（体积分数），一般是在58%～72%（体积分数）范围内，这样才可将发酵原料酒中的芳香成分有效地保留下来，并得其精华，以奠定白兰地芳香物质的基础。

A. 壶式蒸馏。夏朗德壶式蒸馏锅主要由蒸馏锅、预热器、蛇形冷凝器三大部分组成，整个锅体由铜制成的，铜制目的有多个：其一，铜具有很好的导热性；其二，铜是某些酯化反应催化剂；其三，铜对原料酒的酸度具良好的抗性；其四，铜可以使丁酸、己酸、癸酸、月桂酸等形成不溶性铜盐而析出，使这些不良气味的酸被去除。铜板应是质地很纯的电解铜，铜板应进行过刨平，使金属内的孔密实化，使锅体表面更光滑而利于清洗。锅体为圆壶式，锅底应向内凸起以便利于排空，由于直接用火加热，因而锅底应有一定的厚度，铜板厚度与锅容量是相当的。蒸馏锅顶部"穿形"应暴露于锅台之上，这部分面积可大可小，它起着一定的精馏作用。

夏朗德蒸馏锅一大特点是设计独特的鹅颈帽，鹅颈帽也叫柱头部，实则为蒸馏锅罩，目的之一是防止蒸馏时"扑锅"现象发生，另一目的是使馏出物的蒸汽在此有部分回流，从而形成了轻微的精馏作用，它的容积一般为蒸馏锅容器的10%，不同大小不同形状的鹅颈帽，其精馏作用不同，因而所蒸得的产品质量也不同。一般鹅颈帽越大，精馏作用越大，所得产品口味趋向于中性，芳香性降低，夏朗德壶式蒸馏锅一般采用"洋葱头"形鹅颈帽，也有"橄榄形"的，但后者所得产品芳香性较小。

B. 塔式蒸馏。蒸馏塔塔板一般为泡盖、浮阀式。进行蒸馏时，打开气门进行温塔，在塔底温度达到105℃时，打开排糟阀，塔内温度95℃时，可开始进料，同时开启冷却水。至塔顶温度达85℃时，可打开出酒阀门调整酒度，整个蒸馏过程是连续的，控制蒸馏出酒精温度在25℃以下。

壶式蒸馏和塔式蒸馏的区别在于：所用设备不同；生产方式不同，壶式蒸馏是间断式蒸馏，而塔式蒸馏是连续式蒸馏；热源不同，壶式蒸馏是直接明火加热，塔式蒸馏则采用的是蒸汽加热；壶式蒸馏产品芳香物质较为丰富，塔式蒸馏产品呈中性，乙醇纯度高。

③储存工艺。白兰地在贮藏过程中，最直观的就是体积的缩减，普遍认为是酒精挥发所致，因为酒精的挥发性远高于水的挥发性。小木桶年损耗率在3%以上，大木桶年损耗率1.5%～2%，这一部分损失是无法避免的，在法国，人们幽默地称之为"天使享用了"，但这种挥发，不仅是挥发掉酒精，也挥发掉水分，因木材的纤维素在吸水后产生膨胀，形成了一层可透水的壁，若贮藏区环境潮湿，水分蒸发可减缓。窖内湿度达到70%～80%时，酒度的变化为每15年降低5%～8%（体积分数）；若贮藏区干燥，则水分挥发比酒精挥发还要快，因此窖内的空气不可过分干燥，否则白兰地贮藏多年后，酒精度反而升高，酒质不良。

储存过程中许多变化都离不开氧的作用，储存中的氧来自三方面：由桶导气孔进入桶内的氧约8.5%，经板缝渗入的氧占51%，其余的氧是倒桶时溶于酒中的，氧溶入后首先以过氧化物的形式存在，然后活性氧从过氧化物中分离开来，慢慢氧化橡木和白兰地的成分。

由于橡木桶对白兰地老熟和酒香有重要影响，因此酒厂对于陈酿用的橡木桶制造非常有考究，砍下来的橡木，必须经过两年以上的风干才可做木桶，以防止橡木中的水分渗出影响了白兰地的味道；所有的木桶都应该纯粹用橡木镶嵌而成，其间不能有一颗钉子或一滴胶水，也不能用锯子来锯，以确保酒陈酿时不受影响。只能要木匠师以智慧与娴熟的技巧，利用物体热肠冷缩的原理，把木条用火烤弯，相互吸合制成酒桶。

白兰地从木质中浸提出单宁、木质素、多酚，这些物质增加了白兰地的口感，改善了白兰地的质量。单宁是形成白兰地品质的重要物质，单宁在贮藏过程最初3～4年增加得特别明显，而后就较为缓慢，但贮藏时间较长的酒口感更为柔和，单宁苦涩及收敛性减弱，这是因为单宁已缓慢氧化。

白兰地陈酿的时间越久，它的酒质越柔顺，香气越浓，价格也越高。但这并不是说它可以无限制地陈酿，酒本身也有一个从未成熟到成熟以致衰老的过程。白兰地的最佳酒龄是20～40年，一般不超过50年。否则时间过长，水分全蒸发掉，酒味就变成了木质味。因此一般到了年头的酒就改用陶瓷罐储存，就可以保证酒的品质恒久不变了。

为了突出年限，干邑的瓶颈部分都印有星印，从1星到5星分别表示贮藏的年代，例如，3-STAR 三星干邑：3年陈，蕴藏期不少于2年；V.S.O.P 干邑：蕴藏期不少于4年；NAPOLEON 干邑：蕴藏期不少于6年；X.O. 干邑：蕴藏期多在8年以上。

另外，还有省略的字母表示品质的，其中，E/Excellent 优良，F/Fine 好，V/Very 很好，O/Old 古老，E/Especial 特别的，P/Pale 淡色，S/Superior 上好、优越的。例如 V.S.O.P. 意思就是 Very Superior Old Pale 非常优质的陈年浅色白兰地，一般贮藏4～5年；再如 V.S.O.D Very Superior Old Dark 酒盛在木桶中，吸收木桶溶解来的单宁成分，使酒从无色变为褐色，时间越久，酒色越深，故名。

④勾兑工艺。储存在木桶内的白兰地原酒，因葡萄品种、蒸馏、陈熟的差异，使每一桶酒的酒质都不尽相同。世界各国的白兰地都是由数十种不同时间熟成的原酒调配而成，因为每一桶白兰地的口感和味道皆不相同，如何使每年生产的酒皆有类似的感觉，这就要调配的功力了。

制作出合格的白兰地还有一个极为重要的程序，就是调配。调配也称勾兑，它是白兰地生产的点睛之笔，经过调配，葡萄酒的感观、香气和口感实现高度和谐统一。因为最好的白兰地是由不同酒龄、不同来源的多种白兰地勾兑而成的。勾兑师要通过品尝储藏在桶内的酒类来判断酒的品质和风格，并决定勾兑比例。为此，每个勾兑师都有自己的配方，绝不外传。

⑤装瓶工艺。勾兑后的白兰地在适当的容器中存放6个月就可装瓶。白兰地与葡萄酒不一样，不在瓶中沉淀，装瓶以后就成为定型产品。只要密封后避光、低温就可长期保存。勾兑的白兰地酒度在国际上一般标准是42°～43°，我国的酒度标准是38°～44°。为了使酒精成分保持一定的浓度，会添加蒸馏水，然后在 –5°～–10° 过滤；必要的时候，用焦糖来调整酒的色泽，然后装瓶上市。

（3）干邑的特点及名品酒

①干邑的特点。干邑白兰地酒体呈琥珀色，清亮透明，口味讲究，风格豪壮

英烈，特点十分独特，酒度为 43°。

②干邑的名品酒。干邑白兰地的名品酒有很多，远销世界各地。常见的名品有：人头马 V.S.O.P（Remy Martin V.S.O.P）、马爹利 V.S.O.P（Martell V.S.O.P）、轩诗 V.S.O.P（Hennessy V.S.O.P）、拿破仑 V.S.O.P（Courvoisier V.S.O.P）、普利内 V.S.O.P(Polignae V.S.O.P)、百事吉 V.S.O.P(Bisquit V.S.O.P)、长颈 F.O.V(F.O.V)、蓝带马爹利（Ribbion Martell）、人头马俱乐部（Remy Martin Club）、轩尼诗 X.O（Hennessy X.O）、马爹利 X.O（Martell X.O）、人头马 X.O（Remy Martin X.O）、卡米 X.O（Camus X.O）、拿破仑 X.O（Courvoisier X.O）、人头马路易十三[Remy Martin Louis x Ⅲ（Paradise）]、天堂轩尼诗（Hennessy Paradise）、天堂马爹利（Martell Paradise）、金像 V.S.O.P（Otard U.S.O.P）、金像 X.O（Otard X.O）、海因 V.S.O.P（Hine V.S.O.P）、海因 X.O.（Hine X.O.）、卡姆斯 V.S.O.P（Came's V.S.O.P）、大将军拿破仑（Courvoisier Napoleon）、奥吉尔 V.S.O.P(Augier V.S.O.P)、金路易拿破仑(Louis Napoleon)等。V.S.O.P 以下级别的杂牌较多，质量也参差不齐。

2. 雅文邑（Armagnac）

法国古老的白兰地之一，仅次于干邑白兰地，但种植面积不足干邑的五成。雅文邑位于法国西南的热尔省（Gers）境内，其土质为砂性，混有黏土、石灰岩及花岗岩。以砂性土上生长的葡萄制作出的白兰地为最佳。法国政府于 1909 年 5 月批准了本地区自己制定的名称监制制度，从此雅文邑的生产包括葡萄品种、葡萄种植、蒸馏技术、陈酿及勾兑都受到严格的控制。

为法国法律认可作为生产雅文邑的葡萄品种有：圣·艾米勇（Saint Emilion）、哥伦巴（Colombard）、白疯女（Folle Blanche）等六七个品种，这些葡萄的特点是酿出的葡萄酒酒度低，通常为 9% 左右。酸度较高，常常大于 1%。

雅文邑生产工艺与干邑的生产工艺基本相似，只有少许差异。

其一，雅文邑的蒸馏是一次性连续蒸馏，蒸馏液的酒精度不能大于 60%，这样是为了使蒸出的白兰地香气更佳。

其二，酒桶的材料是用法国 Monsezun 森林的黑橡木桶（Black Oak）制成。这种木材色黑，树液、单宁多，有细小纹理，和酒接触的表面积较大，雅文邑复杂的风味、较深的颜色都是由此演变而来的，而且陈酿时间较前者短。

其三，雅文邑陈酒的鉴别标准是以 1、2、3、4、5、6 来表示。陈酿 1 年者是从蒸馏完毕的 5 月 1 日至来年的 5 月 1 日，用 1 表示。陈酿 2 年者用 2 表示，以此类推。现在 1～3 者通常用 Trois Etoiles（三星）、Monopole（专营）、Selection Deluxe(精选)等表示。4 者用 V.O(远年陈酿)、V.S.O.P.（精制远年陈酿）、Reserve（佳酿）、X.O（未知龄）、Hors D'age（无龄）表示。雅文邑一般至少贮陈 2 年以上，否则白兰地的名称上必须注明"未成熟"等字样。白兰地的酒龄一般为 3～8 年，但有许多著名的牌子酒龄长至 25 年。

雅文邑酒体呈琥珀色，发黑发亮，酒度43%。陈年的雅文邑风格稳健沉着，回味悠长，留杯许久，有时可达1周。因此当地人更偏爱雅文邑。

雅文邑白兰地的名品有：卡斯塔浓（Castagnon）、夏博（Chabot）、珍尼（Janneau）、索法尔（Sauval）、桑卜（Semp）、莱福屯（Lafontan）、莱波斯多（Lapostole）、迈利本（Maniban）等。

3. 马尔白兰地（Marc Brandy）

马尔白兰地是用制葡萄酒所剩下的葡萄渣蒸馏而成的。该酒透明无色，有明显的果香，口感猛烈，刺激较大，后劲足，较易上头，酒度是68%～71%，宜作餐后酒。在法国称此种酒为EAU DE VIE DE MARC，因此这种酒的洋名为Marc，但最后一字母不发音，法国各地都出产，但以勃艮第（Bourgogne）产的最好，它富有麦秆和木料味道。

此种酒产于法语国家，其名品酒有：勃艮第白兰地（Mare de Bourgogne）、法兰西孔台马尔酒（Mare Franche comtee）、香槟马尔酒（Vieux Mare de Champagne）等。

4. 其他国家或地区生产的白兰地（Other Country Brandy）

除了干邑、雅文邑、马尔以外，世界上还有其他许多国家和地区生产葡萄蒸馏酒，均可称为白兰地（Brandy）。

法国白兰地（French Brandy）：指除干邑、雅文邑、马尔以外的法国其他地区生产的白兰地，与其他国家的白兰地相比，品质上乘。

西班牙白兰地（Spanish Brandy）：除法国以外，西班牙白兰地是最好的。有些西班牙白兰地是用雪利酒（Sherry）蒸馏而成的。目前许多这种酒，是用各地产的葡萄酒蒸馏混合而成。此酒在味道上与干邑和雅文邑有显著的不同，味较甜而带土壤味。主要名品酒有：卡洛斯（Carlos I）、达夫哥顿（Duff–Gordon）、菲瑞（Ferry）、阿斯勒（Osborne）、三得门（Sandeman）等。

美国白兰地（American Brandy）：大部分产自加州，它是以加州产的葡萄为原料，发酵蒸馏至85proof，储存在白色橡木桶中至少两年，有的加焦糖调色而成。

除此之外，葡萄牙、秘鲁、德国、希腊、澳大利亚、南非、以色列、意大利、中国和日本也主产优质白兰地。

（二）其他水果白兰地

除葡萄之外，还有很多水果可以制作白兰地酒。所以，其他水果白兰地是以除葡萄外的其他水果为原料，经发酵蒸馏而成的蒸馏酒，具有独特幽郁的香气。香气来源于水果香、发酵产生的香味化合物和陈酿过程中产生的陈酿香。其生产工艺前段为白葡萄酒的酿造工艺，原料水果经榨汁，然后加果酒酵母前发酵时，温度18～20℃，发酵期7～10天，发酵即可完毕；后发酵温度15～18℃，时间 20 ~ 30 天，当酒度达到 5% ~ 9%（体积分数），残糖＜ 5g/L，挥发酸＜ 0.3g/L，即可蒸馏，初馏白兰地经橡木桶储存老熟即为成品酒，因为橡木桶储存老熟工艺是完善白兰地品质的重要环节。

1. 苹果白兰地

据说 9 世纪时，来自北欧的海盗入侵法国，当他们在现在的法国北部诺曼底定居后，发现了野生果树结的苹果，于是开始用它造苹果酒。而且在 1553 年已经有蒸馏苹果酒制造白兰地的文字记录，可能由于怕抢了葡萄白兰地的风光，法国政府在 19 世纪才予以承认。于是卡尔瓦多斯（Calvados）1942 年成为法国酒类认证体系（AOC）唯一认可和保护的地区命名苹果白兰地，占全国产量的 70%。而且苹果必须来自昂日（Pays d'Auge），有 30 余种，酸甜不同，混在一起。摘苹果用摇晃法，而不是传统的杆子打，掉到油布上，收到麻袋里。碾压成泥，榨出果汁，自然发酵，不少于六个星期，用罐式蒸馏器蒸两遍，一次在秋天，一次在春天，达到 72%，然后在利穆赞（LimoUsine）橡木桶里陈化，最少 2 年，久的可达 25 ~ 30 年，苹果白兰地的酒色由木桶而来，并有着明显的苹果香味。最后勾兑成 45% 的酒，也有三星、VOSP、XO 等级。政府还规定，所有以此命名的酒必须交由品尝委员会认定后才能上市。

卡尔瓦多斯（Calvados）的名称来源还有一个故事。据说 1588 年西班牙菲利普二世派无敌舰队与英军作战，全军覆没。其中有一艘名叫 El Calvador 的船触礁沉船，葬身海底，后人就把那个地方命名为 Calvados。没想到此地几百年后因苹果白兰地名气冲天，该酒可以与干邑、香槟媲美。1944 年第二次世界大战，盟军在诺曼底登陆，头戴钢盔的美国大兵收到的第一个礼物就是卡尔瓦多斯苹果白兰地。

苹果白兰地在英国叫 Cider Brandy，以萨默赛特郡（Somerset）最有名，据说有超过卡尔瓦多斯的趋势。

美国也生产以苹果为原料的苹果白兰地，其中以杰克苹果白兰地（Apple Jack）为最。此酒制作简单，即将熟透的苹果完全发酵至无糖，再蒸馏至 140 ~ 160 proof 时再移至木桶中贮陈 2 ~ 5 年，装瓶时酒度为 50°。主要名品酒有：教友（Christian Brothers）、果渣白兰地（Pomace）、E & J、伍德白瑞（Woodbury）、保罗·门森（Paul Masson）等。

2. 樱桃白兰地

法国的南部地区、德国的黑林山、瑞士的巴赛尔附近的莱茵河及其支流的谷地都是这种酒的著名产地，可以说均为三国接壤的地区。作为原料的是野生的黑樱桃，虽然粒小，但糖分较多。制作时，首先将果实压碎，然后加水放入桶中使其自然发酵。发酵后，放置几个月，最后再进行蒸馏，贮藏熟成基本上都是用不含色素成分的白蜡树木桶，或者是在陶器及玻璃容器中进行。这样制造的白兰地是无色透明的，并且具有来自樱桃的优雅香味。

在法国，这种樱桃白兰地的正式名称是 Eau-de-vie de cerise，一般被称为吉尔修（Kirsch），所谓吉尔修是樱桃的意思。所以在法国单是标示 kirsch 的酒是指由樱桃制造的白兰地，其中吉尔修·德·科梅尔斯（Kirsch de Commerce）适当地混合了中性酒精，使其香味有所增强；而吉尔修·凡特吉（Kirsch Fantaisie）则是中性酒精添加量较多，并添加香料来调整其香味的樱桃白兰地。

在德国，将这种酒称为吉尔修·瓦萨（Kirsch-wasser），其中瓦萨本来是水的意思，但用来表示酒的时候，则只是一个表示原料从破碎、发酵、蒸馏，直到制成蒸馏酒的专门用语。如果是使用木葛（即覆盆子，英语名为 Raspberry，法文名为 Framboise）这样的水果，原料需用中性酒精浸渍后再进行蒸馏时，酒名则用盖依斯特（Geist）这一用语。

此外，以南斯拉夫海岸地区达尔马提亚（Dalmatia）当地盛产的马拉斯卡（Marasca）樱桃树果实（成熟时期色泽呈黯红色）樱桃榨汁为主原料所制成。樱桃榨汁时果核常无意间一并碾碎，饮用时会感觉到樱桃核的粒子存在是该产品特色之一。

3. 李子白兰地（Slivoviz Brandy）

法国北部、德国及东欧各国均生产此种酒类。法国产的该种酒有用黄李子制造的李子白兰地（Eau-de-vie de Mirabelle），特别是洛林地区生产的洛林李子白兰地（Mirabelle de Lorraine），以及用紫罗蓝色李子制造的凯秋李子白兰地（Eau-de-vie de Etsch）等，这些酒果汁香味很浓，成品是无色透明的。

（1）蓝李蒸馏酒（Quetsck）

原料用果实硕大皮色蓝紫的李子，带核发酵，两次蒸馏得酒，陈酿而饮。法国产的蓝李蒸馏酒无色透明，酒度44.5°，干型，宜作餐后酒。

（2）黄李蒸馏酒（Mirabelle）

原料用黄皮李子，经发酵蒸馏制成。此酒无色透明，果香明显，口味流畅，酒度43°左右，宜作餐后酒。此酒不易久藏，存放2～3年为限，以法国洛林产的最为著名。

此外，李子白兰地也是东欧和巴尔干半岛的特产，在那里70%的李子都用来酿酒。例如，南斯拉夫产的蓝李蒸馏酒称为Slivovitz，酒体呈琥珀黄色，果香突出，酒味浓郁，口味微苦，苦中有舒适的味觉感受，酒体协调，酒度35°～43°。

4. 梨白兰地酒（Williams）

法国称William，瑞士称Williamine，以梨为原料，榨汁后发酵成酒精，再蒸馏取酒，用木桶陈酿后装瓶出售，酒度43°～45°。其中瑞士生产一种瓶中有梨的梨白兰地酒，在梨长到葡萄那么大时，套进瓶中，到梨成熟时去柄，洗净后装入已制好的梨白兰地，梨在酒液中得以保存，酒也因此增加了果香和清新鲜美的口味。威廉梨酒无色透明，清亮有光泽，果香较浓，四年之内梨仍保持原色。

梨白兰地酒的名品有：瑞士产的英朗（Morand）和法国产的拉伯（Labet）、雅客伯（Jacobet）、拉布（Labeau）等。

5. 覆盆子蒸馏酒（Framboise）

原料用覆盆子，先浸入食用酒精，再蒸馏提炼浸制而成。此酒无色透明，果香十分浓烈，口味醇干润舌，酒度 40° 左右，以法国阿尔萨斯和德国的此类产品最为有名。

三、白兰地的饮用与服务操作规范

（一）白兰地的饮用

1. 净饮

英国人喝白兰地喜欢加水，中国人多喜欢加冰，不过那只是喝一般牌子的白兰地。对于陈年上佳的干邑白兰地来说，加水、加冰是浪费了几十年的陈化时间，丢失了香甜浓醇的味道。白兰地主要作为餐后酒。享用白兰地的最好办法是不加任何东西，越是高档的白兰地越是如此，这样才能品尝白兰地的醇香。品味白兰地的步骤通常有以下几个过程。

（1）观色

打开酒瓶，将酒倒入酒杯，然后端起酒杯置于齐眉之处，并且使酒杯对着光源，观察白兰地的色泽及清澈度。品质优良的白兰地应呈金黄色或琥珀色，通常颜色越深，表示陈年越久，但加入焦糖也可以影响颜色的深浅。

（2）察形

将杯身倾斜约 45°，慢慢转动一周，再将杯身直立，让酒汁沿着杯壁滑落，观察杯壁上的"酒迹"（酒经晃动后，在杯壁上慢慢由高处往下流的痕迹）流动的速度。越好的白兰地，酒汁滑动的速度越慢，且酒迹越圆润。

（3）闻香

将酒杯由远处移近鼻子，以恰能嗅到白兰地酒香的距离来衡量香气的强度与基本香气为度。闻香时轻轻摇动酒杯，逐渐靠近鼻子，最后将鼻子靠近杯口深闻酒气，以便辨别各种香气的特征与确定酒香的持久力。再轻轻晃动酒杯使酒的香气充分散发出来，用鼻子去闻，然后加盖，用手握杯腹部 2min，摇动后再闻香。优质白兰地的香气有淡雅的葡萄香味、橡木桶的木质风味、青草与花香的自然芬芳等。而极品的白兰地则会出现一种复杂的甘醇、香腴感，这是所有消费者梦寐以求的。如果白兰地酒中有不协调的浮香和异香，或木质香过重。都应视为酒的缺陷。

（4）品味

观色、察形、闻香之后，就是品尝了。品尝时啜入一小口酒（约 2mL），从舌尖开始品尝白兰地，让醇酒在舌间滑动，再顺着舌缘让酒流到舌根，然后在口中滑动一下，入喉之后趁势吸气伴随酒液咽下，让醇美厚实的酒味散发出来，再用鼻子深闻一次，将所有的精华消化于口鼻舌喉之间。通常香味停留得越久越醇和越好。不够匀和的或太早的白兰地，则会觉得烈而缺乏芳醇的味道，需要继续陈年。

另外，净饮时用水杯配一杯冰水，冰水的作用是：每喝完一小口白兰地，喝一口冰水，清新味觉能使下一口白兰地的味道更香醇。

2. 混合饮用

白兰地有一个特点，即不怕稀释。在白兰地中放入饮用水，风味不变还可降低酒度。因此人们饮白兰地时往往放进冰块、矿泉水或苏打水；更有加茶水的，越是名贵茶叶越好，白兰地的芳香加上茶香，具有浓郁的民族特色。

白兰地也可以与其他软饮料混合在一起调制各种鸡尾酒。例如，白兰地加可乐，其具体做法是用 1 个哥连士杯，放半杯冰块，量入 28mL 白兰地，再加入 168mL 可乐，用酒吧匙搅拌一下即可。此外，还有雪球（Snow Ball）、亲密拥抱（Bosom Caress）、白兰地飘（Brandy Float）等。

（二）白兰地的服务操作规范

①白兰地的饮用常常使用白兰地杯或郁金香形杯。对酒杯而言，平时喝白兰地，用球形白兰地杯。因为白兰地酒杯是为了充分享用白兰地而特殊设计的，"闻"是享受的主要部分，其酒杯窄口的设计是让酒的香味尽量长时间地留在杯内，以慢慢享受；白兰地的酒精含量在 40°左右，散发较慢，用大肚杯人手的温度使酒香散发，为了充分享受这种香味，饮时手掌托杯，使杯内酒液稍稍加温，易于香气散发，同时晃动酒杯，以扩大酒与空气的接触面，增加酒味的散发。

鉴赏白兰地的酒杯应是高身郁金香形的，以使白兰地的香味缓缓上升。品尝者可以逐渐分析其千姿百态的、各种层次的酒味，而球形杯会使香味集中于杯子中央急剧上升，从而影响正常的品尝；另外，还要注意，饮酒时不能斟得太满，以 1/3 为宜，要让杯子留出足够的空间，使酒香环绕不散，达到最佳的品尝效果。

②白兰地酒饮用的标准分量通常以 1oz（约 30mL）为宜，即将白兰地杯横置桌面酒液不溢为准（224mL 的白兰地杯只倒入 28mL 白兰地酒）。

第五节　果杂类蒸馏酒

果杂类蒸馏酒主要品种有朗姆酒（Run）和特基拉酒（Tequila）。

一、朗姆酒

（一）朗姆酒的起源

朗姆酒

朗姆酒（Rum）之名源自西印度群岛原住民语汇 Rumbullion，词首 Rum 意指兴奋或骚动之意。除此之外，朗姆酒名称还有很多，其中主要有 Rum、Rhum、Ron 等，其意译为"甘蔗老酒"。在中国，朗姆酒又叫作罗姆酒、兰姆酒、甘蔗酒。而在加勒比海地区，朗姆酒又称"火酒"，绰号"海盗之酒"，因为过去横行在加勒比海地区的海盗都喜欢喝朗姆酒。世人对朗姆酒也有许多评价，英国大诗人威廉·詹姆斯说："朗姆酒是男人用来博取女人芳心的最大法宝。它可以使女人从冷若冰霜变得柔情似水。"

朗姆酒的产地主要有：西半球的西印度群岛，以及美国、墨西哥、古巴、牙买加、海地、多米尼加、特立尼达和多巴哥、圭亚那、巴西等国家。另外，非洲岛国马达加斯加也出产朗姆酒。

朗姆酒的原料为甘蔗。1492 年，哥伦布发现新大陆后，在西印度群岛一带广泛种植甘蔗，榨取甘蔗制糖，在制糖时剩下许多残渣，这种副产品称为糖蜜。人们把糖蜜、甘蔗汁在一起发酵蒸馏，就形成新的蒸馏酒。但当时的酿造方法非常简单，酒质不好，后来蒸馏技术得到改进，把酒放在木桶里储存一段时间，就成为爽口的朗姆酒了。因为喝后能使人兴奋，并能消除疲劳，朗姆酒在当时受到了，当地土著人，甚至海盗们的喜爱，并把它带到了加勒比海地区。

那么，为什么称这种甘蔗酒为朗姆酒呢？说法很多，其中英国人对朗姆酒的起源有这样的描述：1745 年，英国海军上将弗农在航海时发现手下的士兵患了坏血病，因此，他命令士兵们停止喝啤酒，改喝西印度群岛的新饮料，竟意外地把病治好了。这些士兵为感谢他，称弗农上将为老古怪（Rum 一词，除了有"喧嚣，骚动"之意外，还有"古怪"的意思），进而把这种酒精饮料称为朗姆（Rum）。

（二）朗姆酒的分类

1. 根据制作工艺分

（1）白朗姆酒（White Rum）

白朗姆酒是一种新鲜酒，酒体清澈透明，香味清新细腻，口味甘润醇厚，酒度 55° 左右。

（2）老朗姆酒（Old Rum）

老朗姆酒需陈酿 3 年以上，呈橡木色，酒香醇浓优雅，口味醇厚圆正，酒度 40° ～ 43° 。

（3）淡朗姆酒（Light Rum）

淡朗姆酒是在酿制过程中尽可能提取非酒精物质的朗姆酒，陈酿1年，呈淡黄棕色，香气淡雅、圆正，酒度为40°～43°，多作混合酒的基酒。

（4）传统朗姆酒（Traditional Rum）

传统朗姆酒陈年8～12年，呈琥珀色，在酿制过程中加焦糖调色，甘蔗香味突出，口味醇厚圆润，有时称为黑朗姆，也用来作鸡尾酒的基酒。

（5）浓香朗姆酒（Great Aroma Rum）

浓香朗姆酒也叫强香朗姆酒，是用各种水果和香料串香而成的朗姆酒，其风格和干型利口酒相似，此酒香气浓郁，酒度为54°。

2. 根据风味特征分

（1）丰满型朗姆酒

丰满型朗姆酒生产工艺是首先将甘蔗糖蜜经过澄清处理，再接入能产生丁酸的细菌和能产生酒精的酵母菌，发酵12天以上，用壶式锅间歇蒸馏，得到酒度约86°的无色原朗姆酒，再放入经火烤的橡木桶中贮陈3年、6年、10年不等后勾兑，有时用焦糖调色，使之成为金黄色或深棕色的酒品。丰满型朗姆酒酒体较重，糖蜜香和酒香浓郁，味辛而醇厚，以牙买加朗姆酒为代表。

（2）清淡型朗姆酒

清淡型朗姆酒以糖蜜或甘蔗原汁为原料，在发酵过程中只加酵母，发酵期短，用塔式连续蒸馏，原酒液酒精含量在95%以上，再将原酒在橡木桶中储存6～12个月以后，即可取出勾兑，成品酒酒体无色或金黄色。清淡型朗姆酒以古巴朗姆酒为代表，酒体较轻，风味成分含量较少，无丁酸气味，口味清淡，是多种著名鸡尾酒的基酒。

3. 根据产地分

（1）古巴朗姆酒

古巴朗姆酒曾是德国哲学大师叔本华宣扬唯意志论的道具；它曾在美国文豪海明威于哈瓦那出海时充当船票；它也曾代表了古巴革命军对抗西班牙殖民者的自由呼喊……这种蕴藏着加勒比海特殊风情的朗姆酒在古巴是足以与雪茄相提并论的名产。

古巴朗姆酒是以甘蔗蜜糖制得的甘蔗烧酒装进白色橡木桶之后经过多年的精心酿制，使其产生一股独特的、无与伦比的口味，从而成为古巴人喜欢喝的一种饮料，并且在国际市场上获得了广泛的欢迎。朗姆酒属于天然产品，由制糖甘蔗加工而成。整个生产过程从对原料的精心挑选，生产中酒精的蒸馏，到甘蔗烧酒的陈酿，把关都极其严格。朗姆酒的质量由陈酿时间决定，有一年的，有好几十年的。市面上销售的通常为3年和7年的，它们的酒度分别为38°和40°，而且在生产过程中除去了重质醇，把使人愉悦的酒香保存了下来。

要说起古巴朗姆酒的发扬光大，不能不提到一个人的名字，这就是唐·法昆多·百加得·马索（Don Facundo Bacardí Massó）。1862年自西班牙移民古巴的马索先生在古巴购置了一个锡皮屋顶的酿酒小厂，他以自己的名字——百加得命名，以夫人阿玛利亚创作的蝙蝠象征记号作为商标，从此开始了百加得朗姆酒的"成名"之路。百加得朗姆酒以口感柔和、清淡滑爽的独特风味伴随着蝙蝠这一极具灵性的标志迅速深入人心，并成为全球销量第一的高档烈性洋酒。

古巴朗姆酒酿造厂主要分布在哈瓦那、卡尔得纳斯、西恩富戈斯和古巴圣地亚哥。新型的朗姆酒酿造厂出产的品牌有：混血姑娘（Mulata）、圣卡洛斯（San Carlos）、波谷伊（Bocoy）、老寿星（Matusalen）、哈瓦那俱乐部（Havana club）、阿列恰瓦拉（Arechavala）和百加得（Bacardi）等。

（2）牙买加朗姆酒

自从哥伦布于1492年首次进入加勒比海，为这个世外桃源冠以"天堂"的美誉，牙买加朗姆酒便以自己独特的魅力吸引着世界各地的人们，从殖民者到游客，从流浪汉到朝圣者。牙买加这个名字源自印第安语中的"Xaymaca"，在印第安人阿拉瓦克族的语言中，意谓"泉水之岛"，这个位于加勒比海北部的岛国，向来以山、水和阳光著称，几个世纪以来一直是世界主要贸易与航行的要道，在10991km^{2}的国土上拥有千般景色、万种风光，其魅力不仅在于闻名国际的蓝山咖啡原产地以及雷鬼乐，更是整个加勒比海地区的中心，以其发达的文化艺术、无与伦比的自然景观以及热情奔放的人民而著称。想象这样一方神秘又自由的天地：一个单纯的民族，一种蕴涵了屈辱与反抗的文化，以及与之相生的历史、艺术、建筑，这一切，像松绿色的海洋一样深远，像白色的沙滩海岸线一样无际。

蒙特哥贝是牙买加北部一个著名的旅游城市，朗姆酒是牙买加名产。在离蒙特哥贝约1小时车程的阿尔普顿（Appleton）庄园，自1749年就开始生产朗姆酒，隔邻的"黑河"是牙买加最美丽的河谷之一。牙买加则以深色、辛辣的朗姆酒出名。主要名品酒有：摩根船长（Captain Morgan）、美雅士（Myers's）、皇家高鲁巴（Coruba Royal）、老牙买加（Old Jamaica）等。其中，摩根船长朗姆酒富有强烈岛国风味，其命名是从一名曾经做过海盗的牙买加总督而来。三款摩根船长朗姆酒，各具特色：摩根船长金朗姆酒酒味香甜；摩根船长白朗姆酒以软化见称；摩根船长黑朗姆则醇厚馥郁。美雅士是牙买加最上等的朗姆酒，并获优质金章奖，其浓郁丰富的酒味，是选用酿化五年以上、品质最出众的朗姆酒调配而成。

（3）波多黎各朗姆酒

以酒质轻而著称，酒味淡而香，酒度在40°左右。其中主要名品酒有朗利可（Ronrico）、唐Q（Don Q）等。

（4）其他朗姆酒

维尔京群岛朗姆酒（Virgin Island Rum）质轻味淡，但是比波多黎各产的朗姆酒更富糖蜜味。巴巴多斯朗姆酒（Barbados Rum）介于波多黎各味淡质轻和牙买加味浓而辣之间。圭亚那朗姆酒（Guyana Rum）比牙买加产的朗姆酒味醇，但颜色较淡，大部分销往美国。海地朗姆酒（Haiti Rum）口味很浓，但很柔和。巴达维亚朗姆酒（Batauia Rum）是爪哇出产的淡而辣的朗姆酒，有特殊的味道（因为糖蜜的水质以及加了稻米发酵的缘故）。夏威夷朗姆酒（Hawaii Rum）是市面上能买到的酒质最轻、最柔和以及最新制造的朗姆酒。新英格兰朗姆酒（New England Rum）酒质不浓不淡，用西印度群岛所产的糖蜜制造，适合调热饮。

（三）朗姆酒的饮用与服务操作规范

1. 朗姆酒的饮用

（1）净饮

朗姆酒属于烈性酒，酒精度40%～50%，可以直接饮用；在出产国和地区，人们大多喜欢喝纯朗姆酒，不加以调混，因为他们认为朗姆酒的独特风味是要直接品味的，实际上这是品尝朗姆酒最好的做法。

（2）混合饮用

朗姆酒最常见的饮用方式还是调成鸡尾酒来饮用，例如，百加得朗姆酒的甘醇口感让它与任何饮品调和，都有绝佳口味。一些世界知名的鸡尾酒，如自由古巴（Cuba Libration）、百家得（Bacardi）和黛克瑞（Daiquiri），都得益于它；没有百加得朗姆酒，这些传世鸡尾酒也就丧失了正宗的风味。

因为通过和其他饮料的勾兑，朗姆酒会变得清爽，润滑，让人清醒。除此之外，朗姆酒饮用时还可以加冰、加水、加可乐和热水。据说用热水和黑色朗姆酒兑在一起，便是冬天治感冒的特效偏方。

2. 朗姆酒的服务操作规范

①朗姆酒饮用时常常使用古典杯。

②朗姆酒的饮用标准分量为40mL。

二、特基拉酒

（一）特基拉酒的起源

相传很久之前的一天，墨西哥特基拉的一些印第安农民正在地里干活，天空突然乌云翻滚，一个闪电劈向大地，霹雳过后，云开雾散，人们看到一株硕大的龙舌兰被劈成两半，裂开的球茎里翻滚着热气腾腾

特基拉酒

的汁液，飘出一股醉人的酒香。大家非常惊奇，胆子大点的人用手蘸点儿放在舌头上舔舔，顿觉满口生香，沁人心脾。他们给这种龙舌兰汁起了个好听的名字"阿

瓜密埃尔"，意为"蜜汁"。自此，当地印第安人就开始了用龙舌兰酿酒的历史，特基拉在他们生活中也就有了至高无上的地位。他们在镇子入口处塑造起描绘酿制特基拉酒情形的雕塑，把"爱情、友谊、欢乐、酿酒、土地"镌刻在雕塑的基座上；在镇子里建起特基拉博物馆，向人们宣扬特基拉的神奇历史。

特基拉酒（Tequila）又称龙舌兰酒，是美洲大陆墨西哥文化和灵魂的重要象征。"特基拉"是墨西哥哈利斯科州的一个小镇，此酒以产地而得名，是使用当地一种区域性植物蓝色雀贝尔龙舌兰特基拉的糖分经过发酵和蒸馏制成的。

龙舌兰是一种石蒜科植物，有着长长的、多纤维的披针形叶子，颜色蓝绿。它的内核球果用来制造龙舌兰酒。在西班牙殖民前的美洲，龙舌兰被认为是一种神圣的植物。在阿兹特克文明中，龙舌兰是神灵玛雅胡埃——一个有着 400 个乳房来哺育她 400 个孩子的神灵的化身。龙舌兰酒为墨西哥特产，在那里有墨西哥规定标准管理着龙舌兰酒的纯净度和质量。

特基拉酒在制法上也不同于其他蒸馏酒，在龙舌兰长满叶子的根部，经过 10 年的栽培后，会形成大菠萝状茎块，将叶子全部切除，将含有甘甜汁液的茎块切割后放入专用糖化锅内煮大约 12 小时，待糖化过程完成之后，将其榨汁注入发酵罐中，加入酵母和上次的部分发酵汁。有时，为了补充糖分，还得加入适量的糖。发酵结束后，发酵汁除留下一部分做下一次发酵的配料之外，其余的在单式蒸馏器中蒸馏两次。第一次蒸馏后，将会获得酒精含量约 25% 的液体；而第二次蒸馏，在经过去除首馏和尾馏的工序之后，将会获得一种酒精含量大约为 55% 的可直接饮用烈性酒。虽然经过了两次蒸馏，但最后获得的酒液，其酒精含量仍然比较低，因此，其中就含有很多原材料及发酵过程中所具备的许多成分，这些成分就使特基拉风味在特基拉酒中发挥得淋漓尽致。和伏特加酒一样，特基拉酒在完成了蒸馏工序之后，酒液要经过活性炭过滤以除去杂质。

其名品有：凯尔弗（Cuervo）、斗牛士（EI Toro）、索查（Sauza）、欧雷（O1e）、玛丽亚西（Mariachi）、特基拉安乔（Tequila Aneio）等。

（二）特基拉酒的分类

1. 根据酒的颜色分

一般将龙舌兰果汁发酵后的汁液，经蒸馏出的酒称为梅斯卡尔酒（Mezcal）。但墨西哥政府规定，必须是在墨西哥特基拉（Tequila）地方所制造优异的美斯卡儿酒，且必须含有 50% 以上的蓝色龙舌兰蒸馏酒，才能称为"特基拉（Tequila）"。特基拉酒分为四个种类：白色特基拉、金色特基拉、香醇特基拉以及陈年特基拉。

白色特基拉（Blanco & White Tequila）是完全未经陈年的透明新酒，具有龙舌兰酒原有的芳香，通常一蒸发完就干脆直接装瓶。大部分酒厂会在装瓶前，以软化的纯水将产品稀释到所需的酒精强度（大部分都是 37%～40%，虽然也有少数酒精超过 50% 的产品），并且经过最后的活性炭或植物性纤维过滤，完全将杂质去除。

金色特基拉（Gold Tequila）利用橡木桶短期储存熟成，使酒色呈淡琥珀色，口感较圆润。

香醇特基拉（Aroma Tequila）在橡木桶中的储存期至少为 2～4 年，具有独特的色泽和香气。

陈年特基拉（Old Tequila）在木桶中陈年 1～15 年，虽然陈年，但口味不失柔和。

2. 根据酒的销售类别分

（1）金标（Gold Label）

采用金色商标，酒液呈浅琥珀色，因其在橡木桶中的储存期至少为 2 年；也有酒龄在 4 年以上者，酒色泽更深。通常，陈年龙舌兰酒的口味较为柔和些，但仍不失其固有风格。

（2）银标（Silver Label）

采用银色商标，该酒多出口至美国。因其不经橡木桶储存，该酒液无色，酒精含量为 35%。

（3）纪念型（Commemorative）

先以白橡木桶储存，再经多年老熟而成。这是在 1963 年为纪念墨西哥独立暨庆祝赛柴酒厂建立 90 周年而隆重推出的产品。

（4）世代交替（Generation）

为庆祝赛柴的孙子主管酒厂而推出的名品。

除了上述几种酒，还有一种龙舌兰酒称带虫龙舌兰酒。所谓带虫龙舌兰酒是指在酒中加入龙舌兰之虫（Gusano Rojo），它是生在龙舌兰上的小虫，不同的品牌常可见到瓶内有 1 只甚至 5 只虫在里面。

（三）特基拉酒的饮用与服务操作规范

1. 特基拉酒的饮用

（1）净饮

特基拉酒的口味凶烈，香气很独特。它的喝法独一无二，首先将盐巴置于手背虎口上，用舌头将盐卷入口中，然后将一小杯特基拉酒一饮而尽，再拿起一小片柠檬，将果肉嚼入口中，柠檬的酸甜滋味更能引发特基拉酒的香醇浓烈。据说这种饮用方式是因为盐可以促使人产生更多的唾液，而柠檬可以缓解烈酒带来的对喉咙的刺激。

还有一款特基拉酒，每杯里都泡了一条虫子，人们一口把酒吞下，再狠狠地将虫子吐出来，很刺激。

（2）混合饮用

特基拉酒也常作为鸡尾酒的基酒，如墨西哥日出（Tequila Sunrise）、玛格丽特（Margarite）深受广大消费者喜爱。此外，还流行SHOOTGUN式饮用方法；将汽水苏打混入酒中，然后用手掌盖住酒杯，再在吧台上用力扣一下（其实现在更流行盖住后把整个酒杯倒转，再扣一下），此时会有大量气泡冲出来，趁势一饮而尽。

2.特基拉酒的服务操作规范

①"马儿樽"是龙舌兰酒专用酒杯的名称，以前庄园主们有在脖子上挂牛角杯的习惯，当人们问及佩带这种饰物的原因时，他们回答说："为了在马背上享受特基拉。"当时，人们习惯用这种杯子一下子喝光一小杯特基拉龙舌兰酒。如今这种酒杯由玻璃制成，杯体成椭圆形，杯口弯曲变大。

②特基拉酒饮用的标准分量为40mL。

✓ 思考题

1.蒸馏酒的概念是什么？

2.简述蒸馏酒类的生产原理。

3.蒸馏酒类主要生产工艺分为哪几个过程？

4.蒸馏酒通常怎样分类？

5.苏格兰威士忌有哪些特色？

6.苏格兰威士忌的名品酒主要有哪些？

7.苏格兰威士忌与爱尔兰威士忌的区别是什么？

8.美国威士忌有哪些种类？

9.加拿大威士忌的特色以及形成原因是什么？

10.威士忌的饮用方法有哪些？

11.伏特加的特点是什么？

12.俄罗斯伏特加与波兰伏特加的区别是什么？

13.金酒的起源是什么？

14.英式干金酒与荷兰金酒的区别是什么？

15.中国白酒的香型和代表性品种有哪些？

16.怎样理解干邑的概念？

17.干邑的名品酒主要有哪些？

18.干邑与雅文邑的区别是什么？

19.其他水果白兰地的品种有哪些？

20.朗姆酒的饮用与服务操作规范是什么?

21.特基拉酒的分类有哪些?

22.特基拉酒的饮用方法是怎样的?

第三章　酿造酒

本章内容： 酿造酒的概念与生产原理
　　　　　　 酿造酒的生产工艺及分类
　　　　　　 葡萄酒
　　　　　　 谷物发酵酒

教学时间： 4 课时

教学方式： 运用多媒体的教学方法叙述酿造酒的相关知识，对比介绍各类酿造酒的特点。

教学要求： 1. 了解酿造酒相关的概念。

　　　　　　 2. 掌握酿造酒的分类方法和生产原理。

　　　　　　 3. 熟悉各类酿造酒的特点和代表性的品种。

课前准备： 准备一些酿造酒的样品，进行对照比较，掌握其特点。

第一节　酿造酒的概念与生产原理

一、酿造酒的概念

酿造酒（Fermented Alcoholic Drink）又称发酵酒、原汁酒，是借着酵母的作用，把含淀粉和糖质原料的物质进行发酵，产生酒精成分而形成酒。其生产过程包括糖化、发酵、过滤、杀菌等。

酿造酒

二、酿造酒的生产原理

在酿酒过程中，淀粉吸水膨胀，加热糊化，形成结构疏松的 α－淀粉，在淀粉酶的作用下分解为低分子的单糖。单糖在脱羧酶、脱氢酶的催化下分解，逐渐分解形成二氧化碳和酒精。以淀粉为原料酿酒，需经过两个主要过程，一是淀粉糖化过程，二是经过酒精发酵过程。

过程一：淀粉的糖化

淀粉在催化剂淀粉酶的作用下水解为单糖。淀粉酶来源于酒曲中的微生物，反应过程如下：

$$(C_6H_{10}O_5)_n + nH_2O \xrightarrow{\text{淀粉酶}} nC_6H_{12}O_6$$

过程二：酒精发酵

淀粉在淀粉酶作用下转化为葡萄糖，葡萄糖在酒化酶的作用下转化为酒精，酒化酶是由酵母菌分泌出来的。多数酒曲中也含酵母菌（除麸曲）。反应过程如下：

$$C_6H_{12}O_6 \xrightarrow{\text{酒化酶}} 2C_2H_5OH + 2CO_2$$

这个反应式是法国化学家盖·吕萨克（Gay Lussac）在 1810 年首先提出来的。后来科学家们又研究测得每 100g 葡萄糖理论上可以产生 51.14g 的酒精（实际的产量比理论上低）。1857 年，法国另一名化学家路易斯·帕斯特（Louis Pasteur）发现酒精发酵是在没有氧气的条件下进行的。为此，他作出了"发酵是没有空气的生命活动"的著名论断。

酿造酒是最自然的造酒方式，主要酿酒原料是谷物和水果，其最大特点是原汁原味，酒精含量低，属于低度酒，对人体的刺激性小。例如，用谷物酿造的啤酒一般酒精含量为 3%～8%，果类的葡萄酒酒精含量为 8%～14%。酿造酒中含有丰富的营养成分，适量饮用有益于身体健康。

第二节　酿造酒的生产工艺及分类

一、酿造酒的生产工艺

（一）糖化工艺

薯类和谷类以及野生植物原料经过加压蒸煮，淀粉糊化为溶解状态，但是还不能直接被酵母菌利用，发酵生成酒精。因此，经过蒸煮以后的糊化醪，在发酵前必须加入一定量的糖化剂，使溶解状态的淀粉变为酵母能够发酵的糖类，这个由淀粉转变为糖的过程，称为糖化。糖化过程是淀粉酶或酸经水解作用，把淀粉糖化变成可发酵性糖。

酒类生产上常用的糖化剂有麦芽和曲两种，欧美等国多采用麦芽作糖化剂，我国则普遍采用曲作糖化剂，此外，国外采用酶制剂作糖化剂已经成为必然的趋势。如日本、波兰、德国等一些国家在应用酶法糖化方面已逐步普及。上述这些糖化剂内部含有一系列的淀粉酶，但不同的糖化剂所含的酶也不相同。糖化过程是一个复杂的生物化学变化过程，其中包括液化和糖化的作用，同时也经过一系列中间产物的变化，最终产物才是可发酵性糖，还有一些是属于非发酵性糖。

（二）发酵工艺

葡萄糖在酒化酶的作用下，进行水解生成乙醇（C_2H_5OH），形成发酵液（浓度为 10%～18%）。而且，在酒的发酵过程中，窖池中会产生种类繁多的微生物和香味物质，并且慢慢地向泥窖深入渗透，变成了丰富的天然香源。窖龄越长，微生物和香味物质越多，酒香越浓。新生的窖池微生物少且不均衡，新陈代谢方向不定，酿制的酒新泥味很重。但老泥窖由于使用时间久，有益微生物不断纯化、富集，使产的酒越来越好，越来越香，一般窖池要经过 20 年的自然老熟方能出部分质量较好的酒，同时，越是连续使用时间长的窖池生产的酒也就越好。

（三）过滤工艺

在古代，酒的过滤技术并不成熟时，酒是呈混浊状态的，当时称为"白酒"或"浊酒"。后来，国内外相继开发应用过滤精度及效能高的酒用过滤机，有力地推动了酿酒业的发展。酒用过滤机的应用使啤酒、葡萄酒、黄酒等清亮、透明而且稳定性好，提高了成品酒的外观，不仅体现了酒的高质量，也能诱发消费者的饮用欲望。

（四）灭菌工艺

酿造酒是粮食及水果等酿造的食品，其营养成分十分丰富，内含氨基酸及蛋白质、维生素和对人体有益的低聚糖等成分，由于酒在生产和加工过程中，空气和容器上有杂菌，酒自身发酵中产生了大量的酵母菌、酶菌等，要让酿造酒贮藏增香，保证酒液久贮不变质，关键要做好酒的灭菌工作。

灭菌的方法很多，有高温灭菌法、紫外线灭菌法、臭氧灭菌法、膜过滤灭菌法等，目前，我国国内各黄酒企业一般都是用高温灭菌法。它成本低、操作简单、灭菌效果好，其他几种方法虽能达到灭菌的目的，但成本高，有的会影响酒的口味和黄酒特有的风味。

二、酿造酒的分类

根据制酒的原料不同，酿造酒主要分为葡萄酒和谷物发酵酒。

（一）葡萄酒

（1）原汁葡萄酒（Natural Wine）
（2）气泡葡萄酒（Sparking Wine）
（3）强化葡萄酒（Fortified Wine）
（4）加香葡萄酒（Aromatized Wine）

（二）谷物发酵酒

（1）啤酒（Beer）
（2）黄酒（Chinese Rice Wine）
（3）清酒（Sake）

第三节　葡萄酒

葡萄酒是一种以新鲜葡萄或葡萄浆经酵母发酵酿制而成的含酒精饮料。

一、葡萄酒的起源

关于葡萄酒的起源，古籍记载各不相同。大概是在1万年前诞生，已远至历史无法记载。葡萄酒是自然发酵的产物，在葡萄果粒成熟后落到地上，果皮破裂，渗出的果汁与空气中的酵母菌接触后不久，最早的葡萄酒就产生了。我们的祖先尝到这自然的产物，从而去模仿大自然生物本能的酿酒过程。因此，从现代科学的观点来看，酒的起源经历了一个从自然酒过渡到人工造酒的过程。

据史料记载，在 1 万年前的新石器时代濒临黑海的外高加索地区，即现在的安纳托利亚（Aratolia，古称小亚细亚）、格鲁吉亚和亚美尼亚，都发现了积存的大量葡萄种子，说明当时葡萄不仅仅用于吃，更主要的是用来榨汁酿酒。多数史学家认为，葡萄酒的酿造起源于波斯，即现今的伊朗。葡萄的最早栽培，大约是在 7000 年前，始于南高加索、中亚细亚、叙利亚、伊拉克等地区。后来随着古代战争、移民传到其他地区，初至埃及，后到希腊。但是，有真正可寻的资料中还是从埃及古墓中发现的大量遗迹、遗物。在尼罗河河谷地带，从发掘的墓葬群中，考古学家发现一种底部小圆、肚粗圆，上部颈口大的盛液体的土罐陪葬物品，经考证，这是古埃及人用来装葡萄酒或油的土陶罐；特别是浮雕中，清楚地描绘了古埃及人栽培、采收葡萄、酿制步骤和饮用葡萄酒的情景，距今已有 5000 多年的历史。此外，埃及古王国时代所出品的酒壶上，也刻有伊尔普（埃及语，即葡萄酒的意思）一词。西方学者认为，这才是人类葡萄与葡萄酒业的开始。

二、葡萄酒的分类

葡萄酒的种类很多,风格各异。按照不同的分类标准,可将葡萄酒分为若干类。

（一）按颜色分

1. 红葡萄酒

红葡萄酒用红皮的葡萄带皮发酵而成,酒液中含有果皮或果肉中的有色物质,使之成为以红色调为主的葡萄酒。这类葡萄酒的颜色一般为深宝石红色、宝石红色、紫红色、深红色、棕红色等。

2. 白葡萄酒

白葡萄酒用白皮白肉或红皮白肉的葡萄经去皮发酵而成，这类酒的颜色以黄色调为主，主要有近似无色、微黄带绿、浅黄色、禾秆黄色、金黄色等。

3. 桃红葡萄酒

桃红葡萄酒用带色葡萄经部分浸出有色物质发酵而成，它的颜色介于红葡萄酒和白葡萄酒之间，主要有桃红色、浅红色、淡玫瑰红色等。

（二）按含二氧化碳压力分

1. 平静葡萄酒

平静葡萄酒也称静止葡萄酒或静酒,是指不含二氧化碳或很少含二氧化碳(在 20℃时二氧化碳的压力小于 0.05MPa) 的葡萄酒。

2. 起泡葡萄酒

葡萄酒经密闭二次发酵产生二氧化碳，在 20℃时二氧化碳的压力大于或等于 0.35MPa。香槟就是著名的起泡酒。

3. 加气起泡葡萄酒

加气起泡葡萄酒也称为葡萄汽酒，是指由人工添加了二氧化碳的葡萄酒，在20℃时二氧化碳的压力大于或等于 0.35MPa。

（三）按含糖量分

1. 干型葡萄酒

干葡萄酒是指含糖量（以葡萄糖计，下同）小于或等于 4.0g/L 的葡萄酒。由于颜色不同，又分为干红葡萄酒、干白葡萄酒、干桃红葡萄酒。

2. 半干型葡萄酒

半干葡萄酒是指含糖量 4.1 ～ 12.0g/L 的葡萄酒。由于颜色不同，又分为半干红葡萄酒、半干白葡萄酒、半干桃红葡萄酒。

3. 半甜型葡萄酒

半甜葡萄酒是指含糖量 12.1 ～ 50.0g/L 的葡萄酒。由于颜色不同，又分为半甜红葡萄酒、半甜白葡萄酒、半甜桃红葡萄酒。例如，半甜型酒有加拿大的霜酿葡萄酒和欧洲一些国家的晚收成葡萄酒。

4. 甜型葡萄酒

甜葡萄酒是指含糖量大于或等于 50.1g/L 的葡萄酒。由于颜色不同，又分为甜红葡萄酒、甜白葡萄酒、甜桃红葡萄酒。例如，甜型酒主要是冰酒和贵腐酒。

（四）按酿造方法分

1. 天然葡萄酒

天然葡萄酒（Natural Wine），又称为不起泡葡萄酒或静止葡萄酒（Still Wine），完全用葡萄为原料发酵而成，不添加糖分、酒精及香料。大部分的日常佐餐酒（Table Wine）都属此类。酒精含量为 9% ～ 14%。主要品种有：红葡萄酒（Red Wine）、白葡萄酒（White Wine）、玫瑰红酒（Rose Wine）等。

2. 气泡葡萄酒

气泡葡萄酒（Sparking Wine）是将发酵完成的葡萄酒，再次加入糖及酵母菌，在封闭的容器中，进行二次发酵，发酵过程产生的二氧化碳被封在容器中，成为酒中气泡的来源。酿造气泡酒有 3 种方法。

（1）香槟酿造法

香槟酿造法又称为"瓶内二次发酵法"，将发酵完成的葡萄酒装瓶后，添加糖和酵母菌使其在瓶中产生二次发酵，由于发酵时温度较低，气泡和酒香比较细致。

（2）闭槽法

闭槽法又称"桶类二次发酵法"，由于"瓶内二次发酵法"的生产成本很高，价廉物美的气泡酒只在封闭的酒槽中进行二次发酵，去除沉淀后装瓶，但风味次于"瓶内二次发酵法"。

（3）灌气法

酒中的二氧化碳不是经发酵产生的，而是在装瓶时，直接灌入二氧化碳，方法简单，但风味欠佳。

总之，在气泡酒中最负盛名的就是香槟酒（Champagne），但并不是所有气泡酒都可称为香槟酒。能称为香槟酒的气泡酒应该具备两个条件，一是必须由产自法国北部香槟区的葡萄酿造；二是必须使用香槟酿造法来制作。法国其他各处所产的气泡酒，只能称为气泡酒而不能称为香槟。

3. 强化葡萄酒

强化葡萄酒（Fortified wine）在酿造过程中，加入酒精强度较高的白兰地酒或酒精，使酵母菌停止发酵，因此酒中仍然留存尚未完全发酵的糖分，并使其酒度提高，通常为15%～21%，主要品种有：雪利酒（Sherry）、波特酒（Port）、玛德拉酒（Madeira）和马萨拉（Marsala）等，具体内容见"第四章配制酒"。

4. 加香葡萄酒

加香葡萄酒（Aromatized wine）又属于配制酒的范畴，具体见"第四章配制酒"。

（五）按产地分

世界上生产葡萄酒的国家和地区很多，几乎遍及世界各地，其中著名产地主要有法国、德国、意大利、西班牙、葡萄牙、美国等。

三、世界著名葡萄酒

（一）法国葡萄酒

在葡萄酒世界，法国是最著名的产酒国。法国出产当今品质最好、品种最多的葡萄酒，早在1935年，法国就制定了葡萄酒法律——AOC（Appellation d'Origine controllee）法律。这是一套严格和完善的葡萄酒分级与品质管理体系，对于酒的命名产地和质量标准等做了相应规范。

1. 法国葡萄酒的产区

法国的气候和地理环境，在不同的程度适宜葡萄的生长。最初的葡萄种植分布在法国南部罗讷河谷，而后逐渐发展至西面与北面。现在法国葡萄酒产区占地面积三百万亩，根据其地理状况而分为十大产区：波尔多（Bordeaux），勃艮第（Bourgogne），博若莱（Beaujolais），罗讷河谷地（Valée de Rhône），卢瓦尔河谷地（Val de Loire），香槟（Champagne），阿尔萨斯（Alsace），普罗旺斯/科西嘉岛（Provence/Corse），朗格多克/鲁西荣（Languedoc/Roussillon），汝拉/萨瓦（Jura/Savoie）等。

其中全球最知名的法国葡萄酒产区是：波尔多、勃艮第和香槟区。波尔多以产浓郁型的红酒而著称，勃艮第则以产清淡型红酒和清爽典雅型白酒著称，香槟区酿制世界闻名、优雅浪漫的汽酒。

2. 法国葡萄酒的等级

法国法律将法国葡萄酒分为 4 级：法定产区葡萄酒、优良地区餐酒、地区餐酒、日常餐酒。其中，法定产区葡萄酒占全部产量的 35%，优良地区餐酒占 2%，地区餐酒为 15%，日常餐酒为 38%。

（1）法定产区葡萄酒

级别简称 AOC，为法国葡萄酒最高级别。AOC 在法文中的意思为"原产地控制命名"；原产地地区的葡萄品种、种植数量、酿造过程、酒精含量等都要得到专家认证；只能用原产地种植的葡萄酿制，绝对不可和别地的葡萄汁勾兑；AOC 产量大约占法国葡萄酒总产量的 35%；酒瓶标签标示为 Appellation+ 产区名 +Controlee。

（2）优良地区餐酒

级别简称 VDQS，其含义是：普通地区餐酒向 AOC 级别过渡所必须经历的级别。如果在 VDQS 时期酒质表现良好，则会升级为 AOC；产量只占法国葡萄酒总产量的 2%；酒瓶标签标示为 Appellation+ 产区名 +Qualite Superieure。

（3）地区餐酒

地区餐酒，即 VIN DE PAYS（英文意思 Wine of Country），其含义是：日常餐酒中最好的酒升级为地区餐酒；地区餐酒的标签上可以标明产区；可以用标明产区内的葡萄汁勾兑，但仅限于该产区内的葡萄；产量约占法国葡萄酒总产量的 15%；酒瓶标签标示为 Vin de Pays 加产区名；法国绝大部分的地区餐酒产自南部地中海沿岸。

（4）日常餐酒

日常餐酒，即 VIN DE TABLE（英文意思 Wine of the Table），其含义是：最低档的葡萄酒，作日常饮用；可以由不同地区的葡萄汁勾兑而成，如果葡萄汁限于法国各产区，可称法国日常餐酒；产量约占法国葡萄酒总产量的 38%；酒瓶标签标示为 Vin de Table。

3. 法国葡萄酒酒标

酒标就像是酒的身份证，法国葡萄酒酒标包含了许多相关信息。解读一瓶葡萄酒的标签，能够对其背景作基本认识。法国各葡萄酒产区酒标所标示的内容不尽相同，但基本上有产地、葡萄品种、年份、装瓶地、分级等。有关产地的标示，越精确的品质越好，有些国家的酒标上甚至会详细标示出葡萄园、村庄、区域，以保证葡萄酒的品质。有时葡萄品种也会出现在标签上。另外，酒标上通常还会有酒精含量、容量、甜度、检定号码，以及酒章、商标、优良商凭证等讯息。

我们来看看最常见的 AOC 等级的标签。

（1）AOC 标签必要标示的项目

①原产地名。

②原产地区管理证明：在"APPELLATION CONTROLEE"两个字中会加进地名，即原产地名，是 AOC 酒产地的地域名。AOC 标示生产地的范围越小，等级越高。

③装瓶者的姓名或公司名称：MIS EN BOUTEILLE 表示"装瓶"，BOUTEILLE 的后面是酒庄、酒商或公司名、生产者原装、酒窖等。在酒庄装瓶的葡萄酒品质最佳，称为"酒庄原装酒"。

④酒精含量：以容量百分比表示，数据之后必须注明"% vol"，如之前则标示"TITRE ALCOOMETRIQUE ACQUIS""ALCOOL ACQUIS"或"ALC"等字句，此酒则是在所有欧盟成员国内销售或外销到美国。

⑤净容量：以升（L）、分升（dL）或毫升（mL）为单位表示。

⑥外销酒标示：一般标有"FRANCE"或"PRODUCE OF FRANCE"等。

（2）AOC 标签选择标示的项目

①负责采收葡萄的葡萄业权所有人的名称和地址。

②酒庄名称。

③装瓶的所在地，指明由合作社或酒庄装瓶。但该瓶酒必须确实在葡萄采收和酿造所在地，或非常临近的地方装瓶，才能如此标示。

④年份，指摘及酿造的当年。

⑤只要符合法国和 ECC 的规定，可以标示生产方法、产品形态、饮用建

议事项等，如新酒、老藤、黄酒、麦秆酒、无过滤酵母渣、迟摘、精选贵腐粒等。

⑥分级概念：某些产区的生产者们，自己将区内的酒庄加以分级。例如，Cru Classé（列级酒庄）或 Grand Cru Classé（顶级酒庄）。

4. 法国葡萄酒的名品

法国是世界上最大的葡萄酒生产国之一，年产量约占世界葡萄酒产量的1/4。它所出产的葡萄酒，其品种和质量是其他国家和地区无法比拟的，是举世公认的第一葡萄酒王国。其中，波尔多和勃艮第区盛产的红葡萄酒品质为世界之冠；最上乘的甜白葡萄酒和干白葡萄酒也是出自这两区的索丹和雪比利；闻名世界的葡萄汽酒——香槟，是产自法国的香槟区。

波尔多地区产的名酒有：拉菲特酒（Chateau Lafite-Rothschild）、玛姑堡酒（Chateau Margaux）、拉杜堡酒（Chateau Latour）、牧童—罗氏卡尔德堡酒（Chateau Mouton-Rothschild）、乌召尼堡酒（Chateau Ausone）、白马堡酒（Chateau-Cheval-Blanc）、北德鲁堡酒（Chateau Petrus）、奥伯利翁堡酒（Chateau-Haut-Brion）、艺甘姆堡（Chateau d'Yque）及白塔堡（Chateau-La Tour Blanche）等。

勃艮第地区产名酒有：佛斯尼—罗马奶酒（Vosne-Romanee）、拉罗马奶—孔蒂酒（La Romanee-Conti）、普依府水酒（Pouilly-Fuisse）、风磨（Moulin-à-Vent）、麦尔可累（Mercurey）、夏布丽（Chablis）等。

香槟区以盛产香槟酒而著称于世，香槟酒是葡萄汽酒的最典型代表。香槟酒的名牌产品并不是根据地区或葡萄园来命名，而是以生产者的名字命名的，例如，宝林歇（Boillinger）、海特西克（Heidsieck）、库格（Krug）、梅西艾（Mercier）和玛姆（Mumm）等。其中玛姆（Mumm）香槟被公认为是世界上最佳的香槟酒，这种香槟诞生于1827年香槟地区的玛姆酒厂，素有"王室香槟"的雅称，为皇室贵族所喜爱。该酒以红、白葡萄混酿而成。系列产品有玛姆红年份香槟、玛姆红干型非年份香槟、玛姆特干型非年份香槟以及包装华丽、酒质超群的特选玛姆年份香槟。

（二）德国葡萄酒

德国葡萄酒也在世界酒坛占有相当地位。根据2021年的统计数据，德国葡萄种植面积约10万公顷（1000km²），葡萄酒年产量约8亿升，生产量大约是法国的1/5，约占全世界生产量的3%。所产葡萄酒中大约有85%是白酒，其余的15%是玫瑰红酒、红酒及气泡酒。

德国葡萄酒有两大特色：一是由于气候寒冷，为了让葡萄充分成熟，葡萄采收时间较晚，因此酿成的葡萄酒具有一种新鲜活泼的酸味，所以有时要进行补糖工作；二是所采收的葡萄通常保留1/10不予发酵，直接做成葡萄汁存放在高压槽内，待装瓶时再掺入这些汁液，如此做出来的葡萄酒带有一股优雅的果香味，清新而透明。而且酒精浓度通常不高，极适合初尝葡萄酒的人饮用。

德国的葡萄酒产区的纬度为北纬 47°～52°，是全世界葡萄酒产区的最北限，虽然种植环境不佳，但凭着当地特有的风土和卓越的酿造技术，也酿造出了媲美法国的顶级葡萄酒。全德国的葡萄酒产地共分为 13 个特定葡萄种植区，每一个产区都有自己的特产。主要产区为莱茵、纳赫、摩塞尔河流域、巴登、乌腾堡等地。其中莱茵产区又分为莱茵高、莱茵法兹、莱茵黑森 3 个产区，所出产的酒泛称莱茵酒，口味较摩塞尔河流域生产的葡萄酒浓郁。

德国葡萄酒品种繁多，按照质量划分为四大类别。

1. 餐饮酒（Table Wine）

餐饮酒是最大众化的一种葡萄酒，产量不高，只占德国葡萄酒总产量的 10% 以下。德国规定这类酒只能产自德国本土的葡萄庄园，葡萄品种也必须得到德国主管部门的认可。果实中天然酒精物质含量不能低于 5%，发酵后不能低于 8.5%，这类酒大多口味清新，适宜新鲜饮用。

2. 乡村餐饮酒（Land Wine）

这是德国自 1982 年以来新评定的一类酒，其质量高于普通餐饮酒，产量占总产量的 10% 以上。这类酒必须产自特定的 19 个地区，天然酒精含量必须高于 5.5%。这类酒的生产程序和口味标准也有严格规定，必须是干型或半干型。

3. 特高级葡萄酒（Qualitats Wine b.A.）

高级葡萄酒占德国总产量的 50%。这类酒必须 100% 产自某一特定区域，并直接在该产区酿造。德国酒法对这类酒的天然酒精含量和成品酒的酒精度都有严格要求。此外，这类酒的质检工作还受到欧盟的监督。质检中的理化分析指标十余个；官方检验机构还必须进行感官测试。根据综合指数作出评分，以颁发检测号和证书作为最终评鉴。

4. 优质高级葡萄酒（Qulitats wine mit Prdikat，Q.b.A）

这类酒是最高级别的德国葡萄酒，占总产量的 30%。贮藏期为 10～20 年。能获此殊荣的酒类，其严格要求规定不仅在于特定的产酒区域、相应的生产条件、特选的葡萄品种等，对采摘时间、方式和产量都有严格限制；官方也以检测号和证书作为评鉴结论。这一类酒以出口为主，使德国葡萄酒在国际市场上雄踞宝座，并在国际葡萄评比竞赛中屡屡夺冠。根据不同的采摘期和更严格的生产条件，这类酒又细分为 6 个级别：头等酒、迟采酒、精选酒、浆果精选酒、干浆果精选酒、冰果酒等。其中德国是冰果酒的发源地，欧美人常把冰果酒喻为和爱情一样珍贵，它的生产特殊要求是：必须在 -12～-7℃ 条件下逐粒采摘已成为冰珠的葡萄，并在结冰状态下进行榨汁。冰果酒集完全天然的酸甜于一体，一经品尝，就给人留下风格独特、品味绝佳、过口不忘的印象。

（三）意大利葡萄酒

意大利生产葡萄酒产量约占全球产量 1/4，其中 25% 供出口，意大利葡萄酒的生产遍布全国各地，诚如一位意大利酒商所说："此地无分界，整个意大利由南至北就是一座大型葡萄园。"

意大利的葡萄酒产地分布较多，主要产地及名品如下。

1. 皮埃蒙特（Piemonte）产区

位于意大利西北角，主要生产干型红葡萄酒,起泡酒和静态甜、干型白葡萄酒。比较有名的葡萄酒品种有：巴罗鲁（Barolo）、巴巴莱斯科（Barbaresco）。

2. 伦巴第（Lombardia）产区

位于意大利北部，与瑞士交界。主要葡萄酒品种有红、白、玫瑰红和起泡葡萄酒。该区被冠以 DOC 的葡萄酒较多，但一般都在酒龄较轻时饮用，著名红葡萄酒有：波提西奴（Botticino）、沙赛拉（Sassella）、英菲奴（Inferno）、格鲁米罗（Gramello）。白葡萄酒有：鲁加那（Lugana）、巴巴卡罗（Barbacarlo）、克拉斯笛迪奥（Clastidio）、克拉斯笛迪姆（Clastidium）。起泡葡萄酒一般是由灰必奴和夏多乃葡萄各半，用香槟生产法生产的。

3. 威尼托（Veneto）产区

位于意大利东北部，该区有著名城市威尼斯（Venice）和维罗衲（Verona）。生产的葡萄酒品种有优质干型红、白葡萄酒，甜型红葡萄酒等，其中以幼稚红、白葡萄酒较为著名，如瓦尔波利赛拉（Valpolicella）、巴多里奴（Bardolino）、索阿夫（Soave）。索阿夫是意大利著名的干白葡萄酒，它色泽金黄，酸味和香味较淡，但口味十分爽快。

托斯卡纳(Toscana)产区: 位于意大利中部,西面临海。该区生产红、白葡萄酒。著名的红葡萄酒干蒂（Chianti）是意大利具有代表性的酒品之一，它享誉国内外，是以稻草所编织的套子包装在圆锥形酒瓶外，这种独特的包装器皿称为"菲亚斯"，干蒂葡萄酒呈红宝石色，清亮晶莹，富有光泽，优质酒通常使用波尔多形状的酒瓶包装。普通干蒂酒最低酒精含量为 11.5%，最好的干蒂葡萄园一般位于海拔 200～300m 处并朝南。凡是托斯卡纳出产的干蒂葡萄酒都有"CHIANTI CLASSICO"标志。

（四）澳大利亚葡萄酒

澳大利亚葡萄酒因葡萄园气候温暖干燥，故葡萄糖分高而酸度较低，制成的葡萄酒酒精含量较多，缺乏充满活力和长寿的酸度，口味平淡。但当今的消费者较喜欢低酸度葡萄酒，在该国某些较冷的地区所产的葡萄酒酒体较轻，糖度与酸度也很匀称。

澳大利亚葡萄酒品牌有： Hard's Cabernet Shiraz（750mL）红葡萄酒，口感柔绵；Hard's Chardonnay（750mL）白葡萄酒，口味清淡，在酒标上印有鸟的图案；Hard's Collection Cabernet Sauvignon（750mL）红葡萄酒，圆润可口；Hard's Collection Chardonnay（750mL）白葡萄酒，平和中略带甜味，酒标上印有澳大利亚自然风光的图案。

（五）中国葡萄酒

中国早在汉代（公元前 206 年）以前就开始种植葡萄并有葡萄酒的生产了。司马迁的《史记》中记载："宛左右以蒲陶为酒，富人藏酒至万余石……"至唐代，将西域葡萄酿酒方法引入内地，到了元朝时，规模已比较大。其生产主要集中在新疆一带和现在的山西太原一带（元代时称阳曲）也有过大规模的葡萄种植和葡萄酒酿造的历史。中国古代的葡萄酒酿造工艺简单粗陋，作坊生产，规模小，产量低，葡萄酒品质不高，因而那时还谈不上葡萄酒产业。

我国真正意义上的葡萄酒工业生产始于清末的张裕葡萄酿酒公司。1892 年，华侨张弼士在烟台建立了葡萄园和葡萄酒公司——张裕葡萄酿酒公司，从西方引入了优良的葡萄品种，并引入了机械化的生产方式，贮酒容器从瓮改为橡木桶。从此，我国的葡萄酒生产技术上了一个新台阶。随后，青岛、北京、清徐、吉林长白山和通化相继建立了葡萄酒厂，这些厂的规模虽然不大，但葡萄酒工业的雏形已经形成。1914 年，在南洋劝业会和上海招商局于南京举办的商品陈列赛会上，张裕的白兰地、琼瑶浆、红葡萄酒等产品被授予最优等奖章。1915 年在巴拿马太平洋万国博览会上，张裕的白兰地、红葡萄酒、雷司令、琼瑶浆等产品荣获金质奖章和最优等奖状，中国第一次有了世界知名的葡萄酒。

在中国北纬25°～45°广阔的地域里，分布着各具特色的葡萄、葡萄酒产地，但由于葡萄生长需要特定的生态环境，同时地区经济发达程度也有差异，这些产地的规模较小，较分散，多数在中国东部。根据地理位置分为十大产区：胶东半岛产区、东北产区、沙城产区、昌黎产区、天津产区、黄河故道产区、贺兰山产区、甘肃武威产区、新疆产区、云南高原产区。中国葡萄酒主要品牌有：张裕、长城、王朝、威龙、新天、云南红、印象、龙微、好时光、通化、藏秘、华东、茅台、古井、西夏王、楼兰、西域、莫高等。

四、葡萄酒的贮藏与保管

葡萄酒具有生命，装瓶后还会不断醇化。故葡萄酒的贮藏至关重要，贮藏得当可保证其质量，延长保质期。

品质一般的葡萄酒，数月内可维持质量；但若储存时间过长，其颜色会变深，口味变淡，逐渐失去饮用价值。但有的酒，如法国勃艮第红酒、意大利红酒、德国白葡萄酒、美国加州红酒等，需储存几年，酒质才会成熟完美。更有像法国波尔多上好年份的红酒，须陈放十年甚至几十年，才会达到它的最佳成熟度。

各类葡萄酒应根据其特点进行储藏。分别将白葡萄酒、香槟酒、汽酒存放于冷库，红葡萄酒存放于专用酒库。葡萄酒的保管应注意如下事项。

1. 温度

酒窖最理想的温度在 11℃ 左右，不过最重要的是温度须恒长稳定，因为温度变化所造成的热胀冷缩最易让葡萄酒渗出软木塞外使酒加速氧化。所以只要能保持恒温 5 ～ 20℃ 都可以接受，不过太冷的酒窖会使酒成长缓慢，须等更久的时间，太热则又成熟太快，品质欠丰富细致。通常地下酒窖的恒温效果最好，入口最好设在背阴处，以免进出时影响温度。

2. 湿度

70% 左右的湿度对酒的储存最佳，太湿容易使软木塞及酒的标签腐烂，太干则容易让软木塞变干失去弹性，无法紧封瓶口。

3. 光度

酒窖中最好不要留任何光线，因为光线容易造成酒的变质，特别是日光灯和霓虹灯易让酒产生还原变化，发出浓重难闻的味道。香槟酒和白酒对光线最敏感，要特别小心。

4. 通风

葡萄酒像海绵，常将周围的味道吸到瓶中去，酒窖中最好能够通风，以防霉味太重。此外也须避免将酒与任何有刺激性的味道浓烈的食物一起存放，如洋葱、大蒜、醋、蔬菜、油漆、汽油等。如将酒存藏在冰箱中，最好不要放太久，以免冰箱的味道渗透到酒里。酒窖应远离厨房、锅炉房等场所。

5. 振动

振动会致酒液混浊，过度的振动会影响葡萄酒的品质。例如长途运输后的酒须经数日的时间才能稳定其品质，所以还是尽量避免将酒搬来搬去，或置于经常振动的地方，尤其是年份旧的老酒。

6. 摆置

传统摆放酒的方式习惯将酒平放，使葡萄酒和软木塞接触以保持其湿润。因为干燥皱缩的软木塞无法完全紧闭瓶口，容易使酒氧化。但最近的研究发现留存在瓶中的空气是造成因热胀冷缩使酒流出瓶外的主因，传统平放的方式会加大这种效应。最好是将酒摆成 45°，让瓶塞同时和葡萄酒以及瓶中空气接触而避掉两项危险。不过此种方法比较不方便，还未被普遍采用。

7. 其他

即使在同一酒窖中的储存条件也有些微的差别，例如较高的位置温度比较高，而且光线较亮。安排时可将较耐存的酒，如波特酒，放于高处，而将香槟等较敏感者置于低处。

五、葡萄酒的饮用与服务操作规范

（一）葡萄酒的饮用

葡萄酒的饮用在酒类中是最为讲究的。无论是饮用器具、饮用温度、饮用时机、品尝程序，还是与菜品的搭配等均有较高的要求。

1. 葡萄酒杯及容量

酒杯是品尝葡萄酒的必需器具。只有合适的酒杯，才能让酒的色香味充分发挥，让品尝者享受葡萄酒的美妙。

葡萄酒杯虽有各种不同的形状，但是主要功能在于留住酒的香气，让酒能在杯内转动并与空气充分结合，故标准杯型为腹大口小的高脚杯，即所谓的郁金香杯。腹大口小有利于香气聚集于杯子上方；长长的高脚杯柄，方便手指轻轻拈握，不至于将手纹印上杯身，影响观察酒的透明度，同时也避免手碰到杯腹而影响酒温。这样的酒杯给饮用者带来典雅优美的感受。

优良葡萄酒杯的要求是：无色透明，晶莹透亮；杯腹最好无装饰，以便于观赏葡萄酒的原色；材质不宜太厚，以免影响品尝时的触感；此外，为了令葡萄酒能舒适的呼吸，杯的容量必需够大。

讲究品位者，往往坚持以不同的专用杯搭配不同口味的葡萄酒，如红酒杯、白酒杯和香槟杯。红酒杯中，波尔多红酒专用的酒杯口径较窄，容量以 170mL 左右最理想；勃艮第红酒杯为杯底较宽的郁金香杯。白酒杯中，勃艮第型的杯腰要比红酒用的稍大，属饱满型；另一种雪利酒专用的酒杯，为容量 50mL 左右的小型酒杯。享用气泡酒则可选用口径小而杯身狭长的香槟杯，以观赏气泡缓升的情景；或可选用口径广的浅碟形杯。

2. 葡萄酒的理想饮用温度

葡萄酒在适宜的温度条件下饮用才会使酒的味道淋漓尽致地发挥出来。不同的葡萄酒，其最佳饮用温度也不相同。各类葡萄酒饮用时的理想温度为：

红葡萄酒宜室温饮用，即约 18℃ 左右。一般的红葡萄酒，应该在饮用前 1～2 小时先开瓶，让酒"呼吸"一下，名为醒酒，以增加酒的香醇。对于比较贵重的红葡萄酒，一般也要先冰镇一下，时间约 1 小时。

玫瑰红葡萄酒宜 12～14℃，即稍冷却后饮用。

白葡萄酒宜 10～12℃。对于酒龄高于 5 年的白葡萄酒可以再低 1～2℃，因此，喝白葡萄酒前应该先把酒冰镇一下，一般在冰箱中要冰 2 小时左右。

香槟酒及气泡葡萄酒宜 4～8℃。喝香槟酒前应该先冰镇一下，一般至少冰 3h，因为香槟的酒瓶比普通酒瓶厚 2 倍。

3. 葡萄酒饮用的次序

葡萄酒种类多，不同的酒在不同的时机饮用。以法国葡萄酒来参考，有以下原则。

①香槟和白葡萄酒饭前作开胃酒喝，红（白）葡萄酒佐餐时喝，干邑白兰地在饭后配甜点喝。

②桃红色葡萄酒（Rosé）和波日莱新酒（Beaujolais Nouveau，即当年新酒），可以随意佐饮。

③白葡萄酒先喝，红葡萄酒后喝。

④清淡的葡萄酒先喝，口味重的葡萄酒后喝。

⑤年轻的葡萄酒先喝，陈年的葡萄酒后喝。

⑥不甜的葡萄酒先喝，甜味葡萄酒后喝。

4. 葡萄酒与菜肴的搭配

葡萄酒与菜肴搭配的总体原则是红葡萄酒配红肉类食物，白葡萄酒配海鲜及白肉类食物，即红酒配红肉，白酒配白肉。而玫瑰红葡萄酒、香槟酒和葡萄汽酒可配任何食物。

在口味上，色香味淡雅的酒品要与冷色调、淡雅口味的菜肴相配，如干白葡萄酒配海鲜类。对暖色调、香气浓、口味杂的菜肴，则配以色香味浓郁的葡萄酒，如红焖牛肉用红葡萄酒来配；对于口味重的咸辣食品则配以强香型葡萄酒。所以，在菜肴丰盛的餐席上，在使用不同类菜品时，就要换饮相应的葡萄酒。

（二）葡萄酒的服务操作

有关葡萄酒餐桌服务礼仪最早形成于西方，如今已逐渐为国际社会所通用。相对于其他酒类服务，葡萄酒的服务更加讲究，更加复杂。葡萄酒服务的主要程序如下。

1. 递酒单

一般都是先点菜，再根据菜的需要点酒。服务人员将酒单打开，递给顾客，请顾客点单。通常先女宾后男宾，先主人后客人。也可根据主人要求的方式点酒。若宾客对酒品不熟悉，服务人员应作适当介绍。

2. 接点单

宾客点单时，服务人员要迅速、准确的记下客人所点酒品。客人点酒结束后，服务人员应清楚复述一遍所点酒水的品名、数量，客人确认后即可按单取酒。

3. 验酒

验酒也称示瓶。按照通常的惯例，在开瓶前，应先让客人阅读酒标，确认该酒在种类、年份等方面与所点的是否一致，再看瓶盖封口处有无漏酒痕迹，包装是否完好，酒标是否干净，客人认可后方可开瓶。

白葡萄酒应置于冰桶，上面用整洁的餐巾覆盖，放置于点酒宾客右侧的台几上。取酒示瓶时，左手要用餐巾托住瓶底，防止滴水；右手用拇指和食指捏住瓶颈，标签朝向顾客。待宾客验酒、认可后，再放回冰桶，供饮用。

红葡萄酒应卧放在酒篮或酒架上，在常温下保存，不应摇动，以免影响酒的质量；若客人需要，应小心地连同酒篮或酒架一起拿到主人的右手边（酒瓶上的商标朝外），让客人鉴定；客人认可后，把酒瓶连同酒篮或酒架一起放在桌子的适当位置，便可准备开瓶。红葡萄酒因陈贮时间较长，往往会有沉淀。故红酒在示瓶过程及后续服务的过程中，都应轻拿慢放，切不可晃动。

4. 开瓶

验酒后即可开瓶。开瓶前要准备好开瓶器等专用工具。以常用的 T 形开瓶器为例，具体步骤如下。

①用开瓶器的小刀沿瓶口下沿割断密封锡套。

②将瓶口擦拭干净。

③将开瓶器钻头从平塞的中间钻进，至螺旋处没顶。此时 T 形开瓶器两边的手柄翘起，升至水平线之上。

④两手分别握住开瓶器的两只手柄，慢慢用力下压，瓶塞即被拔出。

⑤用餐巾将瓶口内外壁擦拭干净。

瓶塞取出后，应请客人察看软木塞是否潮湿。若潮湿则证明该瓶酒采用了较为合理的保存方式，否则，很可能会因保存不当而变质。客人还可以闻闻软木塞有无异味，或进行试喝，以进一步确认酒的品质。在确定无误后，才可以正式斟酒。

5. 斟酒

斟酒时，应始终以右手持瓶，稳稳握住酒瓶的下半部，不要握瓶颈处。

斟酒前要征询对方的意见，经对方许可后再斟酒。自主人左侧开始，先宾后主，先女后男，在宾客的右侧为客人斟酒。我国的葡萄酒礼仪大体上按照国际上的做法，只是在服务顺序上有所区别。斟酒等服务顺序一般为主宾、主人、陪客、其他人员。在家宴中则先为长辈，后为小辈；先为客人，后为主人。而国际上较流行的服务顺序是先女宾后主人，先女士后先生；先长辈后幼者；女性处于绝对的首要地位。

每斟酒一次后，应转一下酒瓶，使瓶口的最后一滴酒回流至杯中。除非客人提出要求，否则不要斟满杯。通常白葡萄酒斟倒六成满，红葡萄酒斟倒五成满。斟酒时要格外小心，否则酒液可能因"后冲"而从瓶嘴向瓶底回流甚至起泡，激起瓶底的沉淀。最后，瓶中的酒显然不能倒空，要留下约 1 英寸（约 2.5cm）深的酒液，因为这些酒液早已因沉淀而混浊。

6. 调换酒和酒具

比较正式的宴会，会准备多种葡萄酒。服务人员要根据宴会的程序及所上的菜点，及时调换葡萄酒和酒具。

在上酒的品种上，应按先轻后重、先甜后干、先白后红顺序安排；在品质上，则一般遵循越饮越高档的规律，先上普通酒，最高级的酒在餐末敬上。在更换酒的品种时，一定要换用另一杯具，否则会被认为是服务的严重缺陷。

六、香槟酒的饮用与服务操作规范

（一）香槟酒的饮用

香槟酒是一种被称为发泡酒的沸腾性葡萄酒。由于瓶中充满了气体，在拔除栓头时会发出悦耳的声响。香槟酒也因此成为圣诞节等庆宴上所不可或缺的酒类之一。优质的香槟酒色泽透彻，香气馥郁，味道醇美，适合任何时刻饮用，配任何食物都可以；如举行大的宴会，用香槟比其他混合酒还恰当。

香槟酒的最佳饮用温度是 6～8℃，饮用前可在冰桶里放 20min 或在冰箱里平放 3h。冰镇香槟有两种好处：一是改善味道，二是斟酒入杯时容易控制气泡外溢。

饮用香槟酒选用笛形香槟杯、郁金香形香槟杯或浅碟形香槟杯。前两者可以让酒中金黄色的美丽气泡上升过程更长，从杯体下部升腾至杯顶的线条更长，让人欣赏和遐想；同时也有助减少气泡的溢出。后者，便于堆砌香槟杯金字塔造型，增加现场的气氛。

（二）香槟酒的服务操作规范

香槟酒是一种葡萄汽酒，其饮用与服务方面基本与其他葡萄酒类相同。但由于其瓶内压力很大，在开瓶后会产生大量气体，因而在开瓶方法、斟酒形式等方面有所不同。

1. 开瓶

①酒瓶直立，左手握住瓶颈下方，瓶口向外倾斜 15°，右手将瓶口包装纸揭去，并将铁丝网套锁口处之缠绕部分松开。

②在右手除去网套同时，左手拇指须适时按住即将冲出的瓶塞；然后右手以餐巾布替换左手拇指，并捏住瓶塞。

③在瓶塞冲出的瞬间，右手迅速将瓶塞向右侧揭开。

④若瓶内气压不够，瓶塞无力冲出时，可用右手垫餐巾捏紧瓶塞不动，再用握瓶的左手将酒瓶左右旋转，直到瓶塞冲出为止。

⑤为了避免酒喷洒出来，开瓶时的响声不要太大。

2. 斟酒

香槟酒开瓶后应立即斟倒。可采用捧斟法，即用手握住瓶颈下部，右手托住瓶底。倒酒时先斟 1/3 满杯，待气泡减少后再继续斟到大半杯为止。斟倒时要平稳，不能太快，更不可冲倒。斟酒后要立即将酒放回冰桶，以保持酒的恒温，防止发泡。

第四节　谷物发酵酒

谷物发酵酒主要有啤酒（Beer）、黄酒（Chinese Rice Wine）、清酒（Sake）等。

一、啤酒

啤酒是以大麦麦芽为原料，辅以啤酒花，经酵母发酵而酿造的含二氧化碳、起泡、低酒精度的饮料酒。因其酒精度很低，在西方一些国家，人们干脆直接把它作为一种饮料。"啤酒"的名称是由外文的谐音译过来的，如德国、荷兰称"Bier"；英国称"Beer"；法国称"Biere"；意大利称"Birre"；罗马尼亚称"Berea"等。这些外文都含有"B"的音，又由于具有一定的酒精，因而翻译成"啤酒"一词。

目前，啤酒是世界产量最大的酒种，约有 150 多个国家和地区生产，世界啤酒年生产量已超过 1 亿吨。经粗算，世界上生产优级啤酒的牌子已达到 1 万种。

（一）啤酒的起源

啤酒历史悠久，大约起源于 9000 年前的中东地区和古埃及地区。据传，当时的亚述（今叙利亚）人已会利用大麦酿造酒品，用以向女神进贡。史料记载，5000 年前，古埃及人将发芽的大麦制成面包，再将面包磨碎，置于敞口的缸中，让空气中的酵母菌进入缸中进行发酵，制成原始啤酒。

公元 6 世纪，啤酒的制作方法由埃及经北非、伊比利亚半岛、法国传入德国。那时啤酒的制作主要在教堂、修道院中进行。公元 11 世纪，斯拉夫人开始将啤酒花用于酿造啤酒。1480 年，以德国南部为中心，发明了下面发酵法，啤酒质量有了大幅提高，1800 年，随着蒸汽机的发明，啤酒生产中大部分实现了机械化，生产量得到了提高，质量更加稳定。1830 年左右，德国的啤酒技术人员分布到了全球各地，将啤酒工艺传播到全世界。现在除伊斯兰国家由于宗教原因不生产和饮用酒外，啤酒生产几乎遍及全球。

啤酒生产过程主要有制麦、糖化、发酵、罐装 4 个部分。在制作过程中，啤酒是以大麦麦芽为原料，辅以啤酒花，经酵母发酵而酿造的含二氧化碳、起泡、低酒精度的饮料酒，具有口味独特、含有二氧化碳、悦目的透明度、色泽光洁醒目、起泡持性好、酒精度低、营养成分丰富、安全卫生、保健功效多等特点。

（二）啤酒的分类

啤酒的种类很多，根据不同的分类标准，啤酒可分为以下一些品种。

1. 根据啤酒酵母性质分

（1）上面发酵啤酒

采用上面酵母，在发酵过程中，酵母随二氧化碳的气泡上浮到发酵液面，发酵温度 15～25℃。上面发酵啤酒的特点是酒香味突出。利用上面发酵酵母酿造啤酒的国家主要是英国、比利时等少数国家，国际上著名的上面发酵啤酒有爱尔（Ale）淡色啤酒、爱尔浓色啤酒、司陶特（Stout）黑色啤酒、黑色啤酒等。

（2）下面发酵啤酒

采用下面酵母，发酵终了，酵母凝聚而沉淀到发酵容器底部，发酵温度 5～10℃，下面发酵啤酒的特点是酒香味柔和。世界上绝大多数国家采用下面发酵酿造啤酒，国际上著名的下面发酵啤酒有比尔森（Pilsen）淡色啤酒、多特蒙德（Dortmund）淡色啤酒、慕尼黑（Munich）黑色啤酒等。我国的啤酒均为下面发酵啤酒，其中的著名啤酒有青岛啤酒、五星啤酒等。

2. 根据啤酒色泽分

（1）淡色啤酒

为啤酒产量最大的一种。淡色啤酒又分为淡黄色啤酒、金黄色啤酒。淡黄色啤酒口味淡爽，酒花香味突出。金黄色啤酒口味清爽而醇和，酒花香味也突出。

（2）浓色啤酒

色泽呈红棕色或红褐色。浓色啤酒麦芽香味突出、口味醇厚、酒花苦味较清。

（3）黑色啤酒

色泽呈深红褐色乃至黑褐色，产量较低。黑色啤酒麦芽香味突出、口味浓醇、泡沫细腻，苦味根据产品类型而有较大差异。

3. 根据生产方法分

（1）鲜啤酒

啤酒包装后，不经过巴氏灭菌，称为鲜啤酒，又称生啤酒。鲜啤酒是就地销售产品，因未经灭菌，不能长期存放，其存放时间与酒的过滤质量、无菌条件和保存温度关系很大，过滤良好、无杂菌感染、存放室温不太高的鲜啤酒，可存放7天左右。

（2）熟啤酒

啤酒包装后，经过巴氏灭菌，称为熟啤酒，又称杀菌啤酒。熟啤酒可以保存较长时间，贮藏啤酒或外销啤酒，必须经过巴氏灭菌。市售的瓶装或易拉罐啤酒多为熟啤酒，优级啤酒保质期为 120 天。

4. 根据包装容器分

（1）瓶装啤酒

目前，国内主要有 640mL、488mL、330mL 的瓶装规格。

（2）易拉罐装啤酒

制罐材料一般采用铝合金。国内已有多家啤酒厂引进了易拉罐包装线，易拉罐装啤酒多为 355mL 规格。易拉罐装啤酒重量轻，外出旅游时携带方便。

（3）桶装啤酒

桶装啤酒俗称扎啤，国内桶装啤酒都是不锈钢桶装啤酒，容量为 30L，啤酒经瞬间灭菌，灭菌温度为 72℃，有效杀菌时间为 30s。经无菌过滤的纯生桶装啤酒在国内也开始普及。桶装啤酒主要是地产地销，适合于宾馆、餐厅、酒吧及旅游点等场所。销售桶装啤酒还专门配有售酒机，售酒机的作用是将桶装啤酒快速冷冻至 6 ～ 10℃ 出售。由于整个过程是在二氧化碳气压力下进行，桶内啤酒不与外界空气接触，所以使桶装啤酒保持卫生、口感好、风味醇和的特点。

5. 根据原麦汁浓度分

（1）低浓度啤酒

多为鲜甜酒，其浓度（以麦汁浓度计）在 7° ～ 8°，含酒精 2% 以下。

（2）中浓度啤酒

其麦汁浓度在 14° ～ 20°，含酒精约 5%。日常生活中我们饮用的啤酒麦汁多为 11°、12° 啤酒。酒精含量约 4%。

（三）世界著名啤酒品牌

1. 比尔森啤酒（Pilsen）

原产于捷克斯洛伐克，既是目前世界上饮用人数最多的一种啤酒，也是世界上啤酒的主导产品。

2. 多特蒙德啤酒（Dortmund）

这是一种淡色的下面发酵啤酒，原产于德国的多特蒙德。该啤酒颜色较浅，苦味较轻，酒精含量较高，口味甘淡。

3. 朝日啤酒（Asahi）

日本前三大啤酒品牌，有 100 多年历史。Asahi Super Dry 产品展现出十分清爽新鲜的口感，酒液相当澄澈。现在啤酒流行趋势是清澈爽口，Asahi Super Dry 是主要的代表产品之一。

4. 贝克（Beck）

德国外销第一名的啤酒品牌，贝克的产品系列包括 Beck's Lager、Light、

Dark Lager、Oktoberfest 与无酒精啤酒等。Lager 表现传统德国口味，酒质饱满丰富，Light 爽口宜人，曾于 1999 年、2000 年、2001 年在美国品鉴会（American Tasting Institute）获得金牌奖。Beck's 黑啤酒（Dark Lager）曾在我国台湾掀起漫天风潮，酒质非常饱满浓郁。

5. 百威（Budweiser）

Budweiser Lager 是全球销售量第一的啤酒品牌，由全球最大的啤酒集团 Anheuser-Busch 于 1876 年开始酿造销售，营销世界 70 余国，在美国每 5 瓶特级（Premium）啤酒就有一瓶是百威。其全球战略据说已达 40 余家灌装厂，生产能力均达到百万吨，口味大众化，广告诉求清晰、幽默，很能打动人心。

6. 嘉士伯（Carlsberg）

嘉士伯啤酒由丹麦啤酒巨人 Carlsberg 集团生产，从 1847 年就开始销售，该集团目前是世界前七大啤酒集团，产品风行全球百余国。嘉士伯啤酒的口感属于典型的欧洲式 Lager 啤酒，酒质澄澈甘醇，该集团十分注重产品质量，打出的口号是 "Probably the best beer in the world"（可能是世界上最好的啤酒）。该集团在品牌建立上也非常用心，致力于各种人文与运动活动，包括音乐、球赛等活动的赞助。

7. 可乐娜（Corona）

墨西哥品牌啤酒，创立于 1925 年。墨西哥酿酒集团出品，为世界第一品牌。美国人的首选，酒吧爱好者的最爱，味道就像她的名字一样动人。有人说 "喝了可乐娜，你才知道什么是啤酒"。

8. 海尼根（Heineken 也译为喜力啤酒）

国际化最为彻底的品牌，营销世界 170 多个国家，也是世界前三大啤酒集团，口感十分平顺甘醇，不会刺激苦涩。

9. 麒麟（Kirin）

日本三大啤酒公司之一的麒麟麦酒酿造会社，也是世界前十大啤酒集团。

10. 美乐（Miller）

美国第二大啤酒品牌，成立于 1855 年。美乐啤酒在美国是第一家啤酒生产厂家，其独创的手拧盖，不但在工艺上使啤酒上了一个台阶，也使喝啤酒在全球形成了流行，其对啤酒产业的贡献可谓功不可没。

11. 虎牌（Tiger）

新加坡啤酒，在东南亚知名度较高。

12. 健力士黑啤（Guinness）

爱尔兰出产，啤酒中的精品，味道独特。健力士黑啤是一种产自亚瑟健力士父子有限公司（Arthur Guinness & Son Ltd.），用麦芽及蛇麻子酿制而成。目前，健力士啤酒已经毫无争议地成为世界上最流行的司陶特黑啤酒，远销 150 多个国家和地区，并且有 50 家遍布其他国家的本土化啤酒生产厂，世界各地的健力士分支机构在当地就能生产此品牌。

13. 狮牌（Lion）

泰国啤酒，味苦，够劲。

14. 老牌啤酒

老挝品牌啤酒，在印度等地区名气很大。和东南亚国家的啤酒一样，是东南亚啤酒爱好者及享乐人士的首选之一。

15. 青岛啤酒

中国著名品牌。青岛啤酒主要在于它的水质，这是其他著名啤酒厂家所不具有的，也是中国比较早生产啤酒的厂家，其口感偏重于德国口味，入口苦，香味来自啤酒花，比较幽远，泡沫丰富。

（四）啤酒的贮藏和保管

啤酒稳定性较差，储存不当易致质量发生变化。

1. 要保持适宜的储存温度

啤酒储存的适宜温度为 5 ～ 10℃。如温度过低或长时间处于 0℃之下，会影响起泡，而且酒中的蛋白质会与鞣酸结合，发生不可逆性冷混浊。大大降低饮用价值。存放温度也不宜过高，高温会破坏酒中的营养成分，并缩短保存期限。

2. 避免日光照射

日光照射会诱发啤酒内营养物质的变化，产生一种令人不快的"日光臭"，降低啤酒的营养价值和饮用价值。棕色玻璃瓶可有效减少这一现象。

3. 保持合适的储存期限

酿造啤酒的大麦皮壳和酒花的活性都很强，长时间贮藏，会与蛋白质化合，也易聚合，从而产生花青色素，使酒液混浊。鲜啤酒保质期较短，适宜温度下，瓶装鲜啤酒保存期为 5 ～ 7 天，瓶装熟啤为 60 ～ 120 天。储存日期要从生产之日起算，而不应从购货日期计算。

4. 合理摆放

瓶装啤酒以堆放 5 ～ 6 层为宜。箱装啤酒要注意摆放平稳，按产品类别、包装规格、出厂日期分类储存，大批量的啤酒垛之间还应留有通道，便于检查盘点。酒库也要保持良好的通风。

5. 出库应先进先出，后进后出

啤酒的储存期较短，在储存过程中必须按先进先出、后进后出的原则出库销售，避免因积压在库内时间过长而变质。

（五）啤酒的饮用与服务操作规范

1. 啤酒的饮用

（1）饮用温度

啤酒适宜低温饮用，最佳饮用温度是 8～11℃。但温度过低，会使啤酒平淡无味，泡沫消失；温度过高则会产生过多泡沫，苦味感增强，对于鲜啤酒，饮用温度过高，会致失去独有的风味。

（2）啤酒杯

饮用啤酒的杯具种类较多，常用的标准酒杯有皮尔森杯、带脚杯、直身杯、带把柄的扎啤杯等。

洁净的啤酒杯能让泡沫在酒杯中呈圆形，始终保持新鲜口感。啤酒杯必须绝对干净，同时，不洁净的杯子还会破坏啤酒的口感和味道。洗涤后消毒过的酒杯应放在干净的容器中或倒立悬挂，不可用手及任何器物触及酒杯内壁。

2. 啤酒的服务操作规范

啤酒的服务程序与其他酿造酒相似，但啤酒含有大量二氧化碳，酒液倒出后会产生泡沫，因而对斟酒服务有一定的要求。

（1）衡量啤酒服务操作的标准

啤酒中二氧化碳的溶解度随着温度的升高而降低，温度高时啤酒中的二氧化碳的溢出量增大，形成强烈泡腾，使二氧化碳和啤酒大量流失。泡腾后继力减弱。温度低时，二氧化碳量少，泡沫形成慢而少。故啤酒的斟酒服务需掌握一定的技巧。

斟酒时通常使泡沫缓慢上升，略高出杯沿 1.3cm 左右。泡沫与酒液的理想比例是 1：3 左右。若杯中酒液较少而泡沫太多并溢出，或无泡沫，都会让客人扫兴。衡量啤酒服务操作的标准是：注入酒杯的酒液清澈，二氧化碳含量适量，温度适中，泡沫洁白而厚实。

（2）斟酒方式

泡沫的形成状态与斟酒方法密切相关，瓶装酒与桶装酒的斟酒方式不同。

如采用标准啤酒杯服务，应先将瓶装或罐装酒递与宾客。客人确认后，当面打开，放置好酒杯，倾斜酒瓶或酒罐，慢慢倒入酒液，让泡沫刚好超出杯沿 1.3cm 左右。酒杯若是直身杯，可先将酒杯微倾，顺杯壁倒入 2/3 的无泡酒液，再将酒杯放正，采用倾注法斟注，使泡沫产生。

对于桶装啤酒，斟注时将酒杯倾斜呈 45°，打开开关，注入 3/4 杯酒液后，待泡沫稍微平息，再将酒杯注满。

二、黄酒

黄酒是中国最古老的酒种，据记载已有 6000 年以上的历史。它与啤酒、葡萄酒并称世界三大古酒。有人根据字面意思将黄酒翻译成"Yellow Wine"。其实这并不恰当。黄酒的颜色并不总是黄色的，在古代，酒的过滤技术并不成熟之时，酒是呈混浊状态的，当时称为"白酒"或"浊酒"。就是现在，黄酒的颜色也有呈黑色的、红色的。黄酒是谷物酿成的，中国很多地方人们称其为"米酒"。所以，现在通行用"Rice Wine"表示黄酒。

在最新的国家标准中，黄酒的定义是：以稻米、黍米、黑米、玉米、小麦等为原料，经过蒸料，拌以麦曲、米曲或酒药，进行糖化和发酵酿制而成的各类黄酒。

（一）黄酒的起源

从 7000 年前的河姆渡文化推断，宁波是中国黄酒的发祥地，也是中国稻米酒的起源地。在唐宋时期宁波便有黄酒名品，如宋代李保田的《酒谱》中就有"越州蓬莱，明州金波"的记载。

（二）黄酒的分类

1. 黄酒按含糖量进行分类

（1）干黄酒

"干"表示酒中的含糖量少，糖分都发酵变成了酒精，故酒中的糖分含量最低。最新的国家标准中，其含糖量小于 1g/100mL（以葡萄糖计）。这种酒属稀醪发酵，总加水量为原料米的 3 倍左右。发酵温度控制得较低，开耙搅拌的时间间隔较短。酵母生长较为旺盛，故发酵彻底，残糖很低。在绍兴地区，干黄酒的代表是"元红酒"。

（2）半干黄酒

"半干"表示酒中的糖分还未全部发酵成酒精，还保留了一些糖分。在生产上，这种酒的加水量较低，相当于在配料时增加了饭量，故又称为"加饭酒"。酒的含糖量在 1%～3%。此种酒在发酵过程中工艺要求较高，酒质厚浓，风味优良，可以长久贮藏，是黄酒中的上品。我国大多数出口黄酒，均属此种类型。

（3）半甜黄酒

含糖量在 3%～10%。这种酒采用的工艺独特，是用成品黄酒代替水为原料加入发酵醪中，在糖化发酵开始时，发酵醪中的酒精浓度就达到较高的水平。这在一定程度上抑制了酵母菌的生长速度，由于酵母菌数量较少，发酵醪中产生的糖分不能转化成酒精，故成品酒中的糖分较高。该酒酒香浓郁，酒度适中，味甘甜醇厚，是黄酒中的珍品。但这种酒不宜久存，贮藏时间越长，色泽越深。

（4）甜黄酒

这种酒一般采用淋饭操作法，拌入酒药，搭窝先酿成甜酒酿。当糖化至一定程度时，加入 40%～50% 浓度的米白酒或糟烧酒，以抑制微生物的糖化发酵作用，故酒中的糖分含量达到（10～20g）/100mL。由于加入了米白酒，酒度也较高，因而可常年生产。

（5）浓甜黄酒

含糖量最高的黄酒，糖分含量大于或等于 20 g/100mL。

（6）加香黄酒

这是以黄酒为酒基，经浸泡（或复蒸）芳香植物或加入芳香植物的浸出液而制成的黄酒。

2. 按酿酒工艺分

（1）传统工艺黄酒

①淋饭酒。将蒸熟的米饭用冷水淋凉，使其达到发酵温度，加酒药和曲进行发酵而成。这样酿酒的操作方法称为淋饭法。淋饭酒口味淡薄，但比较鲜爽，有的工厂用它作为酒母，即所谓的"淋饭酒母"。

②摊饭酒。将蒸好的饭摊在竹簟上，自然摊凉，现在发展成在蒸饭车上吹风降温，之后再加曲加酒母发酵而成为酒。这样酿酒的操作方法称为摊饭法，多用来生产干型、半干型黄酒，如绍兴的加饭酒、元红黄酒。

③喂饭酒。即在黄酒发酵中多次投料，多次发酵酿制黄酒。一般为3次喂饭，也有4次喂饭的。这样酿酒的操作方法称为喂饭法，浙江嘉兴和福建红曲黄酒多采用此法。喂饭酒苦味少，酒质醇厚。

④摊喂结合酒。采用摊饭法和喂饭法相结合的方法酿造而成，如浙江的寿生酒、乌衣红曲酒等。

（2）新工艺黄酒

在传统工艺的基础上，经过改进和创新，从浸米、蒸饭、摊凉、发酵、压榨到包装、物料输送等整个系统均采用机械化生产的黄酒。

3. 按产地分

（1）江南黄酒

江南黄酒以绍兴黄酒为代表，也称麦曲稻米酒，主要产于浙江绍兴地区，是我国黄酒的典范。绍兴黄酒光泽黄亮，香气浓郁，鲜美醇厚。代表品种有加饭酒、元红酒、花雕酒、女儿红、善酿酒等。

（2）福建黄酒

福建黄酒是以糯米、大米为主要原料，用红曲和白曲为主要糖化发酵剂酿制而成。其酒质醇厚，余味绵长，色泽褐红鲜艳，也被称为"红曲酒"。代表酒是福建老酒和龙岩沉缸酒。

（3）北方黄酒

北方黄酒也称黍米黄酒，以黍米为原料，用天然发酵的块状麦曲为糖化发酵剂酿制而成，酒质清亮透明，黑褐中泛紫红色，香馥醇和，鲜甜爽口，有明显的焦糜香味，回味悠长。山东"即墨老酒"为其代表。

4. 其他分类

以上 3 种为常见分类，此外，有时还以其他标准分类。如按色泽分，有深色（褐色）黄酒、黄色黄酒和浅色黄酒等。按酿造季节分，有秋酿酒、冬酿酒、春酿酒和夏酿酒。按糖化发酵剂分，有麦曲黄酒、小曲黄酒、红曲黄酒、乌衣红曲黄酒、生麦曲黄酒，熟麦曲黄酒，纯种曲黄酒，黄衣红曲黄酒等。

（三）黄酒的名品

黄酒产地较广，品种很多，著名的有绍兴加饭酒、福建老酒、江西九江封缸酒、江苏丹阳封缸酒、无锡惠泉酒、广东珍珠红酒、山东即墨老酒等。

1. 绍兴加饭酒

绍兴黄酒中最佳品种。加饭，顾名思义是与酒相比，在原料配比中，加水量减少，而饭量增加。由于醪液浓度大，成品酒度高，所以酒质特醇，俗称"肉子厚"。过去，因配方不同，分为单加饭和双加饭，后为迎合消费者的需求，全部生产双加饭，外销称为特加饭。此酒酒液像琥珀那样深黄带红，透明晶莹，郁香异常，味醇甘鲜，含酒精 17.5% ～ 19.5%，含糖 1.5 ～ 3.0g/100mL，含酸 0.45g/100mL 以下。在绍兴黄酒总外销量中占 90%，深得中外饮者青睐，是半干型黄酒的典型代表。坛装的陈年加饭酒，叫花雕酒。其坛包装精美，可作高档礼品。

2. 福建老酒

福建老酒产于福建省福州市， 1984 年获原轻工业部酒类质量大赛一等金杯奖，三次蝉联国家优质酒类称号和银质奖。福建老酒始创于 1945 年，是以精白糯米为原料，以古田县红曲和白曲作为糖化剂，精心酿制而成。其原酒需陈储 1 ～ 3 年，最后勾兑装瓶。

该酒色赤如丹，清亮透明，醇香浓郁，口味鲜美，余味绵长。酒精含量 15%，含糖量 60g/L，属半甜型黄酒。

3. 江西九江封缸酒

九江陈年封缸酒以优质糯米为原料，用根霉曲作糖化的酵剂。前发酵阶段多次加入 50° 醅酒，当酒度达到 20° 时，带糟贮入大缸，密封后，发酵 6 个月。然后压榨得酒液，将酒液再入大缸陈酿澄清，密封陈酿达五年之久即可。发酵后生成了大量糖、乙醇、氨基酸等有机物，在长年封存中又促进醋类和其他醇类产生，致使该酒不加任何色素而自然转成琥珀色。封存越久，颜色越深，糖分含量也就越高，酒性也越平稳。1979 年，在全国第三届评酒会上，陈年封缸酒被评为全国优质酒。

4. 江苏丹阳封缸酒

丹阳封缸酒素以"味轻花上露，色似洞中春"名闻内外。丹阳产封缸酒在南北朝时就已出名。以糯米为原料，用麦曲作糖化发酵剂。当醪中糖分达高峰时，兑入 50°以上小曲米酒，立即密封缸口，过一段时间抽 60％的清液压榨，工艺极为精湛。酿造成酒后色泽棕红，醇香馥郁，酒味鲜甜，酒为 14°以上，为黄酒中上品。1984 年荣获国家银质奖，在全国甜型黄酒中评比名列第一。

5. 无锡惠泉酒

惠泉酒即古之"醴酒"。色如琥珀，鲜艳澄清，馥郁芬芳，味甘醇似饴，酒度在 16°～18°，糖度在 8°～16°。从选料到酿造、封存，都极为讲究。原料非用金坛上等白糯米不可，这种糯米粒籽圆整，色泽洁白，糯性良好，出酒率高。

其传统工艺是先浸米、煮饭，然后拌药，与此同时又用糯米酿成的老廒黄酒相拌，发酵 3 天"满塘"时（即发酵时）再添加糟烧酒、麦曲和糯米，再发酵 12 天就可"灌坯"，又经 60 天左右方可上榨、灭菌、入坛。惠泉酒味香质厚，含有较多的葡萄糖，经常适量饮用，能增进血液循环，促进新陈代谢。

6. 广东珍珠红酒

珍珠红酒是传统名、优出口产品，历史悠久，早在唐代珍珠红酒就已名声显著。1516 年，明朝江南才子祝枝山任兴宁知县时，曾雇请民间善酿酒师，开设"珍珠红烧坊"，从此，在兴宁得以传承，并誉代相传。

珍珠红酒用一种当地特有的珍珠米酿制而成，经国家检定，含人体必需的 18 种氨基酸、14 种微量元素、6 种维生素和丰富的葡萄糖及抗癌之王——微量元素硒，是强身健体、防癌抗癌之佳品。产品质量上乘，先后被评为广东省优质酒、国家优质酒、轻工部银杯奖、首届中国黄酒节特别奖、首届中国食品博览会金奖、第二届北京博览会金奖，首批获得"绿色食品"称号等。

7. 山东即墨老酒

即墨牌即墨老酒为山东省即墨黄酒厂产品。山东即墨老酒是久负盛名的米黄酒，1963 年、1979 年荣获国家优质酒称号及银质奖，1984 年获原轻工业部酒类大赛金杯奖。

该酒选用优质米为原料，采用独特的传统工艺酿制而成。其酒色泽黑褐中带紫红，饮时香馥醇和，具有焦糜米香，香甜爽口，微苦而又余香，回味悠久。酒精含量 12％，含糖量 80g/L，是一种半甜型黄酒。

（四）黄酒的贮藏和保管

黄酒属于原汁酒类，一般酒精含量较低，越陈越香是黄酒最显著的特点，但是如果贮藏与保管不当，将会导致腐败变质，因此，贮藏保管黄酒既要防止损耗变质，又要尽可能创造促进其质量提高的有利条件。黄酒储存时应注意以下几点。

①黄酒宜储存在地下酒窖。

②黄酒最适宜的储存条件是环境清爽，温度变化不大，一般温度在 20℃以下，相对湿度为 60％～70％。但是，黄酒储存并不是温度越低越好，如果温度

低于 –5℃，黄酒就有受冻、变质和结冻破坛的可能，所以不宜露天存放，尤其是北方地区。

③黄酒堆放平稳，酒坛、酒箱堆放高度一般不得超过 4 层。每年夏天应倒坛一次，使得上下层酒坛内的酒质保持一致。

④黄酒不宜与其他异味物品或食品同库储存。坛头破碎或瓶口漏气的酒坛、酒瓶必须立即出库，不宜继续放在库中储存。

⑤黄酒储存不宜经常受到震动，不能有强烈光线的照射。

⑥不可用金属器皿储存黄酒。

⑦黄酒酒瓶一般竖立，避光常温下保存。但开瓶后，久存必失其鲜味，因此最好一次性喝完或短期内用完。

（五）黄酒的饮用与服务操作规范

1. 黄酒的饮用

黄酒具有腹郁芬芳的香气和甘甜醇厚的风味，黄酒既可作为饮料单饮，又可佐食饮用。如饮用得法，可使其滋味更加香醇可口，获得应有的饮用品质。

（1）酒具

饮用黄酒的杯具不十分讲究，以选用陶瓷杯具为佳，一般的小型玻璃杯即可。也有用小碗来盛饮的。

（2）温度

温度是黄酒饮用最关键的事项。

黄酒的酒度都不太高，一般在 15°～ 20°。在冬季，黄酒宜温热后喝，酒中的一些芳香成分才会随着温度的提高挥发出来，饮用时更能使人心旷神怡。酒的温度一般以 40 ～ 50℃为好，酒温随个人的饮用习惯而定。加温的方法以隔水加温为最佳。

夏季饮用黄酒也可以冷饮。其方法是将酒放入冰箱冰镇或在酒中加冰块，这样能降低酒温，加冰块还降低了酒度。冷饮黄酒，消暑解渴，清凉爽口，给人以美的享受。

2. 黄酒的服务操作规范

黄酒饮用除了注意饮酒的器具和酒的温度外，还要与合适的食物搭配。

（1）干酒

"干"表示酒中的含糖量少，总糖含量低于或等于 15.0g/L。口味醇和、鲜爽、无异味。属普通黄酒，饮用前须用烫酒壶加温，一般加热到 40 ～ 45℃为宜。最适合搭配的食物是鸡鸭肉类及蛋类菜肴。

（2）半干酒

"半干"表示酒中的糖分还未全部发酵成酒精，还保留了一些糖分。在生产上，这种酒的加水量较低，相当于在配料时增加了饭量，总糖含量在 15.0～40.0g/L，故又称为"加饭酒"。我国大多数黄酒，口味醇厚、柔和、鲜爽、无异味，均属此种类型，该酒最能渲染气氛，应在烫温后饮用。宜在吃螃蟹、鱼鲜海味或凉菜时饮用。不仅鲜味相投，而且互相烘托渲染，很合时宜。它对荤素大菜，猪、牛、羊肉更能相得益彰。另外可与陈年元红酒或其他甜型黄酒兑在一起饮用，更能增加情趣。

（3）半甜酒

这种酒采用的工艺独特，是用成品黄酒代水，加入发酵醪中，使糖化发酵的开始之际，发酵醪中的酒精浓度就达到较高的水平，在一定程度上加快了酵母菌的生长速度，由于酵母菌数量较少，对发酵醪中产生的糖分不能转化成酒精，故成品酒中的糖分较高。总糖含量在 40.1～100g/L，口味醇厚、鲜甜爽口，酒体协调，无异味。宜加温饮用，也可冷饮，佐吃荤素菜均宜。尤以咸中带甜的南方菜肴更好。

（4）甜酒

这种酒一般是采用淋饭操作法，拌入酒药，搭窝先酿成甜酒酿，当糖化至一定程度时，加入 40%～50%浓度的米白酒或糟烧酒，以微生物的糖化发酵作用，总糖含量高于 100g/L。口味鲜甜、醇厚，酒体协调，无异味，宜冷饮。饭前或饭后饮用更为合适。该酒有润肠胃、助消化的作用。佐食以甜食配甜酒为好。

（5）浓甜酒

即糖分在 200g/L 以上的酒品。饮法同甜型酒。在夏季，可兑以矿泉水、冰块或汽水合饮，清凉宜人；冬季，若与白酒兑饮，更会觉得酒劲浓醇，能起到兴奋提神作用。

另外，饮用黄酒时，应该细品慢喝，喝一小口细细地回味品尝一番，然后徐徐咽下。这样才能真正领略到黄酒的独特滋味。不习惯饮黄酒的人，可以饮用甜型黄酒，或将果汁、矿泉水等其他饮料与黄酒相兑后饮用。

三、清酒

（一）清酒的起源

据中国史书记载，古时候日本只有"浊酒"，没有清酒。后来有人在浊酒中加入石炭，使其沉淀，清澈的酒液饮用，于是便有了"清酒"之名。公元 7 世纪中叶之后，朝鲜古国百济与中国常有来往，并成为中国文化传入日本的桥梁。因此，中国用"曲种"酿酒的技术就由百济人传播到日本，使日本的酿酒业得到很大的进步和发展。到了公元 14 世纪，日本的酿酒技术已日臻成熟，用传统的清酒酿造法生产出质量上乘的产品，尤其在奈良地区所产的清酒最负盛名。1000 多年来，清酒一直是日本人最常喝的饮料。在大型的宴会上，在结婚典礼上，在酒吧或寻常百姓的餐桌上，人们都可以看到清酒。现在，清酒已成为日本的国粹。

日本全国有大小清酒酿造厂 2000 余家，其中最大的 5 家酒厂及其著名产品是：大包厂的月桂冠、小西厂的白雪、白鹤厂的白鹤、西宫厂的日本盛和大关厂的大关酒。日本著名的清酒厂多集中在关东的神户和京都附近。

日本清酒是借鉴中国黄酒的酿造法而发展起来的日本国酒，但却有别于中国的黄酒。它是由优质的大米加日本山区的泉水酿制而成，酒度一般在 13°～15°，酒色透明，芳香宜人，口味纯正，绵柔爽口，酸、甜、苦、涩、辣协调。清酒味道有甘、辛口之分，甘口以酒味清爽甘洌、淡香怡人而著称；辛口则以酒香浓郁，品味无穷而见长。相比烧酒、果宾酒，以及外国威士忌酒来说，它最大的特色是味淡而清、度数低、不易上头、可以小酌慢品、回味悠长。

清酒的成分多达 240 多种，主要有醇、酸、碳水化合物、多种氨基酸、维生素、核酸等，可谓营养丰富。

（二）清酒的分类

日本很多地方都生产各式各样的清酒，大致可以分成两大类，一是有特定名称的日本酒，二是被称为普通酒（或经济酒）的日本酒。清酒通常有如下几种分类方法。

1. 按制法不同分类

（1）纯米酿造酒

即为纯米酒，仅以米、米曲和水为原料，不外加食用酒精。此类产品多数供外销。

（2）普通酿造酒

属低档的大众清酒，是在原酒液中兑入较多的食用酒精，即 1t 原料米的醪液添加 100％的酒精 120L。

（3）增酿造酒

这是一种浓而甜的清酒。在勾兑时添加了食用酒精、糖类、酸类、氨基酸、盐类等原料调制而成。

（4）本酿造酒

属中档清酒，食用酒精加入量低于普通酿造酒。

（5）吟酿造酒

制作吟酿造酒时，要求所用原料的精米率在 60％以下。日本酿造清酒很讲究糙米的精白程度，以精米率来衡量精白度，精白度越高，精米率就越低。精白度高的米吸水快，容易蒸熟、糊化，有利于提高酒的质量。吟酿造酒被誉为"清酒之王"。

2. 按口味分类

（1）甜口酒

甜口酒为含糖分较多、酸度较低的酒。

（2）辣口酒

辣口酒为含糖分少、酸度较高的酒。

（3）浓醇酒

为含浸出物及糖分多、口味浓厚的酒。

（4）淡丽酒

为含浸出物及糖分少而爽口的酒。

（5）高酸味酒

高酸味酒是以酸度高、酸味大为其特征的酒。

（6）原酒

原酒是制成后不加水稀释的清酒。

（7）市售酒

市售酒指原酒加水稀释后装瓶出售的酒。

3. 按储存期分类

（1）新酒

新酒指压滤后未过夏的清酒。

（2）老酒

老酒指储存过一个夏季的清酒。

（3）老陈酒

老陈酒指储存过两个夏季的清酒。

（4）秘藏酒

秘藏酒指酒龄为五年以上的清酒。

4. 按酒税法规定的级别分类

（1）特级清酒

品质优良，酒精含量16%以上，原浸出物浓度在30%以上。

（2）一级清酒

品质较优，酒精含量16%以上，原浸出物浓度在29%以上。

（3）二级清酒

品质一般，酒精含量15%以上，原浸出物浓度在26.5%以上。

根据日本法律规定，特级与一级清酒必须送交政府有关部门鉴定通过，方可列入等级。由于日本酒税很高，特级的酒税是二级的4倍，有的酒商常以二级产品销售，所以受到内行消费者的欢迎。但是，从1992年开始，这种传统的分类法被取消了，取而代之的是按酿造原料的优劣、发酵的温度和时间以及是否添加食用酒精等来分类，并标出"纯米酒""超纯米酒"的字样。

5. 其他清酒种类

（1）浊酒

它与清酒是相对的。普通清酒酒醪经压滤后的新酒，静止 1 星期后，抽走其上清部分，留下的白浊部分即为浊酒。其特点之一是有生酵母在，会连续发酵产生 CO_2，此酒被认为外观珍奇，口味独特。

（2）红酒

在清酒醪中添加红曲的酒精浸泡液，再加入糖类及谷氨酸钠，调配成具有鲜味且糖度与酒度均较高的红酒。

（3）红色清酒

在清酒醪主发酵结束后，加入酒度为 60% 以上的酒精红曲浸泡液，红曲用量为制曲原料米总米量的 25% 以下。

（4）赤酒

在第三次投料时，加入总米量 2% 的麦芽以促进糖化，另外在压榨前 1 天加一定量的石灰，在微碱性的条件下，糖与氨基酸结合成氨糖，呈红褐色，而不使用红曲，为熊本县特产，在举行婚礼时用。

（5）贵酿酒

与我国黄酒类的善酿酒等原理相同，投料水的一部分用清酒代替，使醪的温度达 9～10℃，即抑制酵母的发酵速度，而自糖化生成的浸出物则残留较多，制成浓醇而香甜型的清酒，以小瓶包装出售。

（6）高酸味清酒

利用白曲霉及葡萄酵母，采用高温糖化酒母，醪发酵最高温度 21℃，发酵 9 天时间制成类似干葡萄酒的清酒。

（7）低酒度清酒

酒度为 10%～13%，适于女士饮用。低酒度清酒市面上有三种：一是普通清酒（酒度 12% 左右）加水，二是纯米酒加水，三是柔和型低度清酒，是在发酵后期追加水与曲，使醪继续糖化和发酵，待最终酒度达到 12% 时压榨后而成。

（8）长期贮藏酒

一般清酒在压榨后的 3～15 个月销售，当年 10 月制的酒，到次年 5 月出库。但消费者有饮用如中国绍兴酒那样长期储存的香味酒的需求，老酒型的长期储存酒为添加少量酒精的本酿造清酒或纯米清酒，储存时尽量避免光线和接触空气。凡在 5 年以上的长期储存酒称为"秘藏酒"。

（9）发光清酒

将通常的清酒醪发酵 10 天后，即进行压榨，滤液用糖化液调整至 3 个波美度，加入新鲜酵母再发酵，室温从 15℃ 渐至 0℃ 以下，使二氧化碳大量溶于酒中，用压滤机过滤后的原曲压罐储存，在低温条件下装瓶，瓶口追加软木塞，瓶用铁丝固定，60℃灭菌15分钟。发光清酒在制法上兼啤酒和清酒酿造工艺，在风味上，兼备清酒及发光性葡萄酒的风味。

（10）活性清酒

酵母不杀死即出售的。

（11）其他

如雪利型清酒、低聚糖含量多的清酒、粉末清酒及冻结型清酒等。

（三）清酒的名品

1. 大关

大关清酒在日本已有两百多年的历史，也是日本清酒颇具历史的领导品牌，"大关"的名称由来是日本传统的相扑运动；数百年前日本各地最勇猛的力士，每年都会聚集在一起进行摔跤比赛，优胜的选手则会赋予"大关"的头衔；而大关的品名是在1939年第一次被采用，作为特殊的清酒等级名称。

2. 日本盛

酿造日本盛清酒的西宫酒造株式会社，在明治22年（公元1889年）创立于日本兵库县，是著名的神户滩五乡中的西宫乡，为使品牌名称与酿造厂一致，于2000年更名为日本盛株式会社。该公司创立至今已有100多年历史，其口味介于月桂冠（甜）与大关（辛）之间。日本盛的原料米采用日本最著名的山田井，使用的水为"宫水"，其酒品特质为不易变色，口味淡雅甘醇。

3. 月桂冠

月桂冠的最初商号名称为笠置屋，成立于宽永14年（公元1637年），当时的酒品名称为玉之泉，其创始者大仓六郎右卫门在山城笠置庄，也就是现在的京都相乐郡笠置町伏见区，从开始酿造清酒至今，已有300多年的历史。其所选用的原料米也是山田井，水质属软水的伏水，所酿出的酒香醇淡雅；在明治38年（公元1905年）日本时兴竞酒比赛，优胜者可以获得象征最高荣誉的桂冠，为了冀望能赢得象征清酒的最高荣誉而采用"月桂冠"这个品牌名称。由于不断的研发并导入新技术，广征伏见及滩区和日本各地的优秀杜氏，如南部流、但马流、丹波流、越前流等互相切磋，因此在许多评鉴会中获得金赏荣誉，成就了日本清酒的品牌地位。

4. 白雪

日本清酒最原始的功用是祭祀之用，寺庙里的和尚为了祭典自行造酒，早期的酒呈混浊状，经过不断的演进改良才逐渐转成清澈，其时间大约在16世纪；白雪清酒的发源可溯至公元1550年，小西家族的祖先新右卫门宗吾开始酿酒，当时最好喝的清酒称为"诸白"，由于小西家族制造诸白成功而投入更多的心力制作清酒；到了1600年江户时代，小西家第二代宗宅运酒至江户途中，仰望富士山时，被富士山的气势所感动，因而命名为"白雪"，白雪清酒可说是日本清酒最古老的品牌。另外，白雪特别的是其酿制的过程除了藏元杜氏外，整个酿制过程均由女性社员担任，也许因为这个原因，白雪清酒呈现的是细致优雅的口感，如同其名，冰镇之后饮用更显清爽畅快。

5. 白鹿

白鹿清酒创立于日本宽永2年（1662年）德川四代将军时代，至今已有300多年的历史；由于当地的水质清冽甘美，是日本所谓最适合酿酒的西宫名水，白鹿就是使用此水酿酒；早在江户时代的文政、天保年间（公元1818—1843年），白鹿清酒就被称为"滩的名酒"，迄今仍拥有崇高的地位。白鹿清酒的特色是香气清新高雅口感柔顺细致，非常适合冰凉饮用，另外一款白鹿生清酒（Nama Sake），口感较一般的清酒多一分清爽、新鲜甘口的风味，所谓的"Nama"是新鲜的意思，一般清酒的酿制过程须经两次杀菌处理，而生清酒仅进行一次的杀菌处理便装瓶，因此其口感更清新活泼。

6. 白鹤清酒

白鹤清酒创立于1743年，至今已有280余年的历史，在日本的主要清酒产区——关西滩五乡，白鹤也有不可动摇的地位；尤其是白鹤的生酒、生贮藏酒等，其在日本的销量，更是常年居冠。白鹤品牌的产品相当多元，除了众所熟知的清酒、生清酒外，另外还有烧酎、料理酒等其他种类的酒品；在清酒方面，产品线更是齐全多样，从纯米生酒、生贮藏酒、特别纯米酒到大吟酿、纯米吟酿、本酿造等；口味更是从淡丽到辛口、甘口，适合女性的或专属男性喝的，可谓应有尽有。

7. 菊正宗

菊正宗在日本也是一个老牌子，其产品特色是酒质的口感属于辛口，与一般市面贩售稍带甜味的其他清酒不同，由于其在酿造发酵的过程中，采用公司自行开发的"菊正酵母"作为酒母，此酵母菌的发酵力较强，因此酿造出的酒质味道更浓郁香醇，较符合都会区饮酒人士的品位。另外，其所使用的原料米也是日本最知名的米种"山田锦"，酿出的原酒再放入杉木桶中陈年，让酒液在木桶中吸收杉木的香气及色泽，只要含一口菊正宗，就有一股混着米香与杉木香气的滋味缓缓展开，因此，浓厚的香味无论是加温至50℃热饮或冰饮都适合，是大众化的酒品。

8. 富贵清酒

上撰富贵是橡木桶新引进的清酒品牌，酿造厂商GODO合同酒精株式会社位于北海道旭川市，1924年与4家酒厂合并而成，该公司起源于 *Mikawaya* 酒馆，由神谷传兵卫于1880年，在日本浅草花川户开设。神谷传兵卫于1900年在北海道旭川市开始制造酒精，1903年在茨城县牛久市首创日本酒的酿造工业，其后以神谷酒精制造为中心，合并四家位于北海道的烧酎制造公司，于旭川建立"合同酒精股份有限公司"。

GODO 在日文中的意思为"合同"，中文意思为"合力"，由于结合了不同的酒类制造商，其产品线较多元，包括烧酎、清酒、梅酒、葡萄酒等；上撰富贵是采用知名六甲山褶涌出的滩水"宫水"，以丹波杜氏的传统酿酒技艺酿制而成，其口味清新淡雅，不过也有较辛口的特级清酒。

9. 御代荣

御代荣是成龙酒造株式会社出产的酒品，由吉珍屋引进日本当地高品质的清酒产品种类；成龙酒造位于日本四国岛的爱媛县，成立于明治10年（公元1877年）至今已有146年的历史。"御代荣"的铭柄（商标）其原意是期望世代子孙昌盛繁荣，因此酒造的先代创始人期望藏元（酒厂）也能世代繁荣，并承续传统文化酿造出优美的酒质，让人饮用美酒后也能有幸福之感。

御代荣坚持依当地的风土特色，酿出属于地方特有的酒质；成龙酒造坚持使用当地爱媛县所出产的原料米品种"松山三井"，而酿造用水则是采用四国最高峰石槌山源流的水酿造，其酿出的酒酒质清爽微甘，口感平衡醇美；代表性酒御代荣醇米吟酿，采用有机栽培的松山三井原料米，经过50%～60%的粳米步合（稻米磨除率）酿制而成，口感丰满清爽。

（四）清酒的贮藏和保管

日本清酒与葡萄酒一样，要有良好的熟成环境，酒质才会越发甘醇可口。其最大的特色就是在装瓶出货之后，还会在瓶中持续熟成，长时间的放置储存，会随着保存环境的不同，影响酒质的香气与味道。

但清酒是一种谷物原汁酒，不宜久藏。清酒很容易受日光的影响。白色瓶装清酒在日光下直射3小时，其颜色会加深3～5倍，不仅肉眼即可看出酒质颜色的变化，有时还会散发所谓"日光臭"的特殊臭味。所以，应尽可能避光保存。

由于清酒的制作过程是采过滤及低温杀菌，因此装瓶后仍会在瓶中继续熟成，此时所处的物理环境，对酒质的好坏便有很大的影响。过剧的温湿度变化影响清酒的品质最大，因此最好能保持较低的恒温状态（10～12℃）储存。同时，酒库内保持洁净、干爽。清酒储存期通常为6～12个月。

（五）清酒的饮用与服务操作规范

1. 清酒的饮用

（1）酒杯

饮用清酒时可采用浅平碗或小陶瓷杯，也可选用褐色或青紫色玻璃杯作为杯具。酒杯应清洗干净。

（2）饮用温度

清酒一般在常温（16℃左右）下饮用，低于13℃酒香难以挥发和感知。冬天需温烫后饮用，加温一般至 40 ～ 50℃，用浅平碗或小陶瓷杯盛饮。

（3）饮用时间

清酒可作为佐餐酒，也可作为餐后酒。

2. 清酒的服务操作规范

一般日本人在酒馆中喝酒，大多是同事好友等一群人一起去，若是按照传统的礼节，必须等到大家一起举杯说 Kampai（干杯）后才可以开始喝；另外，若是喝啤酒，同伴间为表示热情友好，会为对方斟满酒杯，此时也可用自己的酒瓶回斟，但若是喝威士忌或其他较贵的酒，则不可以回斟。若喝清酒时，有人倒酒敬酒时，要先喝干自己杯中的酒，再接受敬酒，之后也要回敬对方。

喝酒有各种各样方式，日本人喝酒喜欢兑水饮用。现在时髦的饮法是用各类果汁加少量烧酒调制，浓度依个人喜好。清酒比较讲究在正规礼仪宴会上喝。男士举起酒杯，一口一口接着喝下去，而女士则是用右手托着酒杯，左手垫在酒杯下一小口一小口慢慢品尝。

清酒可以热饮，也适合凉饮。在日本隆冬季节，将清酒烫热到 45℃左右，用小瓷瓶装着，一边喝一边漫谈，酒气又不易发散。在夏季许多年轻人喜欢喝冷酒，有专门的冷酒具，玻璃制，中间有凹进去的洞，放入冰块，酒进去不会掺水，又能保持低温。

思考题

1. 酿造酒（Fermented Alcoholic Drink）的概念是什么？

2. 酿造酒的生产原理是什么？

3. 酿造酒类主要生产工艺有哪些？

4. 按颜色分，葡萄酒分为哪几类？

5. 酿造气泡酒有几种方法？

6. 法国葡萄酒的十大产区是哪些？

7. 德国葡萄酒按照质量可以划分为几大类别？

8. 葡萄酒的贮藏与保管方法有哪些？

9. 怎样根据葡萄酒的品种，确定葡萄酒的理想饮用温度？

10. 葡萄酒饮用的次序是什么？

11. 简述香槟酒的饮用方法。

12. 简述啤酒的饮用方法。

13. 简述黄酒的概念。

14. 日本清酒如何分类？有何特点？

第四章　配制酒

本章内容： 配制酒的概念与生产原理

配制酒的生产工艺及分类

开胃类配制酒

佐甜食类配制酒

餐后用配制酒

中国配制酒

教学时间： 2课时

教学方式： 用多媒体的教学方法叙述配制酒的相关知识，对比介绍各类配制酒的特点。

教学要求： 1. 了解配制酒相关的概念。

2. 掌握配制酒的分类方法和生产原理。

3. 熟悉各类配制酒的特点和代表性品种。

课前准备： 准备一些配制酒的样品，进行对照比较，掌握其特点。

第一节　配制酒的概念与生产原理

一、配制酒的概念

配制酒（Integrated Alcoholic Beverages）又称浸制酒、再制酒。凡是以蒸馏酒、发酵酒或食用酒精为酒基，加入香草、香料、果实、药材等，进行勾兑、浸制、混合等特定工艺手法调制的各种酒类，统称为配制酒。

二、配制酒的生产原理

配制酒是用白酒或食用酒精与药材、香料和植物等浸泡、配制而成的。其酒度在 22° 左右，个别配制酒的酒度高些，但一般都不超过 40°，药酒、露酒和保健酒都属于这种类型。

配制酒

第二节　配制酒的生产工艺及分类

一、配制酒的生产工艺

配制酒是指在成品酒或食用酒精中加入药材、香料等原料精制而成的酒精饮料。其配制方法一般有浸泡法、蒸馏法、精炼法三种。

1. 浸泡法

浸泡法是指将药材、香料等原料浸没于成品酒中陈酿而制成配制酒的方法。

2. 蒸馏法

蒸馏法是指将药材、香料等原料放入成品酒中进行蒸馏而制成配制酒的方法。

3. 精炼法

精炼法是指将药材、香料等原料提炼成香精，加入成品酒中而制成配制酒的方法。

二、配制酒的分类

配制酒的诞生比其他酒类要晚，但由于它更接近消费者的口味和爱好，因而发展较快。配制酒的种类繁多，风格迥异，因而很难将之分门别类。根据其特点和功能，目前世界上较为流行的方法是将配制酒分为 3 大类，即开胃类配制酒（Aperitifs）、佐甜食类配制酒（Dessert Wines）和餐后用配制酒（Liqueurs）。著名的配制酒主要集中在欧洲，中国也生产具有特定保健功效的配制酒。

1. 开胃类配制酒

（1）味美思（Vermouth）

（2）苦味酒（Bitters）

（3）茴香酒（Anise）

2. 佐甜食类配制酒

（1）雪利酒（Sherry）

（2）波特酒（Port）

（3）马德拉（Madeira）

（4）马萨拉（Marsala）

3. 餐后用配制酒

（1）果料类利口酒（Fruit Liqueur）

（2）草料类利口酒（Plant Liqueur）

（3）种料类利口酒（Seed Liqueur）

4. 中国配制酒

（1）露酒

（2）药酒与保健酒

第三节　开胃类配制酒

开胃类（或餐前酒）配制酒的种类主要有: 味美思（Vermouth）、苦味酒（Bitters）、茴香酒（Anise）等。

一、味美思

（一）味美思的起源

味美思（Vermouth），是意大利文 Vermouth 的音译。它是以葡萄酒为酒基，用芳香植物的浸液调制而成的加香葡萄酒。它因特殊的植物芳香而"味美"，因"味美"而被人们"思念"不已，真是妙极了。

这种酒有悠久的历史。据说古希腊王公贵族为滋补健身，用各种芳香植物调配开胃酒，饮后食欲大振。到了欧洲文艺复兴时期，意大利的都灵等地渐渐形成以"苦艾"为主要原料的加香葡萄酒，叫作"苦艾酒"，即 Vermouth（味美思）。至今世界各国所生产的"味美思"都是以"苦艾"为主要原料的。所以，人们普遍认为，味美思起源于意大利，而且至今仍然是意大利生产的"味美思"最负盛名。

（二）味美思的分类

1. 根据产地来分

目前世界上味美思有三种类型，即意大利型、法国型和中国型。意大利型的味美思以苦艾为主要调香原料，具有苦艾的特有芳香，香气强，稍带苦味；法国型的味美思苦味突出，更具有刺激性；中国型的味美思是在国际流行的调香原料以外，又配入我国特有的名贵中药，工艺精细，色、香、味完整。

2. 根据口味来分

根据酒品的色泽来分，最主要有 White Vermouth 和 Red Vermouth 两种类型。甜苦艾酒（Sweet Vermouth or Rosso Vermouth），又可称为意大利苦艾酒，糖分占全部的 10%～15%，故名，其色呈黯红色，味道甘苦稍带甜味，甜苦艾酒需陈年两年才会成熟；干苦艾酒（Dry Vermouth），又可称为法国苦艾酒，其糖分占全部的 4% 以下，故称为干苦艾酒（有人也称不甜的苦艾酒），其色呈白或淡青色，味甘苦较烈，这干苦艾酒必须陈年 4 年才会成熟。另外还有一种是介于甜苦艾酒以及干苦艾酒之间，称为"Brisco Vermouth"。具体品种如下。

（1）白色苦艾（Vermouth Blanc）

色金黄、香柔美、味鲜嫩。糖度 10%～15%，酒度 18%。

（2）红色苦艾（Vermouth Rouge）

色琥珀黄，香浓。糖度 15%，酒度 18%。

（3）干型苦艾（Dry Vermouth）

根据产地不同，色彩方面也有差异。如法国产有草黄棕黄，意大利产有淡白、淡黄。糖度不小于 4%，酒度 18%。

（4）都灵苦艾（Vermouth de Turin）

产自意大利西北部城市托利诺（也即都灵），调香香料用量大，香浓且富于变化。

（三）味美思的生产工艺

味美思一般以中性干型白葡萄酒为基酒，调配各种香料，如苦艾草、大茴香、苦橘皮、菊花、小豆蔻、肉桂、白术、白菊、花椒根、大黄、龙胆、香草等，经搅、浸、冷却、澄清后装瓶。味美思的生产工艺有 4 种。

①在已制成的葡萄酒中加入药料浸渍。选取 20 多种芳香植物或者把这些芳香植物直接放到干白葡萄酒中浸泡，再经过多次过滤和热处理、冷处理，经过半年左右的储存，才能生产出质量优良的味美思。

②用预先提炼的香料按比例入葡萄酒。把这些芳香植物的浸液调配到干白葡萄酒中去，再经过多次过滤和热处理、冷处理，经过半年左右的储存，生产出质量优良的味美思。

③在葡萄汁（Grape Juice）的发酵期，将配好的药料加入一同发酵。

④在制成的味美思中再以人工法加入二氧化碳或味美思起泡酒。

（四）味美思的名品酒

1. 甜味美思（Sweet Vermouth）

味淡香浓、微辣刺激，饮后余味甜苦略带橘香。以意大利产为最佳，酒标多彩色艳丽，有红白两种。主要名品酒有：马天尼（Martini）、卡佩诺（Carpano）、瑞卡多纳（Riccadonna）、仙山露（Cinzano）、干霞（Gancia）等。

2. 干味美思（Dry Vermouth）

葡萄原汁不小于八成，涩而不甜，香气微妙。调制马天尼最佳，美洲人喜欢纯饮，以法国产为最。主要名品酒有：杜法尔（Duval）、香白丽（Chambery）、诺丽普拉（Noilly Prat）等。

二、苦味酒

（一）苦味酒的起源

苦味酒（Bitters），Bitter 译为必打士或比特酒。据说苦味酒是 19 世纪初一位英国医生约翰·西尔特在南美洲的特立尼达岛发明的，具药用及滋补功用。其苦味突出，药香气浓，助消化，具有滋补及兴奋功用。

（二）苦味酒的分类

苦味酒的品种很多，有清香型、浓香型；颜色有深有浅；也有不含酒精的比特酒。比特酒类的共同特点是有苦味和药味。

（三）苦味酒的生产工艺

以葡萄酒及食用酒精作基酒，调配苦味用的草本植物的茎根皮等现在逐渐用酒精掺兑草药精的方法替代。酒度 16° ～ 40° 不等。

（四）苦味酒的名品酒

苦味酒的名品酒主要有以下几种。

1. 金巴利（Campari）alc 26% by vol

产自意大利米兰，用橘皮、奎宁及各种香草为原料。色呈棕红，药味浓郁，口感微苦舒适，酒度 26°，是意大利人最喜欢的开胃酒。一般都掺入橙汁、西柚汁和汤力水饮用，加汤力水比较流行。

2. 杜本内（Dobonnet）alc 16% by vol

法国产，以奎宁与其他草药浸于葡萄酒中，色呈深红，药香突出，苦中带甜。有红、黄、干三型，其中以红为最，是法国的开胃酒之王，酒液呈深红色，苦味中略带甜，风格独特。

3. 西娜尔（Cynar）alc 18% by vol

产自意大利，也被译成菊芋酒，是著名的苦味酒之一，常加冰与苏打水饮用。酒色琥珀，其味苦，酒度18°，含奎宁等香料。

4. 苏滋（Suze）alc 16% by vol

产自法国，以龙胆草根块作香料制成。色橘黄，微苦、甘润，糖分含量20%，酒度16°。

5. 安哥斯杜拉（Angostura）alc 44% by vol

主要产于特立尼达及多巴哥等，由委内瑞拉医生西格特于1824年发明的，当时只是用来退热，是一种红色苦味剂，现广泛作为开胃酒，是世界最著名的苦酒之一。此酒药香怡人，褐红色，酒度44°，常用140mL小瓶包装，经常用来调配鸡尾酒，但刺激性很强，有微量毒性，喝多会有害人体健康。

6. 费尔内布兰卡（Fernet Branca）alc 40% by vol

产于米兰，是意大利著名的苦味酒，也是世界最著名的苦酒之一，号称"苦酒之王"，酒度40，适用于醒酒和健胃等。

7. 亚玛·匹康（Amer Picon）alc 21% by vol

这是产自法国的著名苦味酒。酒液酷似糖浆，以苦味著称，饮用时加入其他饮料，酒度21°。

8. 其他

此外，还有Byrrh（比尔酒），法国专利开胃酒，稍带涩味，且有余味绕舌之感；Littet（利来特酒），法国生产，有红、白两种酒，带有橙子味和淡淡的苦味。

三、茴香酒

（一）茴香酒的起源

茴香酒（Anises）实际上是用茴香油和蒸馏酒配制而成的酒，其中茴香油中含有大量的苦艾素，而且45°的酒精可以溶解茴香油。

（二）茴香酒的分类

这种酒有无色及染色之分，品种不同呈色各异，一般光泽度较好，茴香味浓，味重而刺激，馥郁而迷人。以法国产为最佳，酒度25°。

（三）茴香酒的生产工艺

从八角及不干青茴香中提取的茴香油与食用酒精或蒸馏酒配制而成。八角茴香油多用于开胃酒（Appetite）的制作，不干青茴香多用于利口酒

（Liqueur）的制作。

（四）茴香酒的名品酒

茴香酒主要名品酒有：里卡尔（染色，Ricard，法国产），潘诺（Pernod，法国产），帕斯提斯（Pastis 51，烈甜，法国产），奥作（Ouzo，西班牙产），亚美利加诺（Americano，意大利产），比赫（Byrrh，法国产），拉斐尔（Raphael，法国产），辛（Cin，意大利产）等。

四、开胃酒的饮用与服务操作规范

（一）开胃酒的饮用

1. 净饮
将酒量入酒杯中，直接品尝。
2. 加冰饮用
在平底杯中加半杯冰块，量 1.5oz 开胃酒倒入平底杯中，再用酒吧匙搅拌 10 秒，加入 1 片柠檬。
3. 混合饮用
开胃酒可以与汽水、果汁等混合制作鸡尾酒饮用。以金巴利酒为例，金巴利酒加苏打水、金巴利加橙汁等，其他开胃酒如味美思等也可以照此混合制作鸡尾酒饮用。

（二）开胃酒的服务操作规范

①开胃酒饮用时常使用利口酒杯或古典杯。
②开胃酒饮用的标准分量为 40mL。

第四节　佐甜食类配制酒

佐甜食类配制酒主要有雪利酒（Sherry）、波特酒（Port）、马德拉酒（Madeira Wine）和马萨拉酒（Marsala）等。

一、雪利酒

（一）雪利酒的起源

雪利酒（Sherry）产于西班牙的加的斯，是西班牙的国酒。在西班牙称该酒为 Jerez（加的斯），法国称为 Xerds（西勒士），英国称为 Sherry（雪利）。

（二）雪利酒的分类

一般情况下，雪利酒分两大类 6 个品种，其他均属它们的变型。

1. 菲诺类（Fino）alc 17%～18% by vol

此酒属干型（Dry），以清淡著称，淡黄而明亮，其香清新精细而优雅，口感甘洌、爽快清淡新鲜。需要注意的是：此酒不以年份分品质，它往往由各地产品混合而成。购买这种酒时，最好买新近装瓶的，存放时间最多两年。可以配小吃、汤，只是服务时稍加冰镇。

（1）阿蒙提那多（Amontillado）alc 16%～18% by vol

呈琥珀色，甘洌而清淡，分绝干（Extra sec）和半干（Demi sec）两种，陈年菲诺不低于 8 年。

（2）芒毡尼拉（Manzanilla）alc 15%～17% by vol

这是西班牙人最喜爱的品种，其色微红、清亮、醇美、甘洌、清爽、微苦、劲略大，常带杏仁味加回香。陈酿时间短的在酒名后缀 Fina，反之则加 Pasada。

（3）帕尔玛（Palma）

产于西班牙巴利阿里群岛首府，为菲诺类出口的学名，通常分 4 档，档数越高陈年的时间越长。

2. 奥罗若索（Oloroso）

产自西班牙，意为"芳香"，也有芳香雪利之称，具坚果香气，且酒越陈越香。色金黄、棕红，透明度极佳；味浓烈柔绵，甘洌回甘。酒度一般在 18°～20°，较长的酒龄则在 24～25 年。

天然的奥罗若索为干型，有时也加糖，这时的酒仍以奥罗若索为名出售，可以用来替代点心、佐甜食或者喝咖啡前后饮用。

（1）帕尔谷尔答图（Palo Cortaclo）

此酒为雪利酒中的精品，市面上极其少有，甘洌而浓醇。大多陈酿 20 年以上才上市，世人称其具有菲诺之香的奥罗若索雪利酒。

（2）阿莫露索（Amoroso）

属甜型雪利酒，也称爱情酒。它是用添加剂制成的深红色酒，其香近于奥罗若索，不突出；但口味凶烈，劲足力大，甘甜圆正，是英国人所喜爱的品种。

（3）奶油雪利酒（Cream Sherry）

为甜味极重的奥罗若索类雪利酒。首创于英国，在美国销量极大。酒呈红色，香浓味甜，常用于代替波特酒（Port）作餐后酒用。

3. 其他品牌

其他还有桑德曼（Sandeman）、克罗夫特（Croft）、公扎雷比亚斯（Gonzalea Byass）等品牌。

（三）雪利酒的生产工艺

1. 选料工艺

西班牙南部城市杰雷斯（Jerez）是以雪利酒而闻名的，它的土壤有微白、沙土及矿泉泥之分，它可以生长出最适合配制雪利酒的葡萄品种。

选用的葡萄品种为加的斯巴洛来洛、白得洛斯麦勒、菲奴巴罗米洛（占全部的 85%～88%，如果是更高级的甚至需要占 98%）及少量的玫瑰香葡萄。

2. 发酵工艺

采下的葡萄在草席上晒 1～2 天，以达到榨取浓果汁的目的。装入长了菌膜的木桶里，只装 2/3 或 3/4 桶，发酵。第一次发酵 3～7 天，其过程异常猛烈，3 个月后开桶令空气进入。发酵完毕时的雪利酒为干型，即糖分已转化为酒精。然后的 1～2 个月，如在酒液表面长出"酒花"——呈灰色泡沫层铺于酒液表层，则是菲诺（有酒花的雪利酒）类常见的，也即是将做成菲诺。

3. 勾兑工艺

如果表面泡沫很少或没有则是奥罗索诺类的典型特征。而在此时，会喷洒一些白兰地将之消除，二次发酵时将不再出现此种趋势，即可抽酒入另一桶，同时检查，不足指标的原酒将加入白兰地以提高酒度。

雪利酒的颜色从透明到深黄、棕色都有，甜度受到发酵时加入白兰地的时机影响而有不同，越早加入则越甜，越晚加入则不甜，酒精浓度则是受到加入白兰地的多寡而有不同。白兰地的调节是基于如下标准：菲诺，酒度 16°，如是奥罗索诺则在 17°～18°。

4. 储存等工艺

雪利酒有种特别的储存方式，称为索菲拉系统（Solera system），是将木桶一层层往上叠，叠成金字塔形状，最老的雪利酒在下面，次老的放第二层，依此法往上放，酒龄越年轻的就放越上面，当从最底层的木桶取出酒后，上层酒桶中的酒会依序往下流，所以，雪利酒以索菲拉系统储存，年轻的酒和老酒混合，使得其所流出来的酒，永远保持一定品质。

雪莉酒应贮放于通风通气的专门的酒库，储存时间不小于 3 年，即可进行后处理，如调配、杀菌、澄清、装瓶等。

（四）雪利酒的名品酒

雪利酒的名牌产品有：Croft de Terry、Domecq、Duke Wellington、Duff Gordon、Harvers、Mérito、Misa、Montilla 等。

二、波特酒

（一）波特酒的起源

波特酒（Port）产于葡萄牙杜罗河（Douro）一带，在波特港进行储存和销售，它是葡萄牙的国酒。波特酒为著名的甜葡萄酒，在发酵过程中加入酒精，使其酒度提高到15°～20°，同时保留了相当高的糖度，是一种强化的葡萄酒。波特（Port）是葡萄牙的第二大城市，以工业产品多样化而闻名，享有葡萄牙工业重镇的美称，但波特酒使其更为闻名遐迩，可以说只要提起葡萄牙，人们就会想起波特酒。

18世纪初，由于英法之间发生战争，法国中断了向英国出口葡萄酒，英国酒商就转向葡萄牙，但由于路途较远，酒在运输途中常易变质，于是就向酒中加入高浓度酒精，以提高酒度，而这种比较浓烈的酒则受到英国和北欧消费者的喜爱。

到19世纪中叶这种方法才传到葡萄牙，被正式采用。波特酒自问世以来，已有一百多年的历史，80%以上出口国际市场。长盛不衰的原因是它的产区具有得天独厚的适宜葡萄栽培的条件，其夏季酷热和冬季严寒，这种酒甜味适中，酒味浓醇清香。

（二）波特酒的分类

波特酒是用葡萄原汁酒与葡萄蒸馏酒勾兑而成的。

1. 根据酒的颜色来分

有白和红两类。白波特酒有金黄色、草黄色、淡黄色之分，是葡萄牙人和法国人喜爱的开胃酒。红波特酒作为甜食酒在世界上享有很高的声誉，有黑红、深红、宝石红、茶红四种，统称为色酒（Tinto），红波特酒的香气浓郁芬芳，果香和酒香协调，口味醇厚、鲜美、圆润。

2. 根据酒的含糖量来分

波特酒有甜、半甜、干三个类型。

3. 根据酒的年份来分

除了白的波特酒之外，波特酒主要分为两大类，红宝石（Ruby）和茶色（Tawny）。他们最主要的区别通常是Ruby是在瓶中成熟，而Tawny是在木桶中成熟。

（1）好年成波特酒（Vintage Port）

由已被公认的好年成所产葡萄酿制，其陈酿在橡木桶内的时间不少于2年，装瓶后再陈10年成熟，可以存放35年（注：商标注明好年成的时间）。其口味醇厚，果、酒香协调，甜爽温润。由于这类酒是瓶陈所以酒渣很多，喝的时候需要换瓶。酒的口味也非常浓郁芬芳。

（2）类好年成波特酒（Vintage Character Port）

以各种年份葡萄酒勾兑，于橡木桶内陈酿4年，即可饮用。其口味柔顺圆正，酒香悦人，是近于宝石红的波特酒，由于其品质精良，常被误以为好年成的波特酒。

（3）陈年茶红波特酒（Fine Old Tawny Port）

此酒于橡木桶中陈酿10年、20年或更长，酒色茶红。口味柔顺圆正，豪华富贵，醇厚浓正，香气悦人，具坚果香。

（4）陈年宝石红酒（Fine Old Ruby Port）

以几种优质的葡萄酒勾兑，于桶中陈酿近4年，在 $-9 \sim -8$℃的低温处理后装瓶。其果香突出，口味甘润。

（5）茶色波特（Tawny Port）

由白葡萄酒和红葡萄酒勾兑而成，是比较温和精细的木桶陈化酒，比宝石波特存放在木桶里的时间要长，一直在木桶里等到出现茶色（一般指的是红茶色），贴上的标签有10年，或者说20年、30年，甚至是40年的。也有很便宜的商业化的酒，一般都是混合一些白的波特和年轻的宝石酒混合的酒。茶色波特一般有着好闻的干果香，适合于作餐后甜点酒。

（6）红宝石波特酒（Ruby Port）

陈酿时间不足1年，这是最年轻的波特，它在木桶中成熟，它是活泼的，简单明了的年轻的酒。一般来说酒色比较深，带有黑色浆果的香气，还保持着新葡萄酒的色彩，适宜在幼龄时饮用，不宜长期窖藏，当地人喜欢当成餐后甜酒来喝。

（7）单一葡萄苑波特酒（Single-Quinta Port）

由单一葡萄苑所制，分非好年成、好年成及茶红等。

（8）晚期装瓶好年成酒（Late Bottled Vintage Port）

简称"LBV"，是用木桶陈酿的好年成酒。陈酿时间4～6年，酒标上有特大年成号如1983 LBV。

（9）收获日期波特酒（Vintage Dated Tawny Port）

质量上乘的陈年茶红波特酒，注有收获年份日期、装瓶年份，不能与Vintage Port相混同。此酒于桶中陈酿20～50年，而不在瓶中陈酿，有时酒标上有"Matued in wood、Reserve、Bottled in dates"字样。

（10）白色波特酒（White Port）

以白葡萄酿制的干型波特酒（只有少数甜型），风味与柔顺的樱桃酒类似，常用作开胃酒。主要产自葡萄牙北部崎岖的多罗河山谷，酒的颜色通常是金黄色的，随着陈年时间增长，颜色越深，口感越圆润，容易饮用，通常还带着香料或者蜜的香气。

（三）波特酒的生产工艺

1. 选料工艺

葡萄牙杜罗河谷及由此南进 320 千米的里斯本周边所产的葡萄，其他任何地方任何方式生产的葡萄酒精都不允许用来生产波特酒。所用葡萄必须完全成熟，糖度在 23 ～ 26 BRIX（白糖糖度），采摘时剔去老烂变质及碰伤的原料。

2. 萃取工艺

其主要问题是萃取足够成熟的葡萄的色泽，一般在破碎时加入二氧化硫，每升葡萄糖浆加 100mg，再加热至 50℃ 24 小时，或瞬时加热至 60℃ 或更高温度，其色泽便很快提出。

3. 发酵工艺

可用野生及人工培养的酵母，初发酵时为 2 ～ 4 天，同酿造葡萄酒相同，要常常捣汁，酒度 6° ～ 8°，皮渣分离；酒液泵至桶内，加入原白兰地进行发酵储存。

4. 储存工艺

至来年春季伊始，杜罗地区以葡萄园、作坊及农家为单位生产的葡萄酒，以木桶或木船运送至各个酒库储存。

5. 杀菌等工艺

运送过程中还须经过热灭菌、冷冻处理，以澄清酒液加以稳定并促进葡萄酒的老熟。存放 4 ～ 6 年，中间进行 2 ～ 3 次换桶。

（四）波特酒的名品酒

波特酒在市场上分 3 个品种销售：青大（Quintas），佳酿（Vintages），陈酿（LBV）。主要名品酒有：库克本（Cookburn），克罗夫特（Croft），道斯（Dow's），方瑟卡（Fonseca），西尔法（Silva），桑德曼（Sandeman），华莱仕（Warres），泰勒（Taylors）等。

三、马德拉酒（Madeira Wine）

（一）马德拉酒的起源

马德拉岛地处大西洋，长期以来为西班牙所属。马德拉酒产于此岛上，是用当地生产的葡萄酒和葡萄烧酒为基本原料勾兑而成，属干型白葡萄类，甜度越低越好，马德拉酒是上好的开胃酒，也是世界上屈指可数的优质甜食酒。

（二）马德拉酒的分类

1. 玛尔姆塞（Malmsey）

玛尔姆塞（Malmsey）意为白葡萄酒，色褐黄或棕黄，香气怡人，口味极佳，甜润爽适，醇厚浓正远超同类，以富贵豪华之感著称于世。

2. 布阿尔半干型（BaulSemi Dry）

粟黄或棕黄色，香气强烈有个性，口味甘润、浓醇，宜作甜食酒。

3. 费德罗干型（Verdelho Dry）

色金黄，光泽动人，香气优雅，口味甘洌、醇厚、纯正。

4. 舍西亚尔绝干型（Sercial Extra sec）

金黄或淡黄，色泽艳丽、气味芬芳，人称"香魂"，味醇厚、浓正，是西餐常用作料酒。

（三）马德拉酒的生产工艺

根据此酒不同类型，以当地葡萄酒及白兰地为基本原料，后经一系列保温、加热及储存后勾兑而成，酒度在 16°～ 18°；它的酿造周期较长，寿命最长可达 200 年之久。

（四）马德拉酒的名品酒

马德拉酒的名品酒主要有：甘霖（Rain Water）、南部（South Side）、锁乐腊（Solera），这 3 种酒的平均酒龄在 80 年以上。其中锁乐腊为此种精品。还有马德拉（Madeira Wine）、鲍尔日（Borges）、巴贝都王冠（Crown Barbeito）、法兰加（Franca）、马拉加（Malaga）等。

另外，其他国家生产的马德拉名品酒：法国产的原甜葡萄酒（Vin doux Naturel）、阿尔及利亚产的米斯苔尔（Mistelle）、葡萄牙产的莫斯卡苔尔（Moscatel）等。

四、马萨拉酒（Marsala）

（一）马萨拉酒的起源

马萨拉酒产于意大利西西里岛西北部的马尔萨拉（Marsala）一带，是由葡萄酒和葡萄蒸馏酒勾兑而成的，它与波特、雪利酒齐名。

（二）马萨拉酒的分类

根据陈酿的时间不同，马萨拉酒风格也有所区别。陈酿 4 个月的酒称为精酿（Fine），陈酿两年的酒称为优酿（Superior），陈酿 5 年的酒称为特精酿（Verfine）。

（三）马萨拉酒的生产工艺

马萨拉酒是由葡萄酒和葡萄蒸馏酒勾兑而成的，它与波尔图、雪利酒齐名。酒呈金黄带棕色，香气芬芳，口味舒爽、甘润。

（四）马萨拉酒的名品酒

较为有名的马萨拉酒有：厨师长（Gran Chef），佛罗里欧（Florio），拉罗（Rallo），佩勒克利诺（Peliegrino）等。

此外，甜食酒中还有马拉加酒（Malaga），它产于西班牙安达卢西亚的马拉加地区，酿造方法颇似波特酒。酒精含量在 14°～23°，此酒在餐后甜酒和开胃酒中比不上其他同类产品，但它具有显著的滋补作用，较为适合病人和疗养者饮用。较有名的有：Flores Hermanos、Felix、Hijos、José、Larios、Louis、Mata、Pérez Texeira 等。

五、甜食酒的饮用与服务操作规范

（一）甜食酒的饮用

甜食酒的饮用视酒品本身特点及各国不同的习惯而定，既可以作餐后酒也可以餐前饮用。如菲诺类常用作开胃酒，而欧罗索就用作甜食酒。波特在英语系国家常作餐后酒，而法国、葡萄牙、德国及其他国家则用作餐前酒。

总之，一般而言，甜食酒中干型的用作开胃酒，较甜熟的甜食酒用作餐后酒。波特酒也可以佐餐用。

（二）甜食酒的服务操作规范

①雪莉酒和波特酒需要用专门的杯具，餐前甜食酒须冰镇服务。餐后酒则可用常温。另外，陈年的波特酒须滗酒处理以去除沉淀。

②甜食酒饮用的标准分量常为 50mL/ 杯。

第五节　餐后用配制酒

餐后用配制酒主要指利口酒类。

一、利口酒的起源

利口酒英国称 Liqueur，美国称 Cordial（使人兴奋的），法国称 Digestifs（餐前或餐后的助消化饮料），我国一般音译为"利口酒"，而沿海由广东方言译为

"力娇酒"。其含糖较高，相对密度大，色彩丰富，气味芬芳独特，用以增加鸡尾酒的色香味，也是制作彩虹酒不可缺少的材料。西餐中可用于烹调，也用于制作冰激凌、布丁及甜点。利口酒发明之初主要是用于医药，但是它有助消化的作用，可以在餐后饮用，作餐后酒。

二、利口酒的分类

利口酒所采用的加味材料种类繁多，最常见的分 5 大类。

（1）水果类

以水果为原料，如樱桃、香蕉等，制成后以水果命名；或以某种特殊香味的果皮为原料，如橙皮酒。

（2）草本类

以花、香草为原料，如薄荷酒、茴香酒。

（3）种子类

以果实种子（含油高、香味烈的坚果种子）制成，如杏仁利口酒阿玛托（Amaretto）。

（4）乳脂类

以各种香料及乳脂调配制成各种色调的奶酒，如可可奶酒、咖啡乳酒等。

三、利口酒的生产工艺

利口酒味道香醇，色彩艳丽柔软，但各自的配方都相对保密，其基本酿造方法有蒸馏、浸渍、渗透过滤、混合等几种。

1. 浸渍法

将果实、药草、树皮等浸入葡萄酒或白兰地酒内，再经分离而成。

2. 滤出法

利用吸附原理，将所用的香料全部滤到酒精里。

3. 蒸馏法

将香草、果实、种子等加入酒精蒸馏，此法多用于制作透明无色的甜酒。

4. 香精法

将植物天然香精掺入白兰地或食用酒精等烈酒中，再调其色及糖度。

四、利口酒的名品酒

（一）水果类名品酒

1. 柑香酒（Curacao）

产自荷兰的库拉索（Curacao）岛，该岛位于离委内瑞拉 60 千米的加勒比海中。酒有透明无色或粉红、绿、蓝三色、橘香悦人，清爽优雅，微苦，宜作餐后酒。

2. 君度（Cointreau）

君度（Cointreau），属于水果类利口酒，君度橙酒水晶般色泽，晶莹澄澈。君度香橙是由法国的阿道来在 18 世纪初创造的，君度家族已成为当今世界最大的酒商之一。酿制君度酒的原料是一种不常见的青色的有如橘子的果子，其果肉又苦又酸，难以入口。这种果子来自海地的毕加拉、西班牙的卡娜拉和巴西的皮拉。君度厂家对于原料的选择是非常严格的。

在海地，每年的 8 月到 10 月期间，青果子还未完全成熟便摘下来，为了采摘时不损坏果实，当地农民使用一种少见的刀，在刀下系个塑料袋，当果子砍下来后便掉入袋中，然后将果子一切为二，用勺子将果肉挖出，再将只剩下皮的果子切成两半，放在阳光下晒干，经严格的挑选才能用。巴西和西班牙对青果子的处理稍有不同，摘下的果子皮一半晒干，另一半则在新鲜时放入酒精内浸泡一段时间，然后收集样品寄往法国，由酿酒师鉴定后方可使用。君度橙酒的优异酒质是其他品牌无法复制的，君度橙酒的酿制秘方一直被君度家族视为最珍贵的资产，受到极大的保护。

3. 金万利（Grand Manier）

产自法国科涅克地区，口味凶烈，劲大。甘甜、醇浓，橘香突出。酒有红标和黄标两种，红标是以科涅克为酒基，黄标则是以其他蒸馏酒为酒基。它们的橘香都很突出，酒度在 40° 左右，属特精制利口酒。

4. 其他

白橙皮酒（Triple sec）、椰香酒（Coconut）等。

（二）草本类名品酒

1. 查特酒（Chartreuse）

查特酒也称修道院酒，有利口酒女王之称，是法国查特修道院（Grand Chartreuse）的僧侣酿制的黄绿色酒，具有治疗功效，也有灵酒之称。它以葡萄酒为酒基，其做法相当保密，只知道在一百多种草药中含龙胆草、虎耳草、风铃草等，再兑以蜂蜜而成。成品酒陈酿时间在 3 年以上，更有在 12 年以上的。

2. 泵酒（Benedictine）

泵酒又称当酒，或称修士酒，简称 D.O.M.（拉丁语 Deo Optimo Maxmo 的缩写，意即"献给至高无上的王"）。产于法国西北部诺曼底地区，以葡萄蒸馏酒为酒基，加入 27 种草药作调香物（含当归、肉豆蔻、海棠草等），兑以蜂蜜。此酒成功后，生产者又以其与白兰地兑和，即成 B & B（Benedictine and Brandy），二者混合后酒度 43%。

3. 杜林标（Drambuie）

产自英国，其配方于 1945 年由查尔斯·爱德华的一位随从带至苏格兰。酒标印有 Prince Charles Edward's Liqueur，以草药、威士忌酒及蜂蜜为原料制作而成，属烈性甜酒，常用作餐后酒。

4. 加利安奴（Galliano）

起源于 19 世纪的意大利，由意大利英雄加利安奴将军得名。以食用酒精作酒基，加入 30 多种香草酿制的金色甜酒，味醇美，香浓。

5. 衣扎拉酒（Izarra）

衣扎拉酒产自法国巴斯克（Basque）地区，在巴斯克族语中，Izarra 是"星星"的意思，所以衣扎拉酒又名"巴斯克星酒"。该酒调香以草本类为主，也有水果类和种子类。制作时先用草本料与蒸馏酒做成香精，再将其兑入浸有水果料和种子料的雅文邑酒液，加入糖和蜂蜜，最后用藏红花染色而成。衣扎拉酒有绿酒和黄酒之分，绿酒含有 48 种香料，酒度是 48°；黄酒含有 32 种香料，酒度 40°。它们均属于特精制利口酒。

6. 马鞭草酒（Verveine）

马鞭草具有清香味和药用功能，用马鞭草浸制的利口酒是一种高级药酒。主要有 3 个品种：马鞭草绿白兰地酒（Verveine Verte Brandy），酒度为 55°；马鞭草绿酒（Verveine Verte），酒度 50°；马鞭草黄酒（Verveine Jaune），酒度 40°，均属特精制利口酒。最出名的马鞭草利口酒是弗莱马鞭草酒（Verveine de Velay）。

（三）种子类名品酒

1. 安妮塞特（Anisette）

产自荷兰阿姆斯特丹，流行于地中海诸国。做法是将茴香加入酒精所成的香精，兑以蒸馏酒精及糖液，搅拌后经冷处理以澄清酒液。法国波尔多地区——玛丽白莎（Marie Brizard）酒厂出产著名的茴香酒。

在公元 1755 年的法国，投入慈善事业的玛丽白莎（Marie Brizard）小姐，救了一位来自西印度群岛的水手，水手为了感激她，将自己仅有的财富，也就是其家乡传统用来医百病的秘方送给她，玛丽白莎小姐就依此秘方酿制出她的第一瓶酒——玛丽白莎茴香酒。

在公元 1755 年底，玛丽白莎小姐及其外甥创立了以两人名字共同命名的 Marie Brizard & Roger 酒厂。酒厂成立至今，已创造出 30 多种口味的香甜酒，是目前所有香甜酒系列中，口味最齐全的一个品牌。

2. 顾美露（Kümmel）

顾美露的生产原料是一种野生的茴香植物，名叫"加维茴香"（Carvi），主要生长在北欧地区。顾美露产于荷兰和德国。较为出名的产品有：阿拉西（Allash，荷兰），波尔斯（Bols，荷兰），弗金克（Fockink，荷兰），沃尔夫斯密德（Wolfschmidt，德国），曼珍道夫（Mentzendorf，德国）等。

3. 荷兰蛋黄酒（Advocaat）

荷兰蛋黄酒产于荷兰和德国，主要配料用鸡蛋黄和杜松子。香气独特口味鲜美，酒度在 15° ～ 20°。

4. 杏仁酒（Liqueurs d'amandes）

本品以法国及意大利产最为著名。用料为杏仁及其他果仁，绛红发黑，果香突出，口味甘美。如意大利的阿玛托（Amaretto）、法国的果核酒（Creme de Noyaux）等都是著名的杏仁酒。

（四）乳脂类名品酒

1. 咖啡乳酒（Crème de cofé）

咖啡豆经烘焙、粉碎、浸渍、蒸馏、勾兑、加糖、澄清、过滤等工艺处理后制成。主产于咖啡生产国，酒度在 26% 左右，如卡鲁哇（Kahlua）、玛丽泰（Tia Maria）。

2. 可可乳酒（Crème de Cacao）

以可可豆配制，主产于西印度群岛。

五、利口酒的饮用与服务操作规范

（一）利口酒的饮用

①水果类利口酒的饮用温度由客人自定，但基本原则是：果味越浓、甜味越重、香越烈者，饮用温度越低。杯具需冰镇，可以溜杯也可加冰或冰镇。

②草本类利口酒的饮用方法比较特别，例如，修道院酒（Chartreuse）用冰块降温，或酒瓶置于冰桶中；泵酒（Benedictine）则用溜杯，酒瓶在室温中即可。

③乳脂类利口酒的饮用方法，用有冰霜的杯具效果较佳。

④种子类利口酒的饮用方法，例如，Anisette 常温、冰镇均可；可可酒及咖啡酒需冰镇服务。

⑤对于高纯度的利口酒，可以细细品尝，也可以加入苏打水或矿泉水。

（二）利口酒的服务操作规范

①用杯为利口酒杯或雪利酒杯。

②利口酒饮用的标准分量为 25mL。

第六节　中国配制酒

一、中国配制酒的起源

中国各民族都有自己悠久的民族民间医药和医疗传统，其中，内容丰富的配制酒是其重要构成部分之一，他们利用酒能"行药势、驻容颜、缓衰老"的特性，以药入酒，以酒引药，治病延年。明初，药物学家兰茂吸取各少数民族丰富的医药文化精华，编撰了独具地方特色和民族特色的药物学专著《滇南本草》。在这部比李时珍《本草纲目》还早一个半世纪的鸿篇巨制中，兰茂深入探讨了以酒行药的有关原则和方法，记载了大量配制酒药的偏方、秘方。

二、中国配制酒的分类

中国各民族的配制酒种类繁多，丰富多样。

（一）根据制作的原料来分

主要有用药物根块配制者，如滇西天麻酒、哀牢山区的茯苓酒、滇南三七酒、滇西北虫草酒等；有用植物果实配制者，如木瓜酒、桑葚酒、梅子酒、橄榄酒等；有以植物根茎入酒者，如人参酒、绞股蓝酒、寄生草酒；有以动物的骨、胆、卵等入酒者，如鸡蛋酒、乌鸡白凤酒；有以矿物入酒者，如麦饭石酒等。

（二）根据酒的功效来分

按功效分，中国各民族的配制酒有保健型配制酒和药用型配制酒两大类。其中，保健配制酒种类多，用途广，占配制酒的绝大部分。

（三）根据现有的产品类型来分

根据现有的产品类型来分，主要有露酒、药酒和保健酒等。

三、中国配制酒的生产工艺

（一）蒸馏法

以蒸馏酒、发酵酒或食用酒精为酒基，以食用动植物、食品添加剂作为呈香、呈味、呈色物质，按一定生产工艺加工而成，改变了其原酒基风格的饮料酒。它也具有营养丰富、品种繁多、风格各异的特点。例如，露酒，它的范围很广，包括花果型露酒、动植物芳香型、滋补营养酒等酒种。露酒改变了原有的酒基风格，其营养补益功能和寓"佐"于"补"的效果，非常符合现代消费者的健康需求，赢得了巨大的市场空间。

（二）浸泡法

用白酒或食用酒精等浸泡各种药材，使其含有的有益人体的成分溶入酒中，借酒的力量，来达到治病和滋补强身的目的。例如，药酒和保健酒。药酒是一种浸出制剂，古称"酒醴"。它是选用适当的中药和可供药用的食物，用白酒或黄酒浸泡后，去渣取出含有效成分的液体，用以补养体虚或治疗疾病的传统剂型。这种药饮合一的独特方式，不仅具有服用简便、药性稳定、安全有效、人们乐于接受的特点，而且通过借助酒能"行药势"的功能，充分发挥其效力、提高疗效。药酒的品种繁多，但不外乎祛风湿、疗跌打损伤和补虚损三类。在使用方法上，分内服和外用两种。其中用于补益、抗衰老方面的药酒，多以内服为主。外用药酒多用于治疗跌打损伤方面。

保健酒是利用具有咸、酸、苦、甘、辛等五味的动植物，使其含有的有益于人体的成分溶入酒中，借酒的力量，来达到滋补强身的目的。

四、中国配制酒的名品酒

露酒的主要名品酒有：湖北劲牌酒业有限公司的"中国劲酒"、海南椰岛股份公司的"椰岛"牌鹿龟酒、河北丛台酒业的"梨花酒"、山西汾酒公司的"竹叶青"酒，此外还有五加皮、莲花白、桂花露酒等都是露酒范畴。

药酒是中国医学方剂学的重要组成部分，也是传统医学防病治病的又一独特医疗方法。它的主要名品酒有：治感冒的苦参酒、葵花酒、茶酒、紫苏酒等；治咳嗽的蛤蚧参芪酒、陈皮酒、香橼川贝酒等。

保健酒的名品酒有：冬虫夏草酒、人参酒、三鞭酒、血蛤补酒等。

五、中国配制酒的饮用与服务操作规范

1. 中国配制酒的饮用

由于中国配制酒有特定的功能和效果，一般只适合净饮，也可以根据治病强身的需要温酒或加入冰块饮用。

2. 中国配制酒的服务操作规范

①中国配制酒适合使用利口酒杯和古典杯。

②中国配制酒的饮用标准分量为 40mL 或根据医嘱酌量增减。

✔ **思考题**

1. 配制酒的概念是什么？

2. 配制酒的生产原理是什么？

3. 配制酒的生产工艺有哪些？

4. 开胃类配制酒主要有哪些品种？

5. 味美思的种类有哪些？

6. 味美思的名品酒有哪些？

7. 苦味酒的名品酒主要有哪些？

8. 开胃酒的饮用方法是什么？

9. 雪利酒的生产工艺是什么？

10. 波特酒的生产工艺有哪些？

11. 马德拉酒的生产工艺有哪些？

12. 甜食酒的服务操作规范有哪些？

13. 利口酒的分类方法是什么？

14. 中国配制酒的名品酒有哪些？

第五章　茶与咖啡

本章内容： 茶

　　　　　　咖啡

教学时间： 2 课时

教学方式： 运用多媒体的教学方法叙述茶与咖啡的相关知识，对比介绍各类茶与咖啡的特点。

教学要求： 1. 了解茶与咖啡相关的概念。

　　　　　　2. 掌握茶与咖啡的分类方法和生产原理。

　　　　　　3. 熟悉各类茶与咖啡的特点和鉴别方法。

　　　　　　4. 掌握茶与咖啡的泡制方法。

课前准备： 准备一些茶与咖啡的样品，进行对照比较，掌握其特点。

茶与咖啡

第一节　茶

一、茶的起源

中国是最早发现和利用茶树的国家，被称为茶的祖国，文字记载表明，我们的祖先在3000多年前已经开始栽培和利用茶树了。然而，同任何物种的起源一样，茶的起源和存在，必然是在人类发现茶树和利用茶树之前。

追溯中国人饮茶的起源，有的认为起于上古，有的认为起于周，起于秦汉、三国、南北朝、唐代的说法也都有，造成众说纷纭的主要原因是因唐代以前无"茶"字，而只有"荼"字的记载，直到《茶经》的作者陆羽，将"荼"字减一画而写成"茶"，因此有茶起源于唐代的说法。

唐代陆羽《茶经》中有："茶之为饮，发乎神农氏。"在中国的文化发展史上，往往是把一切与农业和植物相关的事物起源最终都归结于神农氏。而中国饮茶起源于神农的说法也因民间传说而衍生出不同的观点：有人认为茶是神农在野外以釜锅煮水时，刚好有几片叶子飘进锅中，煮好的水，其色微黄，喝入口中生津止渴、提神醒脑，以神农过去尝百草的经验，判断它是一种药，这是有关中国饮茶起源最普遍的说法。

关于茶树的起源问题，历来争论较多，随着考证技术的发展和新发现，才逐渐达成共识，即中国是茶树的原产地，并确认中国西南部地区，包括云南、贵州、四川是茶树原产地的中心。由于地质变迁及人为栽培，茶树开始由此普及至全国，并逐渐传播至世界各地。

不管怎样，俗话说："开门七件事，柴米油盐酱醋茶。"在我国，茶已成为人们生活的必需品，在世界上，茶被公认为是世界三大饮料（茶、咖啡、可可）之一，饮茶风尚遍及全球。茶已在现代饮品消费中占有重要地位。

二、茶的分类

茶，以茶树新梢上的茶叶嫩梢（或称鲜叶）为原料加工制成，又称茗。就茶叶品名而言，从古至今已有数万种之多，但目前国内外尚无统一规范的茶叶分类方法。按照制作方法不同和品质上的差异，常将茶叶分为绿茶、红茶、乌龙茶（即青茶）、白茶、黄茶和黑茶六大类；根据精制加工，常见的成品茶可分为绿茶、红茶、乌龙茶、白茶、黄茶、黑茶等基本茶类以及以这些基本茶类作原料进行再加工后的茶类，主要包括花茶、紧压茶、萃取茶、果味茶、药用保健茶和含茶饮料等；根据茶的饮用方式分热茶、冰茶等。

（一）绿茶

绿茶是我国产量最多的一类茶叶，我国18个产茶省（区）都生产绿茶，且绿茶花色品种之多占世界首位。绿茶以保持大自然绿叶的鲜味为原则，特点是自然、清香、鲜醇而不带苦涩味。其制作大都经过杀青、揉捻、干燥等工艺流程。根据其最终干燥方式不同，又将绿茶分为炒青绿茶、烘青绿茶、晒青绿茶和蒸青绿茶。

1. 炒青绿茶

炒青是我国绿茶中品种及产量最多的，包括长炒青、圆炒青和细嫩炒青。

（1）长炒青

长炒青绿茶是经过精制加工后的产品，统称眉茶。其呈长条形、外形粗壮、色绿、香高、味醇。主要品种有江西婺源的"婺绿炒青"、安徽屯溪、休宁的"屯绿炒青"、舒城的"舒绿炒青"、浙江杭州的"杭绿炒青"、淳安的"遂绿炒青"、温州的"温绿炒青"、湖南的"湘绿炒青"、河南的"豫绿炒青"贵州的"绿炒青"等。外销眉茶分特珍、珍眉、凤眉、秀眉、贡熙、片茶、末茶等花色品种。

（2）圆炒青

圆炒青绿茶主要代表性品种为珠茶，其外形紧结浑圆如绿色珍珠，香高味浓、耐冲泡。珠茶是浙江省的特产，产于绍兴一带，故又称"平水珠茶""平绿""平绿炒青"。

（3）细嫩炒青

细嫩炒青又称特种炒青，因其选择细嫩芽叶加工而成，且产量稀少、品质独特，故而得名。其外形有扁平、尖削、圆条、直针、卷曲、平片等多种，冲泡后，多数芽叶成朵，清汤绿叶，香气浓郁，味鲜醇，浓而不苦，回味甘甜。

主要品种有杭州的"西湖龙井"、苏州的"碧螺春"、南京的"雨花茶"、安徽六安的"六安瓜片"、休宁的"杜萝茶"、歙县的"老竹大方"、湖南安化的"安化松针"、河南信阳的"信阳毛尖"、江西的"庐山云雾茶"、四川峨眉山的"峨眉峨蕊"、江苏金坛的"茅山青峰"等。

2. 烘青绿茶

烘青绿茶的特色为条形完整，常显峰苗，白毫显露，色泽多绿润，冲泡后茶汤香气清鲜，滋味鲜醇，叶底嫩绿明亮。

烘青绿茶依原料老嫩和制作工艺不同分为普遍烘青和细嫩烘青两类。

普遍烘青通常用来作为窨制花的茶坯，窨花以后称为烘青花茶。没有窨花的烘青称为"素茶"或"素坯"。主产地为福建、浙江、江苏、江西、湖南、湖北、贵州等省。

细嫩烘青主要采摘细嫩芽叶精工制作而成。名品有安徽黄山的"黄山毛峰"、太平县的"太平猴魁"、舒城的"舒城兰花"、浙江天台的"华顶云雾"、乐清的"雁荡云雾"，江苏江宁的"翠螺"等。

3. 晒青绿茶

晒青绿茶是利用日光晒干的，一部分晒青以散茶就地销售，另一部分晒青被加工成紧压茶。主要品种有"滇青""陕青""川青""黔青""桂青"等。

4. 蒸青绿茶

蒸青绿茶是制茶第一道工序——杀青时用热蒸汽处理鲜叶，使之变软，而后揉捻、干燥而成。我国唐宋时已盛行，并经佛教途径传入日本，日本茶道饮用的茶叶就是蒸青绿茶中的一种——抹茶。

蒸青绿茶具有"色绿、汤绿、叶绿"的三绿特点，美观诱人。蒸青绿茶除抹茶外，还有玉露、煎茶、碾茶。我国现代的蒸青绿茶主要有煎茶、玉露。煎茶多产于浙江、福建、安徽三省，产品大多出口日本。玉露茶有湖北的"恩施玉露"，另外还有江苏宜兴的"阳羡茶"，湖北当阳的"仙人掌茶"等。

（二）红茶

红茶又名全发酵茶，其特点为：红茶、红叶、红汤。主要是因为在发酵过程中，原先茶叶中无色的多酚类物质，在多酚氧化酶的作用下，氧化成了红茶色素，这种色素一部分能溶于水、冲泡后形成了红色茶汤；另一部分不溶于水，积累在叶片上，使叶片变成了红色。

红茶的主要种类有小种红茶、工夫红茶、红碎茶。

1. 小种红茶

小种红茶是福建特产，红汤红叶，含松香味，味似桂圆汤，主要品种有崇安"正山小种"，政和、建阳的"烟小种"等。

2. 工夫红茶

工夫红茶是红茶中的珍品，主要产地是安徽、云南、福建、湖北、湖南、江西、四川等省，其中以安徽祁门一带的"祁红"，云南的"滇红"品质最佳。工夫红茶适宜多次冲泡清饮，也宜加工成"袋泡茶"饮用。

（三）乌龙茶

乌龙茶属于半发酵茶，既有绿茶鲜浓之味，又有红茶甜醇的特色。由于乌龙茶外观色泽青褐，也称为"青茶"。乌龙茶冲泡后，叶片中间是绿色，叶缘呈红色，素有"绿叶红镶边"之美称。

乌龙茶主产于福建、广东、台湾三地，福建乌龙茶又分为闽南乌龙茶和闽北乌龙茶。所以，乌龙茶根据品种品质上的差异分为闽南乌龙茶、闽北乌龙茶、广东乌龙茶、台湾乌龙茶4类。例如，闽北乌龙茶采用"重晒轻摇重火功"，闽南乌龙茶则采用"轻晒重摇轻火功"，从而形成各自不同的品质风格。

1. 闽南乌龙茶

闽南是乌龙茶的发源地，乌龙茶名品有"铁观音"与"黄金桂"，此外还有佛手、毛蟹、奇兰、色种等。例如，铁观音又名香橼、雪梨，系乌龙茶类中风味独特的名贵品种之一。相传很久以前，闽南骑虎岩寺的一位和尚，天天以茶供佛。有一日，他突发奇想，觉得铁观音柑是一种清香诱人的名贵佳果，要是茶叶泡出来有"铁观音（香橼）"的香味多好哇！于是他把茶树的枝条嫁接在佛手柑上，经精心培植，终获成功，这位和尚高兴之余，把这种茶取名"佛手"，清康熙年间传授给永春师弟，附近茶农竞相引种得以普及，有文字记载："僧种茗芽以供佛，嗣而族人效之，群踵而植，弥谷被岗，一望皆是。"佛手茶因此而得名。乌龙茶鲜叶似铁观音柑叶，叶肉肥厚丰润，质地柔软绵韧，嫩芽紫红亮丽，制好后外形如海蛎干，条索紧结，粗壮肥重，色泽沙绿油润，冲泡时，香气馥郁悠长、沁人肺腑，其汤色金黄透亮，滋味芳醇，生津甘爽，可谓"此茶只应天上有，人间哪得几回尝"。

2. 闽北乌龙茶

出产于福建北部武夷山一带的乌龙茶都属于闽北乌龙茶，主要有武夷岩茶和闽北水仙，以武夷岩茶最为著名。武夷山位于福建省武夷山市西南，山多岩石。自唐代开始产茶，清末开始制造乌龙茶，采制成的乌龙茶，叫作武夷岩茶，是闽北地区品质最优的一种。因为自然环境适于茶树生长，各岩所产茶品质极佳，驰名中外。武夷岩茶花色品种较多，用水仙品种制成的称为"武夷水仙"，以菜茶或其他品种为原料制成的岩茶，称为"武夷奇种"。除素有"岩茶王"之称的"大红袍"外，还有肉桂、铁罗汉、半天腰、白鸡冠、素心兰、水金龟、白瑞香、奇种、老枞水仙等多个珍贵品种，其香气、汤色、滋味无不各具风韵，世界名山武夷山也因此成了"茶树品种王国"。

3. 广东乌龙茶

主要产于广东汕头地区，其主要代表是原产于广东省潮安区凤凰山的凤凰水仙、梅占等。凤凰水仙根据原料优次、制作工艺的不同和品质，分为凤凰单枞、凤凰浪菜和凤凰水仙三个品级，潮安区的凤凰单枞以香高味浓耐泡著称。它具有天然的花香，卷曲紧结而肥壮的条索，色润泽青褐而牵红线，汤色黄艳带绿，滋味鲜爽浓郁甘醇，叶底绿叶红镶边，耐冲泡，连冲十余次，香气仍然溢于杯外，甘为久存，真味不减。

4. 台湾乌龙茶

台湾乌龙茶源于福建，但是福建乌龙茶的制茶工艺传到台湾后有所改良，依据发酵程度和工艺流程的区别可分为：轻发酵的高山茶，最具代表性的有大禹山、梨山、杉林溪、阿里山等，文山型包种茶和冻顶型包种茶；重发酵的台湾乌龙茶。

台湾乌龙茶的白毫较多，呈铜褐色，汤色橙红，滋味醇和，尤以馥郁的清香冠台湾各种茶之上，台湾乌龙茶的夏茶因为晴天多，品质最好，汤色艳丽，香烈味浓，形状整齐，白毫多。台湾高山包种茶在乌龙茶中别具一格，比较接近绿茶，外观形状粗壮，无白毫，色泽青绿，干茶具有明显花香，冲泡后汤色呈金黄色，味带甜，香气清柔、滑、口感丰富，具有"香、浓、醇、韵、美"五大特点。

（四）白茶

白茶属轻微发酵茶。因制作时选取细嫩、叶背多茸毛的茶叶，经过晒干或文火烘干，使白茸毛在茶的外表完整地保留下来，使之呈白色而得名。其特点为毫色银白、芽头肥壮、汤色黄亮、滋味鲜醇、叶底嫩匀。白茶的鲜叶要求"三白"，即嫩芽及两片嫩叶均有白毫显露。成茶满披茸毛，色白如银，故名白茶。白茶因茶树品种、采摘的标准不同，分为芽茶（如白毫银针）和叶茶（如贡眉）。采用单芽为厚料加工而成的为芽茶，称为银针；采用完整的一芽一二叶叶背具有浓密的白色茸毛加工而成的为叶芽，称为白牡丹（大白茶品种树，以采自春茶第一轮嫩梢者品质为佳）。

主产地为福建的福鼎、政和、秋溪和建阳，台湾也有少量生产，其主要品种有白毫银针、白牡丹、贡眉、寿眉等。

（五）黄茶

黄茶的特点是"黄叶黄汤"，别具一格。黄茶的制作与绿茶有相似之处，不同点是多一道闷堆工序。这个闷堆过程，是黄茶制法的主要特点，也是它同绿茶的基本区别。绿茶是不发酵的，而黄茶是属于发酵茶类。这道工序有的称为"闷黄""闷堆"，或称为"初包""复包"和"渥堆"。

黄茶，按鲜叶的嫩度和芽叶大小，分为黄芽茶、黄小茶和黄大茶三类。黄芽茶主要有君山银针、蒙顶黄芽和霍山黄芽；黄小茶主要有北港毛尖、沩山毛尖、远安鹿苑茶、皖西黄小茶、浙江平阳黄汤等；黄大茶有安徽霍山、金寨、六安、岳西和湖北英山所产的黄茶及广东大叶青等。

其中，黄芽茶之极品是湖南洞庭君山银针。其成品茶，外形苗壮挺直，重实匀齐，银毫披露，芽身金黄光亮，内质毫香鲜嫩，汤色杏黄明净，滋味甘醇鲜爽。

此外，安徽霍山黄芽也属黄芽茶的珍品。霍山茶的生产历史悠久，从唐代起即有生产，明清时即为宫廷贡品。霍山黄大茶，其中又以霍山大化坪金鸡山的金刚台所产的黄大茶最为名贵，干茶色泽自然，呈金黄，香高、味浓、耐泡。

（六）黑茶

黑茶属于后发酵茶，是我国特有的茶类，生产历史悠久，以制成紧压茶边销为主，主要产于湖南、湖北、四川、云南、广西等地。主要品种有湖南黑茶、湖北佬扁茶、四川边茶、广西六堡散茶，云南普洱茶等。其中云南普洱茶古今中外久负盛名。

黑茶采用较粗老的原料，经过杀青、揉捻、渥堆、干燥四个初制工序加工而成。渥堆是决定黑茶品质的关键工序，渥堆时间的长短、程度的轻重，会使成品茶的品质风格有明显差别。如湖北老青茶渥堆，是在杀青后经二揉二炒后进行渥堆，渥堆时将复揉叶堆成小堆，堆紧压实，使其在高温条件下发生生化反应。当堆温达到60℃左右时，进行翻堆，里外翻拌均匀，继续渥堆。渥堆总时间7～8天。当茶堆出现水珠，青草气消失，叶色呈绿或紫铜色，并且均匀一致时，即为适度，再进行反堆干燥。

黑茶压制茶的砖茶、饼茶、沱茶、六堡茶等紧压茶，主要供边区少数民族饮用，也称边销茶。

（七）再加工茶

1. 花茶

花茶，又称熏花草、熏制茶、香花茶、香片。花茶是采用加工好的绿茶、红茶、乌龙茶茶坯及符合食用需求、能够散发香味儿的鲜花为原料，采用特殊的窨制工艺制作而成的茶叶。花茶的主要产区包括福建、广西、广东、浙江、江苏、湖南、四川、重庆等。

用于窨制花茶的茶坯主要是绿茶，少数也用红茶和乌龙茶。绿茶中又以烘青绿茶窨制花茶品质最好。花茶因为窨制时所用的鲜花不同而分为茉莉花茶、白兰花茶、珠兰花茶、桂花花茶、玫瑰花茶、金银花茶、米兰花茶等，其中以茉莉花茶产量最大。

花茶宜于清饮，不加奶、糖，以保持天然、香味。通常用瓷制小茶壶或瓷制盖杯泡茶，用于独啜，待客则用较大茶壶，冲以沸水，三五分钟后饮用，可续泡一二次，冲泡后的花茶香气鲜灵，香味浓郁、纯正，汤色清亮艳丽，滋味浓醇鲜爽。茶味与花香融为一体，茶引花香，花增茶味，相得益彰。既保持了醇厚浓郁爽口的茶味，又具有鲜灵馥郁芬芳的花香。冲泡品啜，花香袭人，甘芳满口，令人心旷神怡。

2. 紧压茶

紧压茶，是以黑毛茶、老青茶、做庄茶及其他适制毛茶为原料，经过渥堆、蒸、压等典型工艺过程加工成的砖形或其他形的茶叶。由于该类茶的大宗品种主要销往边疆少数民族地区，成为边疆地区各民族的生活必需品，故商业上习惯称为边销茶。其品种较多，原料、加工方法也不尽相同。多数品种配用的原料比较粗老。干茶色泽黑褐，汤色橙黄或橙红。其中六堡茶、普洱茶、沱茶等花色品种，不仅风味独特，而且具有减肥、美容的效果。

紧压茶，根据采用散茶种类不同，可分为绿茶紧压茶、红茶紧压茶、乌龙茶紧压茶及黑茶紧压茶。根据堆积、做色方式不同，分为湿坯堆积做色、干坯堆积做色、成茶堆积做色等亚类。我国紧压茶产区比较集中，主要有湖南、湖北、四川、云南、贵州等省。其中黑砖、花砖茶主产于湖南；青花砖主产于湖北；康砖、金尖主产于四川、贵州；普洱茶之紧茶主要产于云南；沱茶主要产于云南、重庆。

紧压茶加工中的蒸压方法与我国古代蒸青饼茶的做法相似。紧压茶生产历史悠久，于 11 世纪前后开始，四川的茶商即将绿毛茶蒸压成饼，运销西北等地。到 19 世纪末期，湖南的黑砖茶、湖北的青砖茶相继问世。紧压茶独具的品质特性是，除了它具有较强的消食解腻作用，能适应各地少数民族特殊的烹饮方法之外，它还具有较强的防潮性能，便于运输和贮藏。由于过去产茶区大多交通不便，运输茶叶是靠肩挑、马驮，在长途运输中极易吸收水分，而紧压茶类经过压制后，比较紧密结实，增强了防潮性能，便于运输和贮藏。而有些紧制茶在较长时间的储存中，由于水分和湿度的作用，还能增进茶味的醇厚度。所以直到如今，以各种茶类加工制作的紧压茶，不仅在国内是各民族日常生活的必需品，需要量多，而且在国际市场上也有一定的销售量。

3. 萃取茶

萃取茶是以成品茶或半成品茶为原料，用热水萃取茶叶中的可溶物，滤渣取汁，再加工而成。主要品种有罐装饮料茶、浓缩茶及速溶茶。

罐装饮料茶是用成品茶加一定量热水提取过滤出茶汤，再加一定量的抗氧化剂（维生素 C 等），不加糖、香料，然后装罐、封口、灭菌而制成，其浓度约为 2%，开罐即可饮用。

浓缩茶是用成品茶加一定量热水提取过滤出茶汤，再进行减压浓缩或反渗透膜浓缩，到一定浓度后装罐灭菌而制成。直接饮用时只需加水稀释，也可作罐装饮料茶的原汁。

速溶茶（又称可溶茶）是用成品茶加一定量热水提取过滤出茶汤，浓缩后加入糊精，并充入二氧化碳气体，进行喷雾干燥或冷冻干燥后即成粉末状或颗粒状的速溶茶。加热水或冷水冲饮十分方便。

4. 果味茶

茶叶半成品或成品加入果汁后制成，这类茶叶既有茶香，又有果香味，风味独特。目前生产的果味茶有柠檬茶、荔枝红茶、猕猴桃茶、椰汁茶、橘汁茶、山楂茶、薄荷茶、苹果茶等。

5. 药用保健茶

药用保健茶是在茶叶中调配某些中草药，使之具有防病治病、营养保健作用的茶。主要品种有：减肥茶、戒烟茶、枸杞茶、杜仲茶、绞股蓝茶、菊花茶、八宝茶、降压茶等。

6. 含茶饮料

将茶汁融化在饮料中制成各种各样的含茶饮料。主要品种有茶可乐、奶茶、多味茶、茶汽水、茶棒冰、茶冰激凌及各种茶酒等。含茶饮料是茶叶产品的扩展，市场前景十分广阔。

三、中国名茶

中国茶叶历史悠久，茶类品种很多，万紫千红，竞相争艳，犹如春天的百花园，使万里山河分外妖娆。中国名茶就是诸多花色品种茶叶中的珍品，在国际上享有很高的声誉。同时，名茶有传统名茶和历史名茶之分。

尽管现在人们对名茶的概念尚不十分统一，但综合各方面情况，名茶必须具有以下几个方面的基本特点。其一，名茶之所以有名，关键在于有独特的风格，主要表现在茶叶的色、香、味、形四个方面。杭州的西湖龙井茶向以"色绿、香郁、味醇、形美"四绝著称于世，也有一些名茶往往以其一两个特色而闻名。如岳阳的君山银针，芽头肥实，茸毫披露，色泽鲜亮，冲泡时芽尖直挺竖立，雀舌含珠，数起数落，堪为奇观。其二，名茶要有商品的属性。名茶作为一种商品必须在流通领域中显示出来，因此名茶要有一定产量，而且质量要求高，在流通领域享有很高的声誉。其三，名茶需被社会承认。名茶不是哪个人封的，而是通过人们多年的品评得到社会承认的。历史名茶，或载于史册，或得到发掘，就是现代恢复生产的历史名茶或现代创制的名茶，也需得到社会的承认或国家的认定。

关于十大名茶，说法有各种版本，现将常见的十大名茶介绍如下：西湖龙井、黄山毛峰、洞庭碧螺春、安溪铁观音、君山银针、云南普洱茶、庐山云雾、冻顶乌龙、祁红、苏州茉莉花茶。

（一）西湖龙井

龙井，本是一个地名，也是一个泉名，而现在主要专指茶名。龙井茶产于浙江杭州的龙井村，历史上曾分为"狮、龙、云、虎"4个品类，其中多认为以产于狮峰的龙井品质为最佳。

相传乾隆皇帝下江南时，曾到龙井狮峰下的胡公庙品尝龙井茶，饮后赞不绝口，并将庙前十八棵茶树，封为"御茶"，经过茶农世世代代的辛勤培育，精益求精，龙井茶产量不断增加，品质日益改进，如今已香飘万里，誉满世界。

龙井属炒青绿茶，向以"色绿、香郁、味醇 、形美"四绝著称于世。好茶还需好水泡。"龙井茶、虎跑水"并称为杭州双绝。虎跑水中有机的氮化物含量较多，而可溶性矿物质较少，因而更利于龙井茶香气、滋味的发挥。

冲泡龙井茶可选用玻璃杯，因其透明，茶叶在杯中逐渐伸展，一旗一枪，上下沉浮，汤明色绿，历历在目，仔细观赏，真可说是一种艺术享受。

（二）黄山毛峰

安徽黄山，素以奇松、怪石、云海、温泉著称，号称黄山"四绝"，可是，在松、石、云、泉之外，还有一绝，那就是清香冷韵、味醇回甘的黄山云雾茶。

黄山毛峰的产地海拔高，主要分布在桃花峰的云谷寺、松谷庵、吊桥庵、慈光阁及半寺周围。这里峰峦叠翠，山高谷深，溪流瀑布，气候温和，雨水丰沛，终年云雾缭绕，群峰隐没在云海霞波之中，"晴时早晚遍地雾，阴雨成天满山云"。茶树在云雾蒸蔚下，芽叶肥壮，持嫩性强。加之山花烂漫，花香遍野，使茶树芽叶受到芬芳的熏陶，花香天成。如此得天独厚的生态环境，奠定了黄山毛峰优良的天然品质。

黄山毛峰采摘讲究，非常细致，特级茶于清明至谷雨边采制，以初展的一芽一叶为采摘标准，采回的芽叶要拣制，当天采当天制。

黄山毛峰成品茶，外形细扁稍卷曲，状似雀舌，白毫显露，色如象牙，黄绿油润，冲泡后，雾气凝顶，清香高爽，滋味醇和，茶汤清澈，叶底明亮，嫩匀成朵。黄山毛峰冲泡五六次，香味犹存。

（三）洞庭碧螺春

此茶产于江苏太湖之滨的洞庭山。碧螺春茶叶选用春季从茶树上采摘下的细嫩芽头炒制而成；炒成后的干茶条索紧结，白毫显露，色泽银绿，翠碧诱人，卷曲成螺，号称"三鲜"，即香鲜浓、味道醇、色鲜艳；花香果味，沁人心脾，别具一番风韵。

相传采茶姑娘把采下的茶叶放在胸口的衣襟内，新鲜的嫩叶由于得到体温的热气，挥发出浓香，故称"吓煞人香"。后来康熙皇帝南下苏州，苏州地方官员进献当地名茶吓煞人香，康熙颇有文采，嫌其名不雅，因此赐题碧螺春为茶名。

碧螺春采摘要求很高，生产季节性很强。春分开始采茶，到谷雨采制结束，前后不到一个月时间，其高档极品都在清明前或后采制，时间更短，季节性更强。高级的碧螺春，0.5kg干茶需要茶芽六七万个，足见茶芽之细嫩。

（四）安溪铁观音

产于闽南安溪。相传清代，福建省安溪县松林乡有一位农民，笃信佛教。每天清晨，他以一杯清茶奉献观音大士像前，从未间断。观音菩萨念他虔诚，托梦给他，说赐他一棵摇钱树，从此可以不愁衣食。次日，他上山砍柴，路过观音庙前，忽然发现打石坑的石隙间有棵茶树，在晨曦中，叶片闪闪发光，便挖回栽于舍旁，精心培育，后来采下鲜叶制成乌龙茶，香味异常醇美，加以繁殖，逐渐传开成为珍贵的茶树优良品种。由于他拜佛有德，感动了观音菩萨，恩赐而得此茶树，加之茶树上叶色黯绿如铁，故命名"铁观音"。

铁观音的制作工艺十分复杂，制成的茶叶条索紧结，色泽乌润砂绿。冲泡后，有天然的兰花香，滋味纯浓。用小巧的工夫茶具品饮，先闻香，后尝味，顿觉满口生香，回味无穷。近年来，经研究发现乌龙茶有健身美容的功效后，铁观音更加风靡日本和东南亚。

（五）君山银针

君山银针是我国著名黄茶之一，产于号称八百里的洞庭湖中一个秀丽的小岛——君山上。相传柳毅传书的故事，也发生在君山。君山有一仙井，叫作柳毅井，井水水质甚佳，用以烹茶酿酒，清甘芬芳。君山海拔九十米，是一个小山岛。有大小山峰七十二座，一峰一名，峰峰有景，而且还伴有多种神奇美妙的故事。四周为银山堆涌，白浪滔天，雾气腾腾，烟波飘渺。土层深厚，土质肥沃，是适宜茶树生长发育的好地方。据考证，南北朝梁武帝时起，茶叶就被纳为贡品。相传君山有四十八座庙宇，庙庙有茶园。

清代，君山茶分为"尖茶""茸茶"两种。"尖茶"如茶剑，白毛茸然，纳为贡茶，素称"贡尖"。君山银针茶香气清高，味醇甘爽，汤黄澄高，芽壮多毫，条真匀齐，着淡黄色茸毫。冲泡后，芽竖悬汤中冲升水面，徐徐下沉，再升再沉，三起三落，蔚成趣观。

君山银针茶于清明前三四天开采，以春茶首轮嫩芽制作，且须选肥壮、多毫、长 25 ～ 30mm 的嫩芽，经拣选后，以大小匀齐的壮芽制作银针。制作工序分杀青、摊凉、初烘、复摊凉、初包、复烘、再包、焙干 8 道工序。

（六）云南普洱茶

普洱茶是在云南大叶茶基础上培育出的一个新茶种。普洱茶也称滇青茶，原运销集散地在普洱市，故此而得名，距今已有1700多年的历史。它是用攸乐、萍登、倚帮等 11 个县的茶叶，在普洱市加工成而得名。普洱茶是采用绿茶或黑茶经蒸压而成的各种云南紧压茶的总称，包括沱茶、饼茶、方茶、紧茶等。茶树分为乔木或乔木形态的高大茶树，芽叶极其肥壮而茸毫茂密，具有良好的持嫩性，芽叶品质优异。其制作方法为亚发酵青茶制法，经杀青、初揉、初堆发酵、复揉、再堆发酵、初干、再揉、烘干 8 道工序。在古代，普洱茶是作为药用的。其品质特点是：香气高锐持久，带有云南大叶茶种特性的独特香型，滋味浓强富于刺激性；耐泡，经五六次冲泡仍持有香味，汤橙黄浓厚，芽壮叶厚，叶色黄绿间有红斑红茎叶，条形粗壮结实，白毫密布。

普洱茶有散茶与型茶两种。普洱茶的品质优良不仅表现在它的香气、滋味等饮用价值上，还在于它有可贵的药效，因此，人们还常将普洱茶当作养生妙品。

（七）庐山云雾

中国著名绿茶之一，产于江西庐山。号称"匡庐秀甲天下"的庐山，北临长江，南傍鄱阳湖，气候温和，山水秀美，十分适宜茶树生长。据载，庐山种茶始于晋朝。宋朝时，庐山茶被列为"贡茶"。庐山云雾茶色泽翠绿，香如幽兰，味浓醇鲜爽，芽叶肥嫩显白亮。

庐山云雾茶不仅具有理想的生长环境以及优良的茶树品种，还具有精湛的采制技术。采回茶片后，薄摊于阴凉通风处，保持鲜叶纯净。然后，经过杀青、抖散、揉捻等9道工序才制成成品。庐山云雾芽肥毫显，条索秀丽，香浓味甘，汤色清澈，是绿茶中的精品。

（八）冻顶乌龙

冻顶茶，被誉为台湾茶中之圣，产于我国台湾南投县鹿谷乡。

关于冻顶茶的由来，民间流传着许多耐人寻味的故事。冻顶山，据说是因为山坡滑溜，上山要踢紧趾尖，台湾俗语称"冻脚尖"，才能上得了山头，即"冻"着脚尖上山"头"，所以称为冻顶。至于冻顶茶，传说是清道光十一年，鹿谷有一位举人林凤池，为报答族人林三显资助盘缠而得以中举之恩，在福州应试取得功名后，特到武夷山取回乌龙品种茶苗三十六株，以其中十二株赠给冻顶山的林三显，因天、地、人三因素调和，得以发展成现在闻名海内外的冻顶茶。

冻顶茶的鲜叶，为一心两叶，实际上是新梢长到"小开面"（即新梢刚出现驻芽）时，采下顶端对上二叶梢。采自青心乌龙品种的茶树上，故又名"冻顶乌龙"，属于轻度半发酵茶，制法则与包种茶相似，应归属于包种茶类。文山包种和冻顶乌龙是姐妹茶，文山包种重清香，而冻顶茶以滋味醇厚、喉韵强劲，具沉香而见长。

（九）祁红

祁红，是祁门红茶的简称，为工夫红茶中的珍品，1915年曾在巴拿马国际博览会上荣获金牌奖章，创制一百多年来，一直保持优异的品质风格，蜚声中外。

安徽祁门一带是古老茶区，唐代就盛产茶，当时祁门一带皆出产绿茶，制法与六安茶相似。到清代光绪元年，有一名叫余干臣的黟县人，从福建罢官回籍经商，因见红茶畅销利厚，便先在至德县尧渡街设立红茶庄，仿效闽江制法，试制红茶成功。另一种说法，认为祁门改制红茶是从胡元龙开始的，胡元龙为祁门南乡贵溪人，因见当时绿茶销路不景气，红茶畅销，于1976年开设日顺茶厂，仿制红茶成功。

祁红向以高香著称，具独特的清鲜持久香味，被国内外茶师称为砂糖香或苹果香，并蕴藏有兰花香，清高而长，独树一帜，国际市场上称为"祁门香"。

（十）苏州茉莉花茶

该茶是我国茉莉花茶中的佳品。它约于清代雍正年间已开始发展，距今已有近 300 年的产销历史。据史料记载，苏州在宋代时已栽种茉莉花，并以它作为制茶的原料。苏州茉莉花茶以所用茶坯、配花量、窨次、产花季节的不同而有浓淡，其香气依花期有别，头花所窨者香气较淡，"优花"窨者香气最浓。苏州茉莉花茶主要茶坯为烘青，特高者还有以龙井、碧螺春、毛峰窨制的高级花茶。与同类花茶相比属清香类型，外形条索紧细匀直，色泽绿润显毫，香气鲜灵持久，汤色黄绿明亮，滋味醇厚鲜爽，叶底嫩黄柔软。1982 年、1986 年、1990 年由当时的商业部在长沙、广州、河南信阳市召开的全国名茶评比会上，该茶连续三次被评为全国名茶。

四、茶的功效

茶被公认为是最好的保健饮料，人们长期的饮茶实践充分证明，饮茶不仅能增加营养，而且能预防疾病。由于茶叶有着神奇的功效，我国唐代即有"茶药"之说，现代又提出了"茶疗"理论，以防病治病，抗老强身，延年益寿。现代医学已证实，茶叶中含有与人体健康密切相关的成分，主要有咖啡碱、多酚类物质、维生素、氨基酸、矿物质以及其他活性组分，使茶叶具有少睡、安神、明目、止渴生津、清热、消暑、解毒、消食、醒酒、去除肥腻、治痢、通便、祛痰、延年益寿等功效。

另外，茶叶中含有丰富的茶多酚、多糖、多种维生素和微量元素，能加速人体毒素的排泄。饮茶可以降低血脂和胆固醇，因而可降低高血压、血管硬化和冠心病的发病率。茶叶的茶多酚是一种强有力的抗氧化物质，具有很强的清除自由基的能力，对细胞的突变有较强的抑制作用，因而能增强细胞介导的免疫力，起到抗衰老的功效。绿茶的叶酸含量较高，可以预防贫血。茶叶中又富含氟元素，能有效地防止龋齿的发生。红茶含黄酮类物质较多，又有很多的维生素 C，也可以防止胆固醇在人体内氧化而发生中风的发生。茶叶中的各种碱类物质有兴奋大脑皮层、解除疲劳和增强记忆力的作用，并且能扩张心脏冠状动脉，抑制肾小管再吸收，促进血液循环，加快心肾功能和强心利尿。茶中的挥发油和鞣酸，有助于消食解油腻，还有杀菌的功效。

五、茶叶的选购与保管

（一）茶叶的选购

茶的品种很多，选购茶叶的过程其实就是鉴别茶叶质量的过程。茶叶质量鉴别目前仍以感观品评为主，理化检验为辅。其方法有两种：一是看干茶法，二是开汤评茶法。

1. 看干茶法

就是看干茶叶外形，主要包括色泽、条索、整碎、净度、嫩度等指标。

（1）色泽

色泽就是茶叶表面颜色，颜色的深浅程度以及光线在茶叶的反射光亮度。各种茶都有一定的色泽要求。如红茶以深褐色有光亮者为佳，绿茶要以碧绿晶莹者为贵，眉茶要以银灰色略带绿色为上品，半发酵的乌龙茶和轻发酵的茶须色泽鲜明，略带红褐色的色晕为好。色泽灰暗，杂而不匀，均属劣等茶叶。

茶叶的色泽还和茶树的产地以及季节有很大关系。如高山绿茶，色泽绿而略带黄，鲜活明亮；低山茶或平地茶色泽深绿有光。制茶过程中，由于技术不当，也往往会使色泽劣变。

（2）条索

条索是各类茶具有的一定外形规格，如炒青条形、珠茶圆形、龙井扁形、红碎茶颗粒形等。一般长条形茶，看松紧、弯直、壮瘦、圆扁、轻重；圆形茶看颗粒的松紧、匀正、轻重、空实；扁形茶看平整光滑程度和是否符合规格。一般来说，条索紧、身骨重、圆（扁形茶除外）而挺直，说明原料嫩，做工好，品质优；如果外形松、扁（扁形茶除外）、碎，并有烟焦味，说明原料老，做工差，品质劣。

（3）整碎

整碎指茶叶的匀整程度。条多、整齐、均匀者为好，条粗不匀者为次。

（4）净度

净度指茶叶中含杂物的程度。净度越高质量越好，例如，无茶梗、叶柄、茶籽者为优，反之为差，混有泥沙、草木者为更差。

（5）嫩度

嫩度是决定品质的基本因素，所谓"干看外形，湿看叶底"，就是指嫩度。茶叶是取芽尖嫩叶加工而成的，嫩度高的茶叶，条索紧结重实，芽毫显露，完整饱满。反之为次。

2. 开汤评茶法

所谓开汤评茶法，就是看茶叶内质，主要包括汤色、香气、滋味、叶底等指标。茶水比例一般为：红茶、绿茶、紧压茶以 1：50 为宜，乌龙茶以 1：22 为佳，泡 5 分钟后，先观其汤色，次闻香气，再品滋味，最后看叶底。

（1）汤色

汤色指茶叶的色素溶于开水中所形成的色泽。上品茶色泽明亮，绿茶黄绿，红茶红艳，乌龙茶橙黄，白茶浅黄。次等茶，亮度减弱及至混浊、色泽暗淡。

（2）香气

香气指茶叶冲泡后随水蒸气挥发出来的气味。如红茶的甘香，绿茶的清香，乌龙茶的果香，花茶的花香等。香气浓度和持久时间也是一个重要尺度，香高持久是上品茶，反之为次。

（3）滋味

滋味指味觉口感，确定滋味是否纯正，好的茶叶浓而鲜醇，富有刺激性。要求绿茶鲜细纯浓，红茶鲜醇甘浓带蜜糖香，乌龙茶味浓烈韵长兰香等。

（4）叶底

叶底指茶渣，即泡后的叶片。好茶叶的叶底细嫩、明亮、厚实、微卷。差的粗老、暗淡、单薄、摊张。要求绿茶肥壮、黄绿透明，红茶红色明亮嫩匀，乌龙茶叶底边红、心绿、柔软、明亮。

（二）茶叶的保管

1. 茶叶保管的注意事项

茶叶的保管是依据茶叶的特性而确定的。茶叶具有较强的吸附性、易氧化性，并因吸收异味和潮湿而变质，从而降低了品饮价值。我们经长期实践研究，总结出保管茶叶的"一个前提、三个注意"原则。

一个前提：即在所购茶叶含水量不超标的前提下，避免买入外形看似美观，但含水量偏高的茶叶。

三个注意即注意避光、注意密封和注意降温。

（1）注意避光

忌使茶叶直接暴露于日光下。

（2）注意密封

茶叶贮藏要密封，除抽空外，一般要检查茶罐的密封性，减少茶叶与空气的接触，减缓茶叶氧化程度。

（3）注意降温

若温度偏高，茶叶易陈化，现代家庭均可密封后贮藏于冰箱冷藏柜中。

2. 茶叶的保管方法

茶叶保管很有讲究，在保藏过程中须注意防高温、防潮、防吸收异味、避光等几个环节，否则茶叶会变质，色泽暗淡、香气散失甚至发霉而无法饮用。

常见的保藏方法有以下三种。

（1）罐藏法

本方法采用双层盖马口铁罐保藏，方法简便，取饮随意。例如，高档名优绿茶，通常可采用大、小罐分罐贮藏法：取大约1周用量的散装茶叶，装入小罐内；剩余绝大部分散装茶叶，装入较大罐内；均密封置于冰箱冷藏室，温控为0～5℃。这样，只需每隔1周取适量茶叶入小罐待饮，既方便日常饮用，又可避免大罐茶叶与空气频繁接触，氧化变质。

乌龙茶、红茶、花茶等，通常也是采用大、小分罐密封储存，置于干燥、无异味，且保持15℃左右常温的室内即可。

（2）塑料袋保藏法

选用干燥的高密度食品用包装塑料袋，放入茶叶后，挤出多余空气，封好或扎好口。如一时不饮用的茶叶，可再套入一只塑料袋密封好。

（3）保温杯、保温瓶保藏法

将茶叶放入新或旧的保温杯、保温瓶中保藏，若长期不饮用，可用白蜡密封瓶口。

六、茶的沏泡与服务操作规范

（一）冲泡茶叶的五大要素

冲泡一壶好茶或一杯好茶，除要求茶本身的品质好之外，还要考虑冲泡所用的水质、茶具的选用、茶叶用量、冲泡水温及冲泡的时间五大要素。也就是说，要泡好茶，首先要了解茶叶的特点，掌握科学的冲泡技术，使茶叶的固有品质能充分表现出来；其次是选用合适的器皿以及优美、文明的冲泡程序与方法来沏泡茶。

1. 泡茶用水

陆羽曾在《茶经》中明确指出："其水，用山水上，江水中，井水下。"

泡茶用水一般多用天然水，水质要求甘而洁、活而新鲜。天然水按其来源可分为泉水（山水）、溪水、江水（河水）、湖水、井水、雨水、雪水等。

一般说来，天然水中，泉水是比较清净的，杂质少，透明度高，污染少，水质最好。但是，由于水源和流经途径不同，所以其溶解物、含盐量与硬度等均有很大差异，所以并不是所有泉水都是优质的。其中，比较优质的泉水在中国号称五大名泉的是镇江中冷泉、无锡惠山泉、苏州观音泉、杭州虎跑泉和济南趵突泉。

其次，溪水、江水（河水）、湖水等长年流动之水以及部分井水和达到饮用水卫生标准的自来水，都可用来泡茶。只不过在选择泡茶用水时，还必须了解水的硬度和茶汤品质之间的关系。水的硬度高，茶汤色泽加深或变淡，背离原茶本色，而且影响茶叶有效成分的溶解度，使茶叶变淡。所以选择泡茶用水宜选择软水，如雨水、雪水或暂时硬水（如泉水、溪水、江水、河水等）、蒸馏水（为人工加工而成之软水），这样泡出来的茶，色、香、味、形才俱佳。

2. 茶具的选用

（1）茶具的材质

茶具，一般仅指饮茶之具。茶具的材料，向来以瓷器为主，其次为陶器、玻璃、搪瓷及至塑料，另外，还有金属，竹木材料等。

茶具材料多种多样，造型千姿百态，纹饰百花齐放。究竟如何选用，这要根据各地的饮茶风俗习惯和饮茶者对茶具的审美情趣，以及品饮的茶类和环境而定。如东北、华北一带，多数都用较大的瓷壶泡茶，然后斟入瓷碗饮用。江苏、浙江一带除用紫砂壶外，一般习惯用有盖瓷杯，直接泡饮。在城市也有用玻璃杯直接泡茶的。四川一带则喜用瓷制的"盖碗杯"饮茶，即口大底小的有盖小花碗，下有一小茶托。茶与茶具的关系甚为密切，好茶必须用好茶具泡饮，才能相得益彰。茶具的优劣，对茶汤质量和品饮者的心情，都会产生直接影响。一般来说，现在通行的各类茶具中以瓷器茶具、陶器茶具最好，玻璃茶具次之，搪瓷茶具再次之。因为瓷器传热不快，保温适中，与茶不会发生化学反应，沏茶能获得较好的色香味；而且造型美观，装饰精巧，具有艺术欣赏价值。陶器茶具，造型雅致，色泽古朴，特别是宜兴紫砂为陶中珍品，用来沏茶，香味醇和，汤色澄清，保温性好，即使夏天茶汤也不易变质。

乌龙茶香气浓郁，滋味醇厚。冲泡时，茶叶投放前，先以开水淋器预温；茶叶投放后随即以沸水冲泡，并以沸水淋洗多次，以发茶香。因此冲泡乌龙茶使用陶器茶具最为适合。但陶器茶具的不透明性，沏茶以后难以欣赏壶中芽叶美姿是其缺陷，这对泡饮名茶就不适宜了。

如果用玻璃茶具冲泡，如龙井、碧螺春、君山银针等名茶，就能充分发挥玻璃器皿透明的优越性，观之令人赏心悦目。

至于其他茶具，如搪瓷茶具，虽在欣赏价值方面有所不足，但也经久耐用，携带方便，适宜于工厂车间、工地及旅行时使用。而塑料茶具，因质地关系，对茶味也有影响，除特殊情况临时使用外，平时不适宜，尤其忌用保温杯冲泡高级绿茶，因此种杯长期保温，使茶汤泛红，香气低闷，出现熟汤味，必然大煞风景。

（2）茶具的种类

茶具的主要品种有茶壶、茶杯、茶碗等，另外还有一些配套茶具，如茶船、茶盅、茶盘、茶巾等，下面对各种茶具进行简单介绍。

①茶壶。以不上釉的陶制品为上，瓷制和玻璃制次之。陶器茶壶透气性强，又能吸收茶香，每次泡茶时，能将平日吸收的精华散发出来，更添香气。

②茶杯。常与茶壶配套，对茶杯的要求是内部以素瓷为宜，以便欣赏茶汤色泽，茶杯杯形宜浅，以方便饮用。

③茶碗（茶盅）。以陶瓷制为主，但瓷器比陶器色泽洁白，质地更细腻，更有利于观赏茶汤美好的色泽。如四川一带喜用瓷制的"盖碗杯"，即口大底小的有盖小茶碗，下面还有个小茶托。

④茶船。有盘形与碗形两种，以供放茶壶之用。其一，可保护茶壶；其二，可盛热水保温并供烫杯之用。

⑤茶海。茶海，又称"公道杯"。形状似无柄的敞口茶壶。因乌龙茶的冲泡非常讲究时间，就是几秒十几秒之差，也会使得茶汤质量大大改变。所以即使是

将茶汤从壶中倒出的短短十几秒时间，开始出来以及最后出来的茶汤浓淡非常不同。为避免浓淡不均，先把茶汤全部倒至茶海中，然后分至杯中，可保持茶汤的浓度均匀，色泽清澈。同时可沉淀茶渣、茶末。

⑥茶荷。茶荷又名茶合，主要是用来盛干茶，以供主人和客人一起观赏茶叶的外形、色泽，还可把它作为盛装茶叶入壶、入杯时的用具。

⑦茶道组。茶道组是茶艺中不可缺少的茶具，一般是木制的，都放在一个像小笔筒一样的东西里面。里面有茶匙，用来加茶叶；茶夹，用来夹品茗杯；茶拨用来去茶叶；茶针用来通壶嘴；茶漏用来增加壶口面积。

⑧茶盘。放置茶杯用。

⑨茶托。也为放置茶杯用，每个茶杯配一茶托。

⑩茶巾。用来吸茶壶与茶杯外的水滴和茶水。

3. 茶叶用量

即茶叶与水的比例。一般茶、水的比例，随茶叶的种类及嗜茶者情况等有所不同。嫩茶、高档茶用量可少一点，粗茶应多放一点，乌龙茶、普洱茶等的用量也应多一点。一般红、绿茶，对嗜茶者茶与水的比例可为 1：50～1：80，即茶叶若放 3g，沸水应冲 150～240mL；对于一般饮茶的人，茶与水的比例可为 1：80～1：100。喝乌龙茶者，茶叶用量应增加，茶与水的比例以 1：30 为宜。家庭中常用的白瓷杯，每杯可投茶叶 3g 冲开水 250mL；一般的玻璃杯，每杯可投放茶 2g，冲开水 150mL。

总之，茶叶用量应视具体情况而定，茶多水少则味浓，茶少水多则味淡。

4. 泡茶水温

一般情况下，泡茶水温与茶叶中有效物质在水中溶解度呈正相关，水温越高，溶解度越大，茶汤就越浓，反之越淡。但泡茶水温的掌握，主要看泡饮什么茶而定。高级绿茶，特别是芽叶细嫩名茶，一般以 80℃ 左右为宜，这样泡出的茶汤才嫩绿明亮，滋味清爽；泡饮各种花茶、红茶和中低档绿茶，则要用 95℃ 以上的沸水冲泡，以增加茶中有效成分的渗透；泡饮乌龙茶，每次用茶量较多，而且茶叶较粗老，必须用 100℃ 的沸滚开水冲泡。有时，为了保持和提高水温，还要在冲泡前用开水烫热茶具，冲泡后在壶外淋开水。

5. 冲泡时间和次数

茶叶冲泡的时间和次数与茶叶种类、用茶数量、泡茶水温和饮茶习惯都有一定的关系。通行的冲泡法是：红茶、绿茶放入杯中后，先倒入少量开水，以浸没茶叶为度，加盖 3 分钟后，再加水到七八成满，便可趁热饮用。当饮至杯中尚余 1/3 左右茶汤时，再加开水，这样可使茶汤浓度前后比较均匀。乌龙茶常用小型紫砂壶冲泡，由于用茶量较多（约 1/2 壶），第一泡 1 分钟就要倒出，第二泡 1 分 15 秒，第三泡 1 分 40 秒，第四泡 2 分 1 秒 s。这样前后茶汤浓度才会比较均匀。

据测定，一般茶叶冲泡第一次时，其可溶性物质能浸出 50%～55%；泡第二次能浸出 30% 左右，泡第三次能浸出 10% 左右；泡第四次则所剩无几了，所以通常以冲泡三次为宜。

（二）茶的冲泡程序及操作规范

1. 茶的冲泡程序

茶的冲泡程序一般分为"品、评、喝"3 个步骤。

所谓"品茶"，即欣赏、品饮茶叶。我国各种名茶，本身就是一种特殊的工艺品，其色、香、味、形，丰富多彩，各有千秋。细细品来，其乐无穷，确是一种高雅的艺术享受。就品茶而论，最典型的莫过于冲泡乌龙茶了。

所谓"评茶"，又称"茶叶审评"，即审评茶叶的质量、等级，从而确定茶叶的价格。所以在茶叶流通中茶叶审评是一项十分重要的工作。评茶的一般程序是：看外形→嗅香气→评汤色→尝滋味→看叶底。

所谓"喝茶"，有些地方还叫"吃茶"，主要目的是解渴和帮助消化，这是日常生活的需要，也是人体生理上的需要。其冲泡程序比较简单，通常为：备茶→备水→备具→冲泡→饮用。

2. 泡茶的操作规范

不同的茶具有不同的特色，人们在品饮茶时，总有着不同的追求，如绿茶的清香、红茶的浓鲜、普洱茶的醇与香以及西湖龙井的色、香、味、形等，为了突出各种茶的特色，须讲究一定的操作规范。

（1）绿茶泡饮法

绿茶泡饮常采用玻璃杯泡饮法、瓷杯泡饮法和茶壶泡饮法。

泡饮之前，先欣赏干茶的色、香、味、形，取一定用量的茶叶，置于无异味的洁白纸上，观其形，察其色，嗅其香，领略各种茶叶的自然特色，此为"赏茶"，然后进行冲泡。

①玻璃杯泡饮法。采用玻璃杯泡饮细嫩名茶，便于欣赏茶在水中的缓慢舒展、游动、变幻过程（人们称为"茶舞"）及茶汤的色泽。其操作方法有两种：一是采用"上投法"，适于冲泡外形紧洁厚重的名茶，如龙井、碧螺春、蒙顶甘露、庐山云雾、凌云白毫等，洗净茶杯后，冲入 85～90℃的开水，然后取茶投入，一般不需加盖，饮至杯中茶汤尚余 1/3 水量时，再续加开水，谓之二开茶，饮至三开，一般茶味已淡，即可换茶重泡；二是采用"中投法"，适于泡饮茶条壮展的名茶，如黄山毛峰、太平猴魁、六安瓜片等，在干茶欣赏后，取茶入杯，冲入 90℃开水至杯容量的 1/3，稍停 2 分钟，待干茶吸水伸展后再冲水至满。

②瓷杯泡饮法。中高档绿茶也常采用瓷质茶杯冲泡。欣赏干茶后，采用"中

投法"或"下投法"冲泡，水温为95～100℃，盖上杯盖，以防香气散逸，保持水温，以利茶身开展，加速下沉杯底，待3～5分钟后开盖，嗅其香，品其味，视茶汤浓淡程度，饮至三开即可。

③茶壶泡饮法。茶壶泡饮法适于冲泡中低档绿茶，这类茶叶中多纤维素、耐冲泡，茶味也浓。冲泡时，先洗净茶具，取茶入壶，用100℃初开沸水冲泡至满，3～5分钟后，即可斟入杯中品饮。

（2）红茶泡饮法

红茶泡饮采用杯饮法和壶饮法。

一般情况下，工夫红茶、小种红茶、袋泡红茶等大多采用杯饮法。置茶于白瓷杯、玻璃杯中，用100℃初沸水冲泡后饮，闻香观色，品评红茶的清香与醇味。茶叶通常冲泡2～3次。

红碎茶和片末红茶则多采用壶饮法，即把茶叶放入壶中，冲泡后为使茶渣和茶汤分离，从壶中慢慢倒出茶汤，分置各小茶杯中，便于饮用。

（3）乌龙茶泡饮法

乌龙茶要求采用小杯细品。泡饮乌龙茶必须具备以下几个条件。首先，选用中高档乌龙茶；其次，配一套专门的茶具，人称"四宝"，即玉书碨（开水壶）、潮汕烘炉（火炉）、孟臣罐（紫砂茶壶）、若深瓯（白瓷杯）；另外如选用山泉水，水温以初开100℃为宜。

泡饮乌龙茶有一套传统方法。

①温壶。泡茶前，先用沸水把茶壶、茶海、茶杯、闻香杯等淋洗一遍，在泡饮过程中还要不断淋洗，使茶具保持清洁与相当的热度。

②注茶。把茶叶按粗细分开，先取碎末填壶底，再盖上粗条，把中小叶排在最上面，可使茶汤清澈无渣。

③洗茶。用开水冲茶，循边缘缓缓冲入，使壶内茶叶打滚，形成圈子，当水刚漫过茶叶时，立即倒掉，洗去茶叶表面灰尘，突出茶叶的真味。

④冲泡。茶洗过后立即冲进第二次水，水量约九成，盖上壶盖后，再用沸水淋壶身，使茶盘中的积水涨到壶的中部，使其里外受热，这样，茶叶的真味才能泡出来。另外，需注意泡茶的时间，一般为2～3分钟，泡的时间短，茶叶香味出不来，泡的时间太长了，又怕泡老了，影响茶叶的鲜味。四泡或五泡后就要换茶叶重泡了。冲茶时宜讲究"高冲"，即开水冲罐时应自高处冲下，使茶叶散香。

⑤斟茶。传统方法是用拇指、食指和中指三指操作。食指轻压壶顶盖珠，中指、拇指二指紧夹壶后把手。开始斟茶时，采用"关公巡城法"，茶汤轮流注入几只杯中，每杯先倒一半，然后周而复始，逐渐加至八成，罐中最浓部分采用"韩信点兵法"，点点滴滴而下，使每杯茶汤的色、香、味均匀。

第二次斟茶时，仍先用开水烫杯，以中指顶住杯底，大拇指按于杯沿，放进另一盛满开水的杯中，让其侧立，大拇指一弹动，整个杯即飞转成花，十分有趣。这样烫杯之后，才可斟茶。斟茶时应讲究"低行"，即先由杯缘而后集中于杯中间低倒，以免茶汤起泡沫而失香散味。

⑥品饮。把茶汤倒入闻香杯，用茶杯倒扣在闻香杯上连同闻香杯翻转过来；把闻香杯从茶杯中慢慢提起在茶杯上轻转三圈（顺时针），闻香杯在手中拂摇后深闻其香；细品慢饮茶汤，使茶汤在口中充分滚动回旋将其饮入，此时，口鼻生香，喉吻生津，周身舒坦。饮工夫茶，重在细细品尝。

（4）花茶泡饮法

泡饮高档花茶，如茉莉毛峰、茉莉银毫等名茶，首先要欣赏其外观形态，取一杯之量（2～3g），放在洁净无味的白纸上，先观察一下花茶的外形，干嗅花茶的香气，评定花茶的质量。

花茶的泡饮方法，以能维持香气不致无效散失和显示特质美为原则，这些都应在冲泡时加以注意。具体泡饮程序如下。

①备具。一般品饮花茶的茶具，选用的是白色的有盖瓷杯，或盖碗（配有茶碗、碗盖和茶托），如冲泡茶坯是特别细嫩的花茶，为提高艺术欣赏价值，也有采用透明玻璃杯的。

②烫盏。将茶盏置于茶盘，用沸水高冲茶盏、茶托，再将盖浸入盛沸水的茶盏转动，而后去水，这个过程的主要目的在于清洁茶具。

③置茶。用竹匙轻轻将花茶从贮茶罐中取出，按需分别置入茶盏。用量结合各人的口味按需增减。

④冲泡。向茶盏冲入沸水，通常宜提高茶壶，使壶口沸水从高处落下，促使茶盏内茶叶滚动，以利浸泡。一般冲水至八分满为止，冲后立即加盖，以保茶香。

⑤闻香。花茶经冲泡静置3分钟后，即可提起茶盏，揭开杯盖一侧，用鼻闻香，顿觉芬芳扑鼻而来。有兴趣者，还可凑着香气做深呼吸状，以充分领略香气对人的愉悦之感，人称"鼻品"。

⑥品饮。经闻香后，待茶汤稍凉适口时，小口喝入，并将茶汤在口中稍时停留，以口吸气、鼻呼气相配合的动作，使茶汤在舌面上往返流动1～2次，充分与味蕾接触，品尝茶叶和香气后再咽下，这叫"口品"。所以民间对饮花茶有"一口为喝，二口为饮，三口为品"之说。

花茶一般可冲泡2～3次，接下去即使有茶味，也很难有花香之感了。

七、茶饮料的调制

（一）茶饮料的概念

茶饮料是以茶叶的水提取液或其浓缩液、速溶茶粉为原料，经加工、调配（或不调配）等工序制成的饮料。主要品种有茶汤饮料、碳酸茶饮料、奶味茶饮料、果味茶饮料、果汁茶饮料以及其他茶饮料等。

（二）茶饮料的特点

1. 天然

随着绿色消费的进一步发展，人们对于饮料的选择也不会仅停留在解渴的基本要求上。茶饮料市场也将进入一个新的发展阶段，即从健康的概念开始着陆，提高茶饮料中茶的真正含量，力求回归自然。

2. 口味

茶饮料更加注重口味，比如绿茶就给人清新的口感，而实际的保健功能并不是很强，茶饮料更多的是一种感觉性饮料，即天然、时尚、健康、方便。其中，碳酸茶饮料既保持了茶的健康概念，又结合了碳酸饮料带给人的清爽感觉。

3. 健康

绿茶将会成为市场中的主导产品，因为中国是一个喝绿茶的大国，而且茶饮料本来就是以健康为卖点，而绿茶所具有抗肿瘤、抗心血管疾病等方面的作用更是得到了医学界的充分肯定。保健茶则将这一健康概念进一步发挥，引入了中华中草药成分，使茶饮料的保健作用更加突出。

4. 营养

在茶饮料中加入营养成分也将成为一个发展趋势，使人们在满足口味的同时也能满足对营养的要求。

（三）茶饮料的分类

1. 按原辅料分

分为茶汤饮料和调味茶饮料。

2. 按茶饮料浓淡分

分为浓茶型和淡茶型。

3. 按茶饮料口味分

分为果味茶饮料、果汁茶饮料、碳酸茶饮料、奶味茶饮料、其他茶饮料。

4. 按原料茶叶的类型分

分为红茶饮料、乌龙茶饮料、绿茶饮料、花茶饮料。

（四）部分茶饮料的调制

目前，随着人们的口味变化，已悄然兴起一种"调饮"法，即在茶中添加一些辅助原料，来增加茶的风味，提高茶的保健功能。

1. 茶饮料的加味冲调

在这一类茶饮料中主要添加糖、牛奶、柠檬汁、咖啡、蜂蜜及酒等进行调饮。

（1）糖茶

用杯：瓷或玻璃茶杯。

原料：热浓红茶 1 杯，方糖 1 块。

制法：直接将方糖加入热浓红茶中溶解调匀。

（2）奶茶（冰）

用杯：玻璃杯。

原料：浓红茶（或泡红茶）1 杯，砂糖（或蜂蜜）1 茶匙，牛奶 3 餐匙，冰块 3 块。

制法：将原料加入摇酒壶中摇匀滤出即成。如果再加上煮熟晾凉的黑珍珠，配上粗吸管，就变成另一款"珍珠奶茶"。

（3）柠檬茶

用杯：瓷或玻璃茶杯。

原料：柠檬片 3 片，热红茶 1 杯，砂糖适量。

制法：在热红茶中加入砂糖，放入鲜柠檬片 3 片，调匀即成，如在杯中再加入冰块，就可以制成冰柠檬茶。该茶也可直接采用速溶柠檬茶晶冲泡而成。

（4）咖啡冰茶

用杯：玻璃杯。

原料：冰咖啡半杯，糖浆 1 茶匙，冰红茶 28g。

制法：将上述原料用吧匙搅匀即成。

2. 茶饮料的加香冲泡

这一类茶饮料在冲泡过程中，要加入具有特殊香味的植物的根、茎、叶、花、果实等，以取其香味或增加营养保健功能。

（1）陈皮茶

用杯：玻璃杯或瓷杯。

原料：陈皮 10g，红茶 3g，砂糖适量。

制法：将陈皮洗净、撕碎，与红茶一起放杯中，以开水冲泡，加糖调匀即成。如用冰块镇凉更佳。

（2）菊花茶

用杯：玻璃杯。

原料：白菊花 6g，绿茶 6g，砂糖适量。

制法：将以上原料放入杯中，加开水冲泡 3 ～ 5 分钟即成。

（3）柏叶饮

用杯：玻璃杯。

原料：新鲜柏叶 10g，绿茶 2g，砂糖适量。

制法：将新鲜柏叶与绿茶以开水冲泡，加糖调匀即成。

（4）枸杞茶

用杯：玻璃杯。

原料：枸杞子 10g，绿茶 3g。

制法：将上述原料用开水冲泡，3～5 分钟即可饮用。

（5）薄荷茶

用杯：玻璃杯或瓷杯。

原料：绿茶 5g，方糖 1 块，薄荷汁 2 滴。

制法：将上述各种原料同入杯中，用开水冲泡，晾凉即成。

3. 冷冻茶品

主要指用各种茶汁作主料或辅料制成的茶冻、茶棒冰、茶冰激凌等。

第二节　咖啡

一、咖啡的起源

咖啡饮料是以咖啡豆的提取物制成的饮料，为世界三大饮料之一。

咖啡树是热带植物，属茜草科常绿灌木，它的果实初生时显黯绿色，历经黄色、红色、最后成为深红色的成熟果实。正常的果实里包含着一对豆粒，即为咖啡豆。经过干燥、焙煎、研煮，再加上各种调味料，可配制成各式各样的咖啡饮料。

咖啡的历史最有可能开始于埃塞俄比亚的咖法省（Kaffa，又译为卡法），一个叫柯迪（Kaldi）的牧羊人注意到，他的羊吃了一种不知名植物的叶子和果实之后会产生怪异的躁动情绪。附近修道院的僧侣听说后，据此进行多次尝试发现，把这种植物的种子烘焙，磨成粉，然后冲水制成饮料喝，能让他们在漫长的祈祷中保持清醒。

可能正是这种特性使咖啡在修道院中得以广泛传播，并被埃塞俄比亚军队在多次入侵中带到也门。后来咖啡传到了遥远的圣地麦加和麦地那，大量的朝圣者们从世界各地涌进这些城市，第一次尝到咖啡，然后把它带回自己的国家，就这样咖啡传遍了世界。

正是从上文所述我们学到了"Qahwah"这个词，意思是"沏""泡"；土耳其人读为"Quhve"；顺理成章，欧洲语音的翻版就成为 Coffee。

自从咖啡饮料诞生之后，咖啡就深深地影响了社会习俗和个人生活习惯。世界上第一座咖啡馆出现于 1660 年的巴黎，获得了卢梭、狄德罗、丹东、罗伯斯庇尔等当时社会名流们的青睐，于是咖啡馆成了欧洲文学界、艺术界及政界名人们的聚会点。伏尔泰宣称他一天喝 40 杯咖啡，传言巴尔扎克写《人间喜剧》时喝了 5 万杯；威尼斯的第一家咖啡馆开张于 1683 年，短时间内就发展到 200 多家；在维也纳，第一个开咖啡馆的是个波兰人，他不但保住了维也纳不受土耳其侵犯，还发明了一种新式饮法：过滤掉咖啡渣，然后加蜜使其变甜，再放牛奶。与此同时，为了纪念躲过的灾难，市里的一位面包师发明了一种半月形油酥糕点，与咖啡搭配绝妙，这就是我们现在知道的卡布基诺咖啡和羊角面包。

二、咖啡的产地与种类

（一）咖啡的产地

非洲是咖啡的故乡。咖啡树很可能就是在埃塞俄比亚的咖法省被发现的。后来，随着一批批的奴隶从非洲被贩卖到也门和阿拉伯半岛，咖啡也被带到了当地。

早期阿拉伯人食用咖啡的方式，是将整棵果实（Coffee Cherry）咀嚼，以吸取其汁液。其后他们将磨碎的咖啡豆与动物的脂肪混合，来当成长途旅行的体力补充剂，一直到约公元 1000 年，绿色的咖啡豆才被拿来在滚水中煮沸成为芳香的饮料。又过了 3 个世纪，阿拉伯人开始烘焙及研磨咖啡豆，由于可兰经中严禁喝酒，使得阿拉伯人消费了大量的咖啡，因而宗教其实也是促使咖啡在阿拉伯世界广泛流行的一个很重要的因素。

在对外殖民的过程中，荷兰人在印度的马拉巴种植咖啡，又在 1699 年将咖啡带到了现在印度尼西亚爪哇岛的巴达维亚，荷兰的殖民地曾一度成为欧洲咖啡的主要供应地。

1615 年，威尼斯商人首次将咖啡带入了欧洲；1668 年，咖啡作为一种时尚饮品风靡南美洲，咖啡屋也紧跟其后，分别在纽约、费城、波士顿和其他一些北美洲的城市出现。咖啡进入中国是源于 1884 年咖啡在台湾地区首次种植成功，大陆地区最早的咖啡种植则始于云南，是在 20 世纪初，一位法国传教士将第一批咖啡苗带到云南的宾川县。

目前，世界上栽培咖啡的有 70 多个国家和地区。主要产地有：埃塞俄比亚、也门、肯尼亚、委内瑞拉、坦桑尼亚、印度尼西亚、印度、巴布亚新几内亚、巴西、牙买加、哥伦比亚、哥斯达黎加、安哥拉、危地马拉、墨西哥、波多黎各、巴拿马、古巴、美国、秘鲁、海地、多米尼加、萨尔瓦多、洪都拉斯、尼加拉瓜、卢旺达、越南、中国等。

（二）咖啡的种类

咖啡从非洲移植到世界各个国家，根据各国所特有的土壤性质，改良栽培，于是产生了不同品种的咖啡。常见名品咖啡如下。

1. 蓝山咖啡

蓝山咖啡是咖啡中的极品，产于牙买加的蓝山。这座山得名于因反射加勒比海蔚蓝的海水而发出的蓝光。这种咖啡拥有所有好咖啡的特点，被誉为咖啡圣品。不仅口味浓郁香醇，而且由于咖啡的甘、酸、苦三味搭配完美，所以完全不具苦味，仅有适度而完美的酸味，一般都单品饮用。

蓝山咖啡的独特风味与蓝山的地理位置和气候条件有关。一般来讲，北回归线以南、南回归线以北，这一片地带适合种植咖啡，称为"咖啡带"。牙买加正处于北回归线以南。蓝山山势险峻，空气清新，没有污染，终年多雨，昼夜温差大，有着得天独厚的肥沃的新火山土壤。最重要的是，每天午后，云雾笼罩整个山区，不仅为咖啡树天然遮阳，还可以带来丰沛的水汽。优越的地理和气候条件，令蓝山咖啡的口感与香味出类拔萃，得以傲视其他同类。

除了出众的自然条件外，蓝山咖啡从种植、采摘，到清洗、脱壳、焙炒等，每道工序都十分讲究，有着严格的标准。比如在哪个成长期需要使用什么有机肥料都有明文规定，采摘以及后续的许多程序都靠手工来完成，参与其中的大部分是女工。为了保证咖啡在运输过程中的质量，牙买加是最后一个仍然使用传统木桶包装和运输咖啡的国家。

2. 哥伦比亚咖啡

产于南美洲，1808年，咖啡首次引入哥伦比亚，那是由一名牧师从安的列斯群岛经委内瑞拉带来的。今天该国是继巴西后的第二大生产国，哥伦比亚咖啡是少数冠以国名在世界上出售的原味咖啡之一。它也是世界上最大的水洗咖啡豆出口国。与其他生产国相比，哥伦比亚更关心开发产品和促进生产。正是这一点再加上其优越的地理条件和气候条件，使哥伦比亚咖啡质优味美，誉满全球。

该国的咖啡生产区位于安第斯山麓，那里气候温和，空气潮湿。哥伦比亚有三条科迪耶拉山脉（次山系）南北向纵贯，正好伸向安第斯山。沿着这些山脉的高地种植着咖啡豆。山脉提供了多样性气候，这意味着整年都是收获季节，在不同时期不同种类的咖啡豆相继成熟。

哥伦比亚咖啡经常被描述为具有丝一般柔滑的口感，在所有的咖啡中，它的均衡度最好，微酸甘醇香、柔软香醇，为咖啡中的上品，常被用来调配综合咖啡。

3. 巴西咖啡

由于巴西咖啡种类繁多，不能只用"巴西咖啡"一词便囊而括之。正如其他阿拉伯咖啡一样，巴西咖啡被称为"Brazils"，以区别于"Milds"咖啡。

巴西咖啡主要品种分为三类，即大粒咖啡（罗布斯塔，robusto）、小粒咖啡（阿拉比卡，arabico）和脱壳樱桃咖啡（cereja descascada）。巴西脱壳樱桃咖啡占世界同类咖啡的比重由 1996 年的 19% 上升到 25%。由于受市场价格影响，巴西正调整咖啡品种结构，将小粒咖啡面积减少，大粒咖啡面积扩大，而樱桃咖啡将是发展的重点，咖啡布局有向东北延伸的趋势。

绝大多数巴西咖啡未经清洗而且是晒干的。巴西有 21 个州，17 个州出产咖啡，但其中有 4 个州的产量最大，加起来占全国总产量的 98%，它们是：巴拉那州、圣保罗州、米拉斯吉拉斯州和圣埃斯皮里图州，南部巴拉那州的产量最为惊人，占总产量的 50%。

虽然咖啡具有多样性，但巴西咖啡却适合大众的口味，它们最适于鲜嫩的时候饮用，因为越老酸度越浓。例如，北部沿海地区生产的咖啡具有典型的碘味，饮后使人联想到大海。这种咖啡出口到北美、中东和东欧。

4. 曼特宁咖啡

在苏门答腊中西部，靠近巴东山区出产的曼特宁是世界上质感最丰厚的咖啡，这些咖啡豆是半水洗的，也就是先干燥处理，再用热水洗掉干果肉，这使豆子既有干燥处理豆的迷人土味，又能保持整齐的品质。其中有黏稠的质感，深埋在复杂滋味里的酸味，阴暗浓烈的药草或野菇气息，以及深入喉咙久久不散的回甘余韵。它们可以在综合品中扮演低音的角色，单品饮用尤佳。

5. 摩卡咖啡

产于衣索比亚高原，其味酸醇香，带润滑的甘酸品质，常用来辅助其他咖啡的香味。

摩卡这个词有着多种意义。公元 600 年前后，第一颗远离故乡衣索比亚的咖啡豆在红海对岸的也门生根落户，从此展开了全世界的咖啡事业。由于早期也门咖啡最重要的出口港是摩卡港（现在早已淤积），也门出产的咖啡也就被叫作"摩卡"豆；日子一久，有些人便开始用"摩卡"来当作咖啡的昵称，和现在"爪哇"的情况类似。后来，由于摩卡咖啡的余韵像巧克力，"摩卡"一词又被引申为热巧克力和咖啡的混合饮品。因此，一样是"摩卡"，摩卡豆、摩卡壶和意式咖啡中的摩卡咖啡，代表的却是三种含义。

6. 爪哇咖啡

产地印度尼西亚的爪哇岛，生产的少量阿拉比卡原种咖啡豆，颗粒小，是一种具酸味的良质咖啡豆。此岛上的阿拉比卡原种，曾是世界级的优良品，但 1920 年因受到大规模病虫害，而改种 Robusta 原种，到如今它所产的罗布斯塔原种咖啡豆，堪称世界首屈一指，具个性化苦味的"爪哇"被广泛用来供混合使用。

三、咖啡的作用

（一）提神醒脑

咖啡因能够刺激中枢神经，使头脑较为清醒，思考时精力力充沛，注意力集中，工作效率提高。但饮用超量的咖啡，会产生类似兴奋剂作用的神经过敏。对于倾向焦虑失调的人而言，咖啡因会导致手心冒汗、心悸、耳鸣这些症状更加恶化。

（二）促进循环

喝咖啡能升高血压，舒张血管，促进血液循环，另外，咖啡所含的亚油酸有溶血及阻止血栓形成、增强血管收缩、缓解偏头痛、降低中风概率等作用。但对患高血压、冠心病、动脉硬化等疾病的人，长期或大量饮用咖啡，可引起心血管疾病。

（三）保护胃部

咖啡因刺激胃肠分泌胃酸，可促进肠蠕动，帮助消化、防止胃下垂，还有快速通便的作用。但对胃病患者，喝咖啡过量可引起胃病恶化。应尽量避免空腹喝咖啡。

（四）缓解疲劳

咖啡因能使肌肉自由收缩，可提高运动功能。同时起到缓解疲劳的作用。

（五）防衰利尿

咖啡有抗氧化的作用，有助于防癌、抗衰老，抗痴呆。同时，咖啡因可促进肾脏机能，排出体内多余的钠离子，提高排尿量。但利尿作用容易造成钙流失，尤其对更年期后的女性很可能增加骨质疏松的风险。

（六）解酒功能

酒后喝咖啡，将使由酒精转变而来的乙醛快速氧化，分解成水和二氧化碳而排出体外。但酒和咖啡一般不可同饮。酒精被吸收后会影响胃肠和心、肝、肾、大脑、内分泌器官的功能，造成体内物质代谢紊乱，大脑由兴奋渐进入高度抑制状态。而喝咖啡则会使大脑高度兴奋，二者相反的作用会干扰大脑功能，同时刺激血管扩张，加快血液循环，增加心脏负担，这比单独饮用害处更大。

（七）维护神经

咖啡因能维持大脑中多巴胺的水平，多巴胺是一种让脑细胞传递信息的神经系统传递物质。帕金森病与大脑中缺少多巴胺有关。

（八）改善眼睛干涩

这主要是和咖啡中的嘌呤成分有关（例如，含嘌呤的滴眼剂，能刺激腺体分泌液体，对眼睛具有某种保护作用）。

（九）缓解疼痛

一夜没有睡好所带来的头痛或是太阳穴侧因血管收缩引起的疼痛，这些非器质性因素所引起的疼痛，都可以用咖啡来缓解。

总之，饮用咖啡的作用，还有很多，这里就不一一列举了。但同时，也有很多人不适合喝咖啡。例如，肝病患者不宜喝咖啡。一般正常的成年人咖啡因的代谢需要 2 小时，可是肝病患者或是肝功能不全者，咖啡因的代谢可能需 4～5 小时。咖啡和牛奶掺在一起，会产生一种不太稳定且难以消化的乳状液，对肝造成损害；此外，孕妇也不宜过多喝咖啡，主要是孕妇和胎儿对咖啡因代谢慢，咖啡因停留在体内时间较长。还有 12 岁以下儿童，由于肝、肾的发育不完全，解毒能力差，对咖啡因的代谢时间较长，所以也不宜喝咖啡。

四、咖啡的选购与保管

（一）咖啡的选购

选购咖啡时应注意以下几点。

1. 根据个人口味选购不同品牌

不同牌子的咖啡品质不同，口味也不一样。例如，蓝山咖啡与曼特宁咖啡都是较好的咖啡品种，它们制作时所选的咖啡豆品种、焙炒方法及成品配方都各不相同，因此其风味各异。

2. 选择好的包装

咖啡是很容易跑味和变味的饮品，采用密封罐装和真空包装，都能较好地保存咖啡原有的品质，而纸袋及非密封袋装则会影响咖啡固有的品质。所以，消费者购买熟咖啡豆前，要注意店内陈设及包装方式，如果豆暴露在大柜或大罐内，最好不要采购，因为和空气接触频繁，多半已不新鲜。最好选购有单向排气阀包装的咖啡，这是目前公认保鲜效果最佳的方式，熟豆产生的二氧化碳可从气阀排出，而外界的空气却进不来。选购单向排气阀包装的咖啡也有学问，最好挑选鼓鼓的，会"膨风"者为佳，因为咖啡出炉后在 1 个月内会释放大量二氧化碳，一旦排放完毕，风味开始走衰，也就是说咖啡袋已呈扁平状，挤不出咖啡"气息"，表示袋内的咖啡已"断气"不新鲜了。

3. 选择新鲜度较好的咖啡

选购时，运用人的感官，对咖啡豆进行鉴定，方法如下所述

鼻闻：新鲜的咖啡豆闻之有浓香，反之则无味或气味不佳。

眼看：好的咖啡豆形状完整、个头丰硕。反之则形状残缺不一。

手压：新鲜的咖啡豆压之鲜脆，裂开时有香味飘出。

颜色：深色带黑的咖啡豆，煮出的咖啡具有苦味；颜色较黄的咖啡豆，煮出来的咖啡带酸味。

好的咖啡豆：形状整齐、色泽光亮，采用单炒烘焙，冲煮后香醇，后劲足。

不好的咖啡豆：形状不一，且个体残缺不完整，冲煮后淡香，不够甘醇。

4. 购买要适量

咖啡是不耐储存的饮品，盛咖啡的容器一旦打开，并暴露在空气中，咖啡醇等香精油会逐渐散失，不饱和油也会逐渐氧化。如果咖啡在空气中放置太久，会失去固有的香味。

（二）咖啡的储藏

基本原则是想办法阻绝氧气、湿气、高温与阳光，并储藏在室温下，如果要放在冰箱内，务必使用密不透气的罐子，以免吸入杂味。不妨分装在几个小罐子，清洗干净的小玻璃罐就很好用，喝完一罐再开第二罐，即可减少与氧气接触。

如果咖啡豆全装在大罐内，每天开开关关，不消几天就走味，因此罐子越小越好，以两三天用完的量为宜。不建议使用抽气式保鲜罐，因为抽气的动作，会把咖啡的芳香成分抽走。

五、咖啡的冲调与服务操作规范

（一）咖啡的冲调

1. 遴选咖啡

咖啡可以根据自己的消费习惯和产品的特点进行选择。具体参考见表 5-1。

而且，选料时应注意：原则上浅焙豆赏味期限较长，重焙豆较短。单向排气阀包装的咖啡豆，距出炉日 4 个月内，以滴滤式或法式滤压壶冲泡，风味不致太差。

表 5-1　咖啡的产地及特点

产地	商品名称	简单说明	香	甘	酸	醇	苦	备注
牙买加 Jamaica	极品蓝山 Blue Mountain	在海拔 2256m 的蓝山而闻名，栽种在 80～1500 m 之斜坡，级数分为 No.1、No.2、No.3	强	强	弱	强	柔	最高级品
巴西 Brazil	山多士 Santos	品质优良，被认为是混合时不可缺之豆。品质类型分为 No.1、No.2，Screen18～19 最受好评，适用最为广泛	中	强	中	中	弱	宜调配用
哥伦比亚 Colombia	哥伦比亚 Colombia	世界第二大生产国。咖啡豆为淡绿色，大颗粒，具厚重味，无论是单饮或混合都非常适宜	强	中	中	强	弱	最标准品质
埃塞俄比亚 Ethiopia	摩卡 Mocha	为咖啡之原产地，颗粒较小，采干燥式，呈青绿色，具特殊香味及酸味。衣索匹亚是以缺点豆混入率来分级 No.1～No.8	强	中	中	强	柔	风味特殊
印度尼西亚 Indonesia	爪哇 Java	爪哇岛上所生产之少量阿拉比亚原种豆，颗粒小，是一种具酸味的良质豆，曾是世界上最优良的品种，但在 1920 年因受到大规模病虫害而改种具抵抗力的罗巴斯达种，具个性化之爪哇罗巴斯达被广泛用来混合	弱	中	弱	中	强	宜调配用
苏门答腊 Sumatra	曼特宁 Mandheling	苏门答腊岛上生产的曼特宁是极少数阿拉比卡种，颗粒颇大，但生产管理不理想及烘焙好坏会反映到豆子上，曾在蓝山未出现前被视为极品	强	中	弱	中	强	风味独特

　　重焙豆如果用来泡浓缩咖啡，新鲜度就要更挑剔，出炉后即使以单向排气阀包装，顶多只能保鲜 1 个月。因此，烘焙度、冲泡方式和赏味期长短有些关系，简而言之，浓缩咖啡对新鲜度最挑剔，保鲜期顶多 1 个月。滤泡式或法式滤压壶就比较不敏感，距出炉期 4 个月内并采单向排气阀包装的咖啡豆，均算新鲜，但对浓缩咖啡机而言，已经是走味豆了。

　　2. 研磨咖啡

　　研磨咖啡豆最基本的种类有粗磨（corase grind）、中磨（medium grind）、细磨（fine grind）。冲煮时间的长短，决定了深浅不一的咖啡浓度，也左右着研磨颗粒的粗细。一般而言，冲煮的时间越短，咖啡粉必须极力扩张更多表面积跟水接触，所需的颗粒就越细；反之，冲煮时间拉长，研磨的颗粒必须越粗糙，以免萃取出不必要的杂质。例如，快速萃取的 Espresso，需要面粉般的极细研磨，而必须充分浸泡才能释尽芳香的滤压式冲泡法，则需要饼干屑般的粗糙研磨。具体研磨要求，参照表 5-2。

表 5-2　咖啡的研磨要求

研磨方法	颗粒大小	适合泡法
粗磨	大小如粗白糖	适合滤压式咖啡
中磨	砂砾状，大小在粗白糖和砂糖之间	适合滴滤式（滤纸式滴漏）冲煮法
细磨	大小如细砂糖	适合蒸馏式咖啡壶、电动咖啡壶、摩卡壶
极细磨	大小介于盐和面粉之间	适合 Espresso、土耳其咖啡等

3. 煮泡咖啡

（1）传统滤泡式

滤泡式是原始且又工具简单的做法，咖啡壶由一个漏斗、一张滤纸和下面的一个容器组成，但它对人工的手艺要求很高，如果把握得当，就能煮出味道醇正的美味咖啡来。

滤泡式咖啡壶适合手感稳定、口感敏锐的品咖啡一族。在选购滤泡式咖啡器具时，注意看是三孔还是一孔，这很重要。三孔滴漏速度较快，萃取时间短，咖啡较清淡，一孔则反之。

传统滤泡式虽然简单，但却能煮出咖啡的原味；在制作过程中，须精准把握水温、水流大小和轨迹。均匀的水流和圆形的轨迹能让咖啡味道自然，所以，水壶的选择和双手倒水时的控制非常重要。水流接触到咖啡时，应尽量保持圆形，由外到内、由内而外周而复始，使咖啡与水流充分接触；同时，92℃的水温则能使咖啡的香、醇、甘、酸、苦均匀而强烈，过高的水温会烫伤咖啡，让味道变酸、变涩；偏低则难以冲泡出咖啡的香浓。具体操作方法如下。

用具：开水壶，网架过滤网袋，瓷或玻璃的咖啡壶。

用量：应根据客人对咖啡味道浓淡的要求来确定咖啡与水的适宜比例。

泡法：按量烧沸开水，并烫温咖啡壶，同时，将磨好的咖啡粉轻轻放过滤网袋，支好网架，咖啡壶置袋下，然后开始冲泡。第一次冲泡以 90℃热水由内往外绕圆圈淋入 1/3 量的热水。20～30 秒后，以 95℃热水，由外往内绕小圆圈淋入 1/3 热水。30 秒后，第三次以 85℃热水由低慢慢拉高往正中央淋入剩余热水。滤尽后，用细火将咖啡壶温热，温度最好保持在 96℃左右，然后再注入咖啡杯中饮用。

（2）虹吸式

虹吸式利用虹吸原理，在酒精的燃烧下，下层容器中的水温达到 92℃时，水流被吸到有咖啡粉末的上层容器中，通过浸泡、搅拌后，制成的咖啡再原路返回。由于多了一道搅拌工序，这种做法的咖啡味道较浓，但由于无需靠人工技术掌握，做法相对简单。具体操作方法如下。

用具：上层提炼杯，滤布网，下层烧杯，台架，酒精灯等为一套。规格有 1、3、5 人份 3 种。

用量：1 人份的咖啡需咖啡粉约 15g，水 125 ～ 135mL。

泡法：烹煮时，先将上层提炼杯底部装上过滤布网，将弹簧链钩套牢，使之固定好，倒入咖啡粉。另将温开水倒入下层烧杯中，以酒精灯加热，等水滚开时便直接插入装好咖啡粉的上层提炼杯，因蒸汽的压力，沸水经导管上升至提炼杯，待水完全上升后，将火转小，并以竹片轻轻搅拌咖啡粉 2 ～ 3 圈，力量不要太大，也不宜碰到过滤布，然后移开火源，用湿纸巾擦拭下层烧杯底部，使其内部压骤减，提炼杯中的咖啡液汁因重力关系就流入下层烧杯内，除去上层的提炼杯，此时下层烧杯中的咖啡即可倒出饮用。

咖啡与水混合的时间，依咖啡种类不同，为 1 ～ 2 分钟不等。

（3）电动式

电动咖啡壶通过电能将水煮沸后浸泡，这样做的咖啡最简单，但由于用沸水制作，口感稍逊一筹。相比而言，电动咖啡壶更适合小资情调、又怕麻烦的人。具体操作方法如下。

用具：电动咖啡壶 1 只（配有极细的过滤网和咖啡豆研磨机）。

用量：1 人份的咖啡需咖啡粉约 15g，水 125 ～ 150mL。

泡法：将咖啡豆置于研磨机内搅磨，然后加冷水于水箱，盖上盖子，通上电就会自动冲泡过滤，滴到底下的壶内，即可品尝。

4. 品评咖啡

咖啡冲泡好之后，在正式品尝前应先闻其香，再观其色泽；唯有颜色清澈的咖啡，才能给口腔清爽圆润的口感。然后是小口小口地品啜咖啡，此时先不急于将咖啡喝下，应暂时含在口中，让咖啡与唾液及空气稍微混合，同时感受咖啡在口腔中不同部位的刺激，再轻轻让咖啡进入胃中。如此结合嗅觉、视觉、味觉的品位与鉴赏，才能真正体会到一杯咖啡的精华所在，也才能享受到咖啡中原有的香、甘、酸、苦四味的均衡。

（1）香味

咖啡强调咖啡本身的香味。香味是咖啡品质的生命，也足以表现咖啡生产过程和烘焙技术。生产地的气候、标高、品种、精制处理、收成、储藏、消费国的烘焙技术是否适当等，都是决定咖啡豆香味的条件。咖啡在不同的冲泡阶段会产生不同的香味，刚开始冲泡时，咖啡的香味就像生咖啡豆一般，味道极为生涩，接下来的香味则会逐渐转为香醇。

（2）苦味

苦味是咖啡的基本味道，有强弱和质地的区别，生豆只含极微量的苦味成分，其后由烘焙造成的糖分、一部分淀粉、纤维质的焦糖化及炭化，才产生出咖啡更具象征性的苦味。

（3）酸味

咖啡也有酸味，适当的热作用产生适度的酸味，可使咖啡的味道更佳，让人觉得更有深度。

（4）甜味

咖啡的甜味与苦味呈表里一体关系，所以清爽的上等咖啡口味一定带有甜味。

（二）咖啡的服务操作规范

1. 咖啡杯具

（1）咖啡杯的材质

多数人在选购杯子时，常无法正确分辨咖啡杯与红茶杯之间的差别。通常红茶杯为了使红茶的香味扩散开来，并且方便欣赏红茶的色泽，所以杯底较浅、杯口较广，透光性也较高，而咖啡杯则杯口较窄、材质较厚，且透光性低。

咖啡杯一般有陶器制杯和瓷器制杯两种，近年来在咖啡一定要热热地喝的观念下，制杯业者甚至配和这种讲究，开发出具保温效果的陶器制杯，甚至比瓷器制杯更好的骨瓷制杯，可以使咖啡在杯中温度降低的速度较慢。

（2）咖啡杯的色调

咖啡液的颜色呈琥珀色，且很清澈。为了将咖啡这种特色显现出来，最好用杯内呈白色的咖啡杯。一些厂家在制作上忽视这个问题，在咖啡杯内部上各种颜色，甚至描绘上复杂细花纹的做法，往往让人难以由咖啡颜色来辨别咖啡冲泡完成的情形。

（3）咖啡杯的式样

在选购咖啡杯时，可依咖啡的种类和喝法，再配合个人的喜好及饮用场合等条件来选择。一般而言，陶器杯子较适合深炒且口味浓郁的咖啡，瓷器杯子则适于口感较清淡的咖啡。另外，意大利式咖啡一般都使用100mL以下的小咖啡杯，而牛奶比例较高的咖啡，如拿铁、法国牛奶咖啡时，则多使用没有杯托的马克杯。在个人喜好上，除了就杯子的外观来看之外，还要拿起来看看是否顺手，如此使用时才会感到方便舒服。杯子的重量，以挑选重量轻的为宜，因为较轻的杯子质地较致密，质地致密表示杯子的原料颗粒细微，所制成的杯面紧密而毛孔细小，不易使咖啡垢附着于杯面上。

另外，杯与盘要成套，花色一致，易产生美感；配料器具，如糖罐、牛奶（奶精）罐、咖啡匙、保温咖啡壶等，其色泽、形状都必须与咖啡杯协调。

（4）咖啡杯的清洗

至于咖啡杯的清洗，由于质地优良的咖啡杯，杯面紧密、毛孔细小，不易附着咖啡垢，所以饮用完咖啡后，只要立即以清水冲洗，即能保持杯子的清洁。经长期使用的咖啡杯，或用完后未能马上冲洗，使咖啡垢附着于杯子表面，此时可将杯子放入柠檬汁中浸泡，以去除咖啡垢。如果还不能将咖啡垢彻底清除，则可使用中性洗涤剂，沾在海绵上，轻轻地擦拭清洗，最后再用清水冲净即可。在咖啡杯的清洗过程中，严禁使用硬质的刷子刷洗，也要避免使用强酸、强碱的清洁剂，以避免咖啡杯的表面刮伤受损。

2. 咖啡用量

咖啡在服务中有三种形式，即经焙烤炒制的咖啡豆、磨碎的咖啡粉和速溶浓缩咖啡。咖啡使用量常根据所煮咖啡的颗粒粗细以及喝咖啡的习惯、爱好等来定，通常450g咖啡做成30杯为宜，如果超过30杯，味道会变淡，影响口味。

3. 咖啡用水

要使泡出的咖啡味道好，用水也有一定的讲究。以蒸馏水最为理想，其他如纯水、净水、磁化水也可以，但不能用矿泉水以及其他含碱性的硬水和含大量铁元素的水。

4. 咖啡配料

咖啡是一种习惯性的饮料，有人喜欢清饮喝纯咖啡，有人喜欢加糖、加奶等，所以在咖啡服务中常用糖、奶。糖的种类有砂糖、冰糖、方糖等，奶的品种有鲜奶、炼乳、鲜奶油等。加糖可冲淡咖啡苦味，加奶可压制咖啡酸味。近年来，随着消费者口味的变化，各种花色咖啡应运而生，常用配料如杏红片、七彩球、巧克力糖浆、香草片、豆蔻、玉桂粉、钻石冰糖、丁香、肉桂粉、豆蔻粉以及各种蒸馏酒和利口酒等。

5. 咖啡服务注意事项

①选用优质咖啡豆、咖啡粉。

②根据咖啡豆、粉的不同来确定相应的煮咖啡时间，通常需要6~8分钟，速溶咖啡可即冲即饮。

③咖啡与水的比例要适宜。

④选择洁净的煮咖啡器具。

⑤煮咖啡的温度在90~93℃，煮好的咖啡应及时服务。

⑥在可能的情况下，用微波炉加热用来加入咖啡的牛奶或乳脂，以免降低热咖啡的温度而失去风味。

⑦服务前采用烘碗机热水"温杯"，使咖啡倒入后，不但热度得以保持，而且可以酝酿香气。

⑧将热咖啡杯放在底碟上，再放到托盘里，然后从客人左边将咖啡杯及底碟、

糖罐和奶盅服务给客人。

六、咖啡饮料的调制

随着消费者口味的变化，咖啡饮料或咖啡型饮料种类不断增多，诸如各类咖啡果汁、咖啡蔬菜汁、咖啡牛奶、咖啡豆奶、咖啡汽水、果味咖啡、蛋黄咖啡、咖啡茶等。

另外，为了避免咖啡因的负面影响，"Caffein Free"的咖啡，也就是不含咖啡因的咖啡会有一定的发展，爱喝咖啡而又有所顾忌的人，可试饮这种咖啡。

（一）意大利咖啡

一般在家中冲泡意大利咖啡，是利用意大利人发明的摩卡壶来冲泡，这种咖啡壶是利用蒸汽压力的原理来萃取咖啡。摩卡壶可以使受压的蒸汽直接通过咖啡粉，让蒸汽瞬间穿过咖啡粉的细胞壁，将咖啡的内在精华萃取出来，故而冲泡出来的咖啡具有浓郁的香味及强烈的苦味，咖啡的表面并浮现一层薄薄的咖啡油，这层油正是意大利咖啡诱人香味的来源。具体调制过程如下。

用杯：咖啡杯。

用料：意大利咖啡粉 1 份，糖包 1 个。

调法：利用高压蒸汽快速冲调，或用虹吸式双冲法来煮均可，配上糖包上桌。

（二）卡布奇诺和拿铁咖啡

卡布奇诺咖啡是意大利咖啡的一种变化，即在偏浓的咖啡上，倒入以蒸汽发泡的牛奶，此时咖啡的颜色就像卡布奇诺教会修士深褐色外衣上覆的头巾一样，咖啡因此得名。

拿铁咖啡其实也是意大利咖啡的一种，只是在咖啡、牛奶、奶泡的比例上稍作变动为 1 : 2 : 1 即成（Latte 源自意大利文，指牛奶）。拿铁咖啡（cafe latte）便是由牛奶和咖啡调配而成，没有对苦味的亵渎，却注入纯粹的奶香。搅乱咖啡的枯燥，在流动的黑与白之间游走，凝结甜与苦的孤单。

具体调制过程如下：

用杯：咖啡杯。

用料：咖啡粉 7g，水 50mL，热牛奶 50mL，牛奶泡沫适量。

调法：利用浓缩咖啡机制作，将咖啡、热牛奶各半倒入杯内，上面加满牛奶泡沫。

（三）法国牛奶咖啡

最早将咖啡与牛奶混合在一起饮用的，据说是 1660 年荷兰驻印尼巴达维亚城总督尼贺夫。他从饮用英国奶茶获得灵感，尝试在咖啡中加入牛奶，没想到加入牛奶后的咖啡，喝起来更滑润顺口，在浓郁的咖啡香外，还有一股淡淡的奶香，风味犹胜奶茶。然而这种牛奶咖啡的喝法，并未在他的故乡荷兰流传开来，反而在法国大为风行，更成为法国人早餐桌上不可或缺的饮料。法国牛奶咖啡中，咖啡与牛奶的比例为 1 ： 1，因此，正统的法国牛奶咖啡冲泡时，应双手同时执牛奶壶与咖啡壶，从两旁同时注入咖啡杯中，故需要相当的腕力。由于法国纬度高、气候冷，故喝这种牛奶咖啡时，一般都选用马克杯一类的杯子，或是用没有把手的大碗，如此才能在饮用时借双手捧杯取暖。具体调制方法如下。

用杯：咖啡杯。

用料：热咖啡 50mL、热牛奶 50mL。

调法：将咖啡倒入法国牛奶咖啡的专用调制壶内。可选用深炒而浓烈的咖啡。然后，将热牛奶倒入另一调制壶，咖啡与牛奶的比例为 1 ： 1。最后，同时倒入咖啡与牛奶。倒入时须注意两只壶的流出量应保持一致。

（四）土耳其咖啡

至今仍采用原始煮法，复杂的工艺带着些许异国情调的神秘色彩。从中可以窥视到奥斯曼帝国盛极一时的风采。曾出版有关土耳其咖啡历史的作者塔哈托罗斯指出，咖啡最早虽然是从也门传入，但土耳其是第一个将咖啡饮料世俗化的民族，当年土耳其奥斯曼帝国的士兵在欧陆作战，撤退时留下数麻袋咖啡，欧洲人原先以为是骆驼饲料，后来发觉这些小豆子是土耳其官兵提神剂，而且味道也不错，欧洲国家因此染上咖啡瘾，土耳其堪称欧洲人的咖啡启蒙老师。具体调制方法如下。

用杯：咖啡杯。

用料：咖啡豆、香料各适量。

调法：将深烘焙的咖啡豆放入咖啡钵中研磨成极细的粉状，与香料放在一起细磨。然后将这些放入锅内，再加上水煮沸，反复约 3 次。待咖啡渣沉淀在杯状的杯子底部，再将上层澄清的咖啡液倒出。有时可加柠檬或蜂蜜。要注意若不轻轻地倒出，连咖啡渣都会一起倒出来。

（五）爱尔兰咖啡

"爱尔兰咖啡"背后有个浪漫的故事：一个都柏林机场的酒保邂逅了一名长发飘飘、气质高雅的空姐，她那独特的神韵犹如爱尔兰威士忌般浓烈，久久地萦绕在他的心头。倾慕已久的酒保，十分渴望能亲自为空姐调制一杯爱尔兰鸡尾酒，可惜她只爱咖啡不爱酒。然而由衷的思念，让他顿生灵感，经过无数次的试验及失败，他终于把爱尔兰威士忌和咖啡巧妙地结合在一起，调制出香醇浓烈的爱尔兰咖啡。一年后，酒保终于等到了一个机会，他思念的女孩点了爱尔兰咖啡。当他为她调制时，他再也无法抑制住思念的激情，幸福得流下了眼泪。他用眼泪在爱尔兰咖啡杯口画了一圈……所以，第一口爱尔兰咖啡的味道，总是带着思念被压抑许久后所发酵的味道，只可惜空姐始终没有明白酒保的心意。

爱尔兰咖啡既是鸡尾酒，又是咖啡，本身就是一种奇妙的组合。

爱尔兰咖啡的独特之处在于物理现象和食品的完美结合，饮者可以从中品味到爱情的原味：甜、酸、苦。在制作过程中，爱尔兰咖啡要用特定的专用杯，杯子的玻璃上有三条细线，第一线的底层是爱尔兰威士忌，第二线和三线之间是曼特宁咖啡，第三线以上（杯的表层）是奶油，白色的奶油代表爱情的纯洁，奶油上还洒了一点盐和糖，盐代表眼泪，糖代表甜蜜，一段刻骨铭心的爱情故事，又何尝不是这样呢？

制作时，爱尔兰咖啡注重"烧杯"。"烧杯"是为了将威士忌的酒精挥发走。在烧完杯后，酒和咖啡都是热的，而奶油是冻的，奶油在慢慢融化的过程中，在深色的咖啡和酒的表面拉出了很多白色的细线，象征着情人的眼泪，在温度达到平衡的时候，白色的细线弥漫出去，让人又体会到另一种欲哭无泪的心情，在一杯咖啡里，品到的是有情人相思的苦涩。具体调制方法如下。

用杯：爱尔兰咖啡杯。

用料：热咖啡 1 杯，爱尔兰威士忌 1/2 ～ 1oz，方糖 1 块，鲜奶油适量。

调法：专用杯中先加入爱尔兰威士忌，加入方糖，放在专用架上，用酒精灯烧热使其溶化，再倒入热咖啡约八分满，最后加入一层鲜奶油。

（六）摩卡咖啡

100 多年以前，整个中非及东非的咖啡生产国，向外运输业并不发达，也门摩卡是当时红海附近一个主要的输出商港，大部分非洲所产咖啡都是先运送到也门摩卡港集中，再向外输出到欧洲地区。百年后的今天，非洲咖啡国家已逐渐发展出属于自己的输出港口，不再依赖摩卡港，摩卡港也已因积淤退至内陆，反而现在非洲的蒙巴萨（Mombasa）港、德班（Durban）港、贝拉（Beiva）港等都已成为非洲新兴的一些咖啡输出港，但在当时咖啡只要是集中到摩卡港再向外输出的非洲咖啡，都统称为摩卡咖啡。具体调制方法如下。

用杯：咖啡杯。

用料：热咖啡 1 杯，巧克力糖浆 20mL，奶油 1 匙，肉桂棒 1 根，巧克力 1 块。

调法：在杯中加入巧克力糖浆 20mL 和很浓的深煎炒咖啡，搅拌均匀，加入 1 大匙奶油浮在上面，削一些巧克力末作装饰，最后再添加一些肉桂棒。

（七）皇家咖啡

皇家咖啡的名字来源于拿破仑。据说他远征俄国时，命人在咖啡中加入白兰地以抵御严寒，此后这种咖啡的新式饮法流传开来，被称为"皇家咖啡"。白兰地、威士忌、伏特加与咖啡调配起来非常协调，而其中以白兰地最为出色，二者相加的口感是苦涩中略带甘甜，自发明之日起就受到广泛的喜爱。刚冲泡好的皇家咖啡，在跳动的蓝色火焰中，猛地蹿起一股白兰地的芳醇，雪白的方糖缓缓化作焦香，这两种香味混合着浓郁的咖啡香，令人感到人生圆满。具体调制方法如下。

用杯：咖啡杯。

用料：综合热咖啡（或蓝山咖啡）1 杯，方糖 1 块，白兰地 1oz（30mL）。

调法：在咖啡杯口横置一支专用的皇室咖啡钩匙，上放方糖，并淋上白兰地，点火上桌即可。

（八）绿茶咖啡

咖啡首次正式输入日本是在 1877 年，当时正是明治维新的时代，咖啡被当作一种象征欧洲文化的高级饮料。经过百年来，日本也渐渐发展出一套属于自己风味的咖啡文化。

绿茶咖啡即是一道纯东洋风味的咖啡。在咖啡中撒些绿茶粉，而成为一道东西合璧的健康饮料。在喝绿茶咖啡时，绿茶所独有的幽雅清香略带苦涩的口感，与咖啡浓郁厚重的香味及略带柔酸味及香甜的口感，两种完全不同的口感，在口中交流激荡，如同东西方两种不同文化的交流过程，在冲突与融合中寻求平衡点。具体调制方法如下。

用杯：咖啡杯。

用料：综合热咖啡（或蓝山咖啡）1 杯，绿茶粉 1g。

调法：在咖啡杯中，撒上绿茶粉即可。

（九）冰拿铁咖啡

利用果糖与牛奶混合增加牛奶的比重，使它与比重较轻的咖啡不会混合，成为黑白分明的两层，形成如鸡尾酒般曼妙的视觉效果，再加上冰块，给人一种高雅而浪漫的温馨感觉。具体调制方法如下。

用杯：咖啡杯。

用料：意大利咖啡 1 杯，糖水 10mL，冰鲜奶 10mL，鲜牛奶 20mL

调法：首先，将鲜牛奶打成奶泡。其次，准备容量约 360 mL 的高脚玻璃杯一个，依次倒入下列材料：糖水、冰鲜奶、浓缩咖啡。最后，在上面加 3 匙的牛奶泡沫。

（十）魔力冰激凌咖啡

这是一道充满创意与富有变化的冰品咖啡。在冰凉的香草冰激凌上倒入意大利浓缩咖啡，再用巧克力酱在鲜奶油和冰激凌上自由构图。随着咖啡的热气，使冰激凌渐渐融化，而与鲜奶油混合在一起。巧克力酱所绘制的图案，也随冰激凌溶化而绽开，一幅狂放的立体山水画随之呈现。在味觉上，也由开始时的冷热分明、甜苦有别而渐次融合，充满了口感上的想象与变化。当在咖啡中添加冰激凌作为口味上的变化时，须注意所选择的冰激凌香味不可太重，否则容易破坏咖啡原有的香味。所以香草冰激凌是最佳选择，因为其具有淡淡的芳香和清爽的口感，与咖啡结合时，不但不会破坏咖啡原有的香醇及口感，而且还能增添咖啡的风味。具体调制方法如下。

用杯：咖啡杯。

用料：意大利咖啡1杯，香草冰激凌3球，巧克力酱适量。

调法：首先，挖3球香草冰激凌于杯内，让冰激凌成倒品字形排列，并在冰激凌上加些巧克力酱。其次，在杯缘与冰激凌间的空隙倒入意大利咖啡，以避免破坏冰激凌的外观。再次，在冰激凌球上任意加上一些鲜奶油作为点缀，增加立体感。最后，用巧克力酱在鲜奶油和冰激凌上，再次自由构图，以增加整体的美观。

✓ 思考题

1. 简述茶饮料的分类。
2. 简述绿茶、红茶及乌龙茶的分类及主要品种。
3. 简述再加工茶的种类及特点。
4. 简述茶饮料的功效。
5. 如何选购和保藏茶叶？
6. 冲泡茶叶的五大要素是什么？
7. 如何选择茶具？
8. 简述绿茶、红茶及乌龙茶的泡饮法。
9. 中国名茶有哪些？
10. 简述世界咖啡主要产地及名品咖啡的种类。
11. 咖啡的冲调与服务规范是什么？

第六章　碳酸饮料与果蔬汁饮料

本章内容：碳酸饮料

果蔬汁饮料

教学时间：2 课时

教学方式：运用多媒体的教学方法，叙述碳酸饮料与果蔬汁饮料的相关知识，对
比介绍各类碳酸饮料与果蔬汁饮料的特点。

教学要求：1. 了解碳酸饮料与果蔬汁饮料相关的概念。

2. 掌握碳酸饮料与果蔬汁饮料的分类方法和生产工艺。

3. 熟悉各类碳酸饮料与果蔬汁饮料的特点和鉴别方法。

4. 掌握碳酸饮料与果蔬汁饮料的饮用方法。

课前准备：准备一些碳酸饮料与果蔬汁饮料的样品，进行对照比较，掌握其特点。

碳酸饮料与
果蔬汁饮料

第一节　碳酸饮料

一、碳酸饮料的起源

碳酸饮料是指在一定条件下充入二氧化碳气的饮料制品，一般由水、甜味剂、酸味剂、香精香料、色素、二氧化碳及其他原辅料组成。其特点是饮料中充有二氧化碳气体，饮用时泡沫丰富，清凉解渴，风味独特。

关于碳酸饮料的起源，众说纷纭。但世界上第一瓶可口可乐于 1886 年诞生于美国，这种神奇的饮料本来是一个药剂师漫不经心的发明，他试图用来治疗感冒，没想到却以不可抗拒的魅力征服了全世界。无独有偶，百事可乐也是作为药水发明的，1898 年同样是药剂师出身的布拉德配制了一种治疗消化不良的药水，成为百事可乐的前身。两种可乐的命名方式也相似。"Coca-Cola"的命名是取可乐倒进杯中，"喀啦喀啦"的声音，"Pepsi-cola"的命名则是取打开瓶盖可乐冒气"拍嘘"的声音。经过多年的发展，世界上碳酸饮料的种类变得琳琅满目。

二、碳酸饮料的分类

（一）普通型

此种碳酸饮料不使用天然香料和人工合成香精，主要利用在饮用水加工过程中压入二氧化碳的方法制作而成，如各种苏打及矿泉水碳酸饮料。

（二）果味型

这类碳酸饮料是以酸味料、甜味料、食用香精、食用色素、食品防腐剂等为原料，用充有二氧化碳的原料水调配而成，如柠檬汽水、橘子汽水、荔枝汽水、汤力水、干姜水等。

（三）果汁型

与果味型汽水相比，果汁型汽水在制作中添加了超过 2.5% 的果汁或蔬菜汁，使该类汽水具有果蔬特有的色、香、味，不但清凉解渴，还可以补充营养，如鲜橙汽水、苹果汽水、冬瓜饮等。

（四）可乐型

这类饮料是在制作时利用某些植物的种子、根茎所含有的特有成分的提取物，加上某些定型香料及天然色素制成的碳酸饮料，如美国的可口可乐、百事可乐、中国上海的幸福可乐、山东的崂山可乐、四川的天府可乐、浙江的非常可乐等。

（五）乳蛋白型

这是以乳及乳制品为原料制成的碳酸饮料。常见的有冰激凌汽水及各种乳清饮料。

（六）植物蛋白型

它是用含蛋白质较高且不含胆固醇的植物种子提取蛋白质，经过一系列加工工艺制成的碳酸饮料，如豆奶果蔬碳酸饮料等。

三、碳酸饮料的特点

碳酸饮料大多颜色艳丽、口感清爽，最大的特点是饮料中含有"碳酸气"，因而赋予饮料特殊的风味以及不可替代的夏季消暑解渴功能。

的确，主宰碳酸饮料风味的物质是二氧化碳。当饮碳酸饮料时，碳酸受热分解，发生吸热反应，吸收人体的热量，并且当二氧化碳经口腔排出体外时，人体内有一部分热量也随之排出体外，所以能给人清凉感。二氧化碳从汽水中溢出时，还能带出香味，并能衬托香气，产生一种特殊的风味。饮用汽水能促进消化，刺激胃液分泌，兴奋神经，缓解疲劳。

另外，二氧化碳溶于水生成碳酸，使饮料的 pH 降低并可抑制微生物的生长，具有一定的杀菌作用。

四、碳酸饮料加工工艺

（一）水的处理

水的质量直接关系到饮料的质量，也关系到饮用者的健康，因此，必须将原料水进行理化分析、净化、软化、消毒杀菌等一系列处理，才能作为饮料用水。

一般来说，饮料用水应当无色、无异味，清澈透明，无悬浮物、沉淀物，总硬度在 7.9mmol/L 以下，pH 为 7，重金属含量不得超过指标。

（二）配料工艺

配料工艺是汽水生产中最重要的环节，它根据不同汽水的配方进行原料配比，使产品质量稳定，风味一致。

（三）碳酸化工艺

通过各类混合机将纯净的二氧化碳与饮料用水进行碳酸化处理，然后采用专用的灌装机械，使碳酸化水装入瓶内，经压盖即为成品。

五、碳酸饮料的饮用与服务和操作

（一）碳酸饮料的饮用

1. 净饮

大部分碳酸饮料适合净饮，而且，在饮用之前，通常采用冰镇的方法，使其保持清凉的口感，或者加冰饮用。

2. 混合饮用

碳酸饮料是调制鸡尾酒中"长饮"最常见的辅料，赋予鸡尾酒具有动感气泡的外形、漂亮的色泽和清凉的口味。例如，金汤力（Gin & Tonic）、日月潭库勒（Sun and Moon cooler）、朗姆口乐（Rum Cola）等。

（二）瓶装碳酸饮料服务

1. 碳酸饮料机的服务操作

碳酸饮料机也称可乐机，由多个品牌的浓缩糖浆瓶与二氧化碳罐等安装组成。使用时每个饮料糖浆瓶由管道接出后流经冰冻箱底部的冷冻板，并迅速变凉。二氧化碳通过管道在冰冻箱下的自动碳酸化器与过滤后的饮料用水混合成无杂质的充二氧化碳的水；然后从碳酸化器流到冰冻板冷却；最后糖浆管和充二氧化碳后的水管都接入喷头前的软管，打开喷嘴时，糖浆和二氧化碳按 5 ： 1 的比例混合后喷出。目前，可乐机供应的品牌有可口可乐、百事可乐、七喜、雪碧、芬达、苏打水等。

2. 瓶装碳酸饮料服务操作

碳酸饮料常采用瓶装或听装，便于运输、储存，也便于消费。对于瓶装碳酸饮料服务应注意以下几点。

①瓶、听装碳酸饮料在开启前切忌摇动，避免饮料喷溅。

②直接饮用碳酸饮料常常需冰镇或在饮料杯中加几块冰，这样二氧化碳保持的时间较长，才能发挥碳酸饮料的风味。

③碳酸饮料在消费前要注意保质期，避免饮用过期产品。

第二节　果蔬汁饮料

一、果蔬汁饮料的概念

果蔬汁饮料指以新鲜果蔬为原料，经过物理方法（如压榨、浸提等）提取而得到的汁液，或以该汁液为原料，加入水、糖、酸及香精色素等而制成的产品。

复合果蔬汁是近几年发展起来的一种新型营养保健食品和饮品，它集中了水果和蔬菜的精华，使营养与保健合为一体。水果汁中富含维生素 C，具有抗氧化的作用，能有效地消除活性氧和自由基，增强人体免疫功能；蔬菜中膳食纤维与饱和脂肪酸相互作用，阻止胆固醇的形成，与胆酸结合后排出体外，从而使引起动脉粥样硬化的血浆胆固醇相对减少，达到防病治病的目的。

由于果蔬汁饮料来自天然原料，其营养丰富，色彩诱人，同时成本低廉，制作方便，且易于消化吸收，经过近半个世纪的发展，现已成为食品行业的重要支柱之一。

二、果蔬汁饮料的分类

果蔬汁饮料的种类很多，根据分类标准不同，有以下几种分类方法。

（一）根据外观不同分

1. 澄清汁

澄清汁中不含悬浮物质，澄清透明，如苹果汁、葡萄汁、杨梅汁、冬瓜汁等。

2. 混浊汁

混浊汁中带有悬浮的细小颗粒，这一类汁含有营养价值很高的胡萝卜素，它不溶于水，大部分都含在果蔬汁悬浮体颗粒中，如橘子汁、菠萝汁、胡萝卜汁、番茄汁等。

3. 浓缩汁

浓缩汁是将新鲜果汁经过技术处理，使其去掉一部分水浓缩而成。浓缩果汁又称果汁露。

（二）根据制作不同分

1. 原果汁

原果汁，又称天然果汁，是未经稀释、发酵和浓缩，由果肉直接榨出的原汁。含原果汁 100%，可分澄清汁与混浊汁两种。

2. 鲜果汁

鲜果汁是由原果汁或浓缩果汁经过稀释等工序制成的，其果汁含量在 40%以上。

3. 饮料果汁

饮料果汁中原果汁的含量为 10%～30%。浓缩果汁中原果汁按质量计浓缩了 1～6 倍。

4. 果汁糖浆

果汁糖浆是由原果汁稀释或果肉浆直接加入砂糖及柠檬酸等制成，其中含原果汁应不少于31%。

5. 果浆饮料

果浆饮料是指用新鲜水果的可食用部分，打成的水果原浆，加上水、糖液、酸味剂等调制而成的混汁。成品中果浆含量为20%～60%。

6. 果粒果汁饮料

果粒果汁饮料中含有细碎的果粒或果肉条。如在柑橘汁中加入碎散的滴囊形果粒，在苹果饮料、菠萝饮料中加入似火柴杆大小的果肉条等。此类饮料一般果汁含量为10%，果肉含量为5%～30%。

7. 蔬菜汁

蔬菜汁是将一种或几种以上新鲜蔬菜榨汁后直接调配或发酵后制成的饮料。

三、果蔬汁饮料的特点

果蔬汁饮料之所以受到越来越多人们的喜爱，是因为它具有区别于其他饮料的特点，主要体现在以下几个方面。

（一）色泽

果蔬汁饮料是选用成熟的果蔬原料制作而成的，不同品种的水果与蔬菜，在成熟后都会呈现出不同的鲜艳色泽，它既是果实成熟的标志，又是区别不同种类果实的特征。如柑橘的橙色、草莓的鲜红色、猕猴桃的黄色或绿色、番茄的红色或粉红色等，使成品果蔬汁饮料具有各自不同的艳丽、悦目的感观特征，惹人喜爱。

（二）香味

各种果实均有其固有的香气，特别是随着果实的成熟，香气日趋浓郁。特定的香气赋予不同品种的水果与蔬菜以独特的风味。构成香气的成分主要为酯类和醇类化合物及其他有机化合物，易于散溢，在果蔬汁饮料加工过程中，需采用一定的保护措施，保留原果香味。

（三）口味

形成果蔬汁饮料口味的主要成分是糖分和酸分，糖分赋予饮料甜味，酸分可改善风味。果蔬汁饮料中近似于天然果蔬的最佳糖酸比会产生怡人的口感。

（四）营养

果蔬汁饮料营养丰富，含有人体必需的多种维生素、微量元素、各种糖类和各种有机酸等，对于防治疾病、改善人体的营养结构、增进人体健康具有十分重要的意义。

四、果蔬汁饮料制作

（一）果蔬汁饮料制作原则

果蔬汁饮料的制作分为两个方面的内容：一是吧台中果蔬汁饮料的调配操作，二是食品工业中果蔬汁饮料的工业化生产。这两个方面的制作须遵循共同的制作原则。

1. 选用优质原料

选择优质的制汁原料是果蔬汁饮料生产的基础。选择果蔬不仅要具有汁液丰富、取汁容易、出汁率高等条件，还应具有良好的风味和芳香，色泽稳定，酸度适当，并在加工中仍能保持这些优良品质，无明显不良变化。瓜果原料要求新鲜良好，成熟适度，汁多，富有原果香气，风味正常，无病虫害及霉烂果等。蔬菜原料要求菜质鲜嫩，有原品种色泽，无病虫害及霉烂现象等。

2. 选用合适的用具

果蔬原料中通常含有一些有机酸，在果蔬汁饮料加工和包装过程中应选择合适材质的用具，避免果蔬汁在加工或包装过程中发生变色、变味甚至不能食用的情况。如铁遇果蔬汁时，会与其中所含的单宁发生反应，使果蔬汁的颜色变黑等。用具通常采用的材质有不锈钢、铝、玻璃、陶瓷、搪瓷、竹、木等。

3. 充分清洗

榨汁前原料应充分清洗干净，除去附在果蔬原料表面的尘土、沙子、农药和部分微生物，可以采用浸洗、流动水冲洗、喷水冲洗等方法。对于农药残留量较多的果蔬原料，可用 0.5%～1.5% 的稀盐酸，或 0.06% 的漂白粉，或 0.1% 的高锰酸钾溶液，或含无毒表面活性剂的洗涤剂浸泡数分钟，然后用清水洗净。

同时要注意清洗用水的卫生，应当符合生活用水标准，防止二次污染。

4. 原料的破碎处理

除了柑橘类带果肉的果汁外，一般榨汁过程常包括破碎处理工序。将果蔬破碎的目的是提高出汁率，尤其是皮、肉致密的果实，破碎后效果更为突出。原料破碎的颗粒大小会影响出汁率。不同原料，其破碎程度的要求也不同，如苹果与梨以破碎到 0.3～0.4cm 较好，葡萄需压破果皮，番茄可用粉碎机破碎取汁等。

有些果蔬如杏、桃、梨、番茄等，在破碎之后，须进行加热处理（一般处理条件为 60～70℃，15～30min），可使果蔬肉质软化，果胶物质水解，提高出汁率。

5. 果蔬汁的调和

作为日常饮料的果蔬汁，多以天然果蔬为基本原料，加水、甜味剂、酸味剂等配制而成，也可用浓缩果蔬汁加水稀释、调配而成。果蔬汁饮料调配的成功与否，关键在于果蔬汁的糖酸比，但调整幅度不宜太大，以免失去原果蔬汁的风味。绝大多数果蔬汁的糖酸比以 13：1 或 15：1 为宜。

（二）果蔬汁饮料制作工艺

果蔬汁饮料的批量生产主要来自工业化大生产，其制作具有严谨的工艺流程，且随着生产品种的不同而有较大的差异。因其比较复杂，本节将不涉及工业化的制作工艺，而只对果蔬汁饮料中新鲜果蔬汁的制作工艺进行介绍。

新鲜果蔬汁的制作一般采用以下几种方法。

1. 压榨法

对于橘子、橙子、柠檬等含汁液较多的水果，通常利用榨汁器来挤榨果汁；对芹菜、胡萝卜等纤维较粗的蔬菜只需取汁，可用粉碎机切碎后，用纱布过滤取汁。

2. 切搅法

对于质地较硬，肉、汁皆可饮用的果蔬，如苹果、梨、草莓、番茄等，可洗净，切成 4 ~ 5cm 见方的块，用果汁机打碎取汁。

五、果蔬汁饮料的选购与质量鉴别

（一）果蔬汁饮料的选购

新鲜果蔬汁由于采用现榨现饮的方式，选购时可从选料、制作过程及成品的色、香、味、形等方面考虑。各种包装成品果蔬汁饮料选购时可掌握以下几点。

①包装应密封完整，无破损现象。

②包装上应标示清楚，有厂名、品名、厂址、内容物、食品添加剂、生产日期及保存期限等。

③生产日期越近越好，开封后无异味及变色，有原果蔬的天然味道及色泽。

④选购瓶装澄清汁制品时，可将瓶慢慢横转倒立，经光线照射，应透明无沉淀物。

（二）果蔬汁饮料的质量鉴别

果蔬汁饮料的质量鉴别除了具备以上选购条件外，还需注意以下几个方面。

①果蔬汁饮料是否具有原果蔬的色泽。果蔬汁易发生褐变现象，使饮料的色泽发生变化。影响褐变反应的因素有温度、pH 以及维生素 C 的变化。果蔬汁储藏温度越高，褐变速度越快，pH 越低，褐变速度越慢。维生素 C 的变化（指被氧化）是使果蔬汁变色的重要因素，对柑橘汁、猕猴桃汁、柠檬汁、苹果汁、桃汁、梨汁、菠菜汁、芹菜汁等果蔬汁的变色影响尤为明显。

②果蔬汁饮料是否具有原果蔬的本味。果蔬汁饮料在制作过程中，也易产生

变味现象。如杀菌过度则易产生煮熟味，选料不新鲜也易产生不良味道，褐变后的果蔬汁除色泽变暗外，还易产生特殊气味和苦涩味等。

③果蔬汁饮料是否产生沉淀混浊。对于澄清果蔬汁而言，绝对不可产生沉淀混浊现象，如有沉淀混浊应考虑是否变质。对于混浊果蔬汁而言，虽可带悬浮的微小颗粒，但也应区别于悬散性固体的絮淀和分离造成的混浊。

④对于已发生"胖听"的罐装果蔬汁，就考虑是否由于酸败而产生了变质现象。

⑤对于罐装果蔬汁，盖向内凹者，内容物未变，就是新鲜的。

六、果蔬汁饮料的调配操作

果蔬汁饮料中新鲜果蔬汁的调配包括单一果蔬汁的调配以及复合果蔬汁的调配。单一果蔬汁是以一种水果或蔬菜为主体，加上水、甜味料、酸味料等调配而成；复合果蔬汁是以两种或两种以上的水果或蔬菜为主体，加上水、甜味料、酸味料等调配而成。其具体操作通常采用榨汁器、果汁机、摇酒壶等调制而成。

（一）单一果蔬汁

1. 番茄汁

原料：番茄 1 个，食盐适量。

制法：将番茄洗净，用开水浸泡 2～3min，去皮切块，用果汁机搅碎，倒入加冰的玻璃杯中，加食盐适量搅拌即成。

2. 葡萄汁

原料：葡萄 200g，冰块 3 块。

制法：将葡萄洗净，用榨汁器压汁，倒入加冰的玻璃杯中。

3. 西瓜汁

原料：西瓜 200g，冰块 4 块，白砂糖 3 茶匙。

制法：将西瓜肉切成大丁，与冰块一起倒入搅拌器中搅碎，然后用纱布过滤取汁后，加砂糖搅拌即成。

4. 草莓汁

原料：鲜草莓 8 个，糖水适量，鲜奶 150mL，碎冰少许。

制法：将草莓清洗干净，与其他原料一起倒入搅拌器内打成汁，倒入玻璃杯中即可。

5. 苹果汁

原料：苹果 1 个，柠檬汁 2 茶匙，白砂糖少量，碎冰少许。

制法：将苹果洗净，去皮、核，切块，与其他原料一起放到搅拌器中搅匀成汁，倒入玻璃杯即成。

（二）复合果蔬汁

1. 柳橙西瓜汁

原料：鲜柳橙 2 个，西瓜 150g，方冰半杯。

制法：将鲜柳橙洗净切半后用榨汁器压成汁；西瓜取肉质部分切成大丁，用搅拌器搅成浆汁，用纱布过滤取汁。玻璃杯中放入冰块，先将柳橙汁倒入杯中，接着倒入西瓜汁，调制即成。

2. 胡萝卜番茄汁

原料：胡萝卜 150g，番茄 150g，香菜 1 棵，西芹 30g，蜂蜜 3oz，盐适量，柳橙汁 2oz。

制法：将胡萝卜洗净，去皮切丁，番茄洗净，去皮切丁，与碎香菜、西芹一起入果汁机中搅打 20s，再加入柳橙汁、蜂蜜及适量盐，续打 10s，即可倒入杯中饮用。

3. 葡萄柠檬汁

原料：葡萄 20 颗，柠檬 1 个，糖水 1oz，冰块半杯，玫瑰红酒 1oz，七喜汽水 330mL。

制法：分别将葡萄、柠檬压汁，加上玫瑰红酒和糖水，一起放入摇酒壶中，加满冰块，摇匀后即可倒入杯中，再加满七喜汽水即成。

4. 综合果蔬汁

原料：哈密瓜 1/3 杯，苹果半个，草莓 3 个，柳橙 1 个，冰块 1/2 杯，七喜汽水 330mL。

制法：将哈密瓜去皮、籽，苹果去皮、核，切丁，柳橙榨汁，再与新鲜草莓、柳橙汁、冰块一起放进果汁机内搅打均匀后倒入杯中，加满七喜汽水即成。

5. 奇异柠檬汁

原料：奇异果 1 个，柠檬 1 个，糖水 1oz，椰奶 1oz，柳橙 1 个，冰块适量。

制法：将奇异果去皮切丁，柠檬、柳橙压汁，再将柠檬汁、柳橙汁、奇异果、糖水、椰奶、冰块一起放入果汁机内搅打成汁，倒入杯中。

七、果蔬汁饮料的饮用与服务

（一）果蔬汁饮料的饮用

1. 净饮

①可直接饮用，或事先冰镇，或在饮用杯中加冰块。

②选择合适的玻璃杯具，以展示果蔬汁饮料的自然色泽。

2. 混合饮用

①果蔬汁饮料可适当加少量调味料饮用。如番茄汁中可加入盐、胡椒粉，大部分饮料可用半片或 1 片柠檬挤汁。

②果蔬汁饮料用于调制鸡尾酒。鸡尾酒漂亮的色泽、怡人的口味，在很大程度上来源于果蔬汁饮料，尤其是鸡尾酒中的热带鸡尾酒品种，如咸狗（Salt Dog）、血腥玛丽（Bloody Mary）等。

（二）果蔬汁饮料的服务

果蔬汁饮料是酒吧中常用的饮品，其色泽艳丽，口味自然，营养丰富。在鲜榨果蔬汁饮料服务中应注意以下几点。

①选用优质果蔬原料，原料的优劣关系到果蔬汁的质量。

②选用合适的制作工艺，制作工艺的优选能体现果蔬汁的绝佳风味。

③选择恰当的玻璃杯具，以盛载不同特色的果蔬汁，犹如红花绿叶，相得益彰。

④巧妙使用杯饰，如用水果、蔬菜等制作，可使饮品锦上添花。

⑤严格的卫生条件，避免果蔬汁有碍人体健康。避免使用过期饮品，注意果蔬汁饮料的保质期。

✓ 思考题

1. 简述碳酸饮料的分类及加工工艺。

2. 碳酸饮料的风味物质是什么？

3. 碳酸饮料饮用与服务需注意什么问题？

4. 简述果蔬汁饮料的种类与制作原则。

5. 如何选购果蔬汁饮料？

6. 果蔬汁饮料饮用与服务有哪些要求？

第七章　乳品饮料与冷冻饮品

本章内容： 乳品饮料

　　　　　　冷冻饮品

教学时间： 2 课时

教学方式： 运用多媒体的教学方法，叙述乳品饮料与冷冻饮品的相关知识，对比
　　　　　　介绍各类乳品饮料与冷冻饮品的特点。

教学要求： 1. 了解乳品饮料与冷冻饮品相关的概念。

　　　　　　2. 掌握乳品饮料与冷冻饮品的分类方法。

　　　　　　3. 熟悉各类乳品饮料与冷冻饮品的特点和鉴别方法。

　　　　　　4. 掌握乳品饮料与冷冻饮品的饮用方法。

课前准备： 准备一些乳品饮料与冷冻饮品的样品，进行对照比较，掌握其特点。

乳品饮料与
冷冻饮品

第一节　乳品饮料

乳品饮料通常指以牛奶或奶制品为主要原料，经过加工处理制成的液状或糊状的不透明饮料。

一、乳品饮料的分类

根据乳品饮料的概念，乳品饮料大体可分为以下几类。

（一）鲜乳品饮料

以鲜乳为主要原料制成。鲜乳呈乳白色稍带黄色，无沉淀，无凝块，无机械杂质，无黏稠浓厚现象，具有牛乳固有的脂香味。其主要特征是经过杀菌消毒。鲜乳在生活消费中销售量最大，作为一种大众饮料已相当普及。常见的鲜乳品饮料还有如下类别。

1. 脱脂牛奶

运用离心法将牛奶中的脂肪去掉，使其含量仅为 0.5% 左右。

2. 强化牛奶

在无脂或低脂牛奶中强化了各种维生素，如维生素 A、维生素 D、维生素 E 等。

3. 调味牛奶

在牛奶中添加其他辅料以提高风味和增加花色品种。较常见的调味牛奶有咖啡奶、巧克力奶、果汁（肉）奶等。成品一般含有 5%～8% 的乳固形物、4%～8% 的蔗糖、0～3% 的脂肪。

（二）发酵乳品饮料

以鲜乳或乳粉为原料，在经嗜热链球菌或保加利亚乳酸杆菌等发酵制得的乳液中加入水、糖液等调制而成的具有相应风味的活性或非活性产品。其中蛋白含量不低于 1.0% 的称为乳酸菌乳饮料，蛋白质含量不低于 0.7% 的称为乳酸菌饮料。

1. 酸奶油

用脂肪含量 18% 以上的稀奶油，加入乳酸菌发酵后，再加入特定的甜味料，使其具有水果或蔬菜风味的酸奶油饮料。

2. 酸奶

酸奶是以牛乳等为原料，经乳酸菌发酵而制成的产品，具有较高的营养价值和特殊风味。它能增强食欲，促进消化及钙的吸收，从而使人更健康。

酸奶的种类很多，从生产工艺上可分为凝固型和搅拌型；从产品的脂肪含量上可分为全脂酸奶、脱脂酸奶和半脱脂酸奶；根据加糖与否可分为甜酸奶和淡酸奶；根据酸奶中加入水果、蔬菜等不同可分为果料酸奶及蔬菜酸奶。

（三）配制型乳品饮料

以鲜乳或乳粉为原料，加入水、糖液、酸味剂等调制而成的产品，其中蛋白质含量不低于 1.0% 的称为乳饮料，蛋白质含量不低于 0.7% 的称为乳酸饮料。

（四）活性菌乳品饮料

活性乳酸菌饮料是指产品经乳酸菌发酵后不再灭菌制成的产品；非活性乳酸菌饮料是指产品经乳酸菌发酵后再经杀菌制成的产品。对于活性乳酸菌饮料来说，它的保存条件要求更高，成品应储存于 2 ～ 10℃ 的冷藏环境中，如温度过高，乳酸菌就会失去活性。

二、乳品饮料的营养功效

乳品饮料是以乳制品为主要原料制成的，其中主要的营养成分有水、蛋白质、脂肪、乳糖、无机盐和维生素等。

（一）水

乳品饮料的主要成分是水，约占 80% 以上，水分内溶解的物质有无机盐类、有机物和气体等。

（二）蛋白质

乳品饮料中含有多种蛋白质，原料牛奶中至少含有 3 种主要的蛋白质，其中酪蛋白的含量最多，约占总蛋白量的 83%，乳白蛋白占 13% 左右，乳球蛋白和少量的脂肪球膜蛋白约占 4%。另外，乳白蛋白中含有人体所必需的各种氨基酸，是一种完全蛋白质。

（三）脂肪

脂肪以微小的圆球或椭圆球形的状态悬浮在乳中或形成乳化态存在，含量一般为 3% ～ 5%，为牛奶的重要组分之一。牛奶脂肪与一般脂肪相比，乳脂肪的脂肪酸组成中含低级挥发性脂肪酸高达 14% 左右，水溶性挥发性脂肪酸的含量比例达 8% 左右，这是乳脂肪风味良好及易于消化的原因所在。

（四）乳糖

乳糖是哺乳动物乳汁中特有的糖类，约占牛乳的 4.5%，占干物质的 38%。每消化 1 分子乳糖可得到 1 分子葡萄糖和 1 分子半乳糖，半乳糖是构成脑及神经组织的糖脂质的一种成分，能促进智力发育。

（五）无机盐

牛乳中无机盐主要是磷、钙、镁、氯、钠、铁、硫、钾等元素的盐类。此外，还含有碘、铜、锰、硅、铝、锌等微量元素。

牛乳中的无机盐大部分与有机酸结合而以可溶性盐类的形式存在，其中，最主要以无机磷酸盐及有机柠檬酸盐的状态存在。钙、镁、磷除了一部分呈游离状态外，另一部分则以悬浮状分散在牛乳中，此外还有一部分与蛋白质结合。通常，牛乳中无机盐含量为 0.7% 左右。

（六）维生素

牛乳中含有人体营养所必需的各种维生素。如维生素 A、维生素 D、维生素 E、维生素 B_1、维生素 B_2 及维生素 C 等。用发酵法制成的乳品饮料制品，因微生物的生物合成作用，能提高一些维生素的含量。

总之，乳品饮料营养物质丰富，并且容易被人体消化吸收。其中蛋白质、脂肪、糖类、无机盐及维生素等营养物质的结构十分合理，特别是酸奶饮料，其营养与医疗价值在世界范围内得到广泛认同。

三、乳品饮料的特点

（一）口味多样

含乳饮料可以调配成各种水果味的，如草莓、樱桃、橘子、香蕉、菠萝、芒果，也可以调配成可可味、咖啡味、巧克力味，既有营养又有乐趣，满足了不同人群尤其是儿童和年轻人的需求。

（二）营养丰富

1. 营养保健功能

乳品饮料具有一定的保健功能，有的含益生菌，对人体消化功能有帮助；有的含适量无机钙，有一定的补钙作用。

2. 含有一定量的蛋白质

乳品饮料的蛋白质含量至少应在 0.7% 以上，与普通饮料相比，蛋白质含量较丰富。当然，乳品饮料与纯牛奶和酸牛奶相比，蛋白质含量还是较低，不能替代牛奶，因为牛奶蛋白质含量一般不低于 2.9%，风味酸牛奶的蛋白质含量也不低于 2.3%。从平衡膳食而言，无论是青少年、儿童，还是中老年人，每天应喝牛奶 400 ~ 500mL。中国人习惯在早餐或睡前饮用牛奶，如果这两个时间段的牛奶饮用量达不到标准，也可在白天的工作或生活中适当用含乳饮料作为补充。

四、乳品饮料选购、鉴别与保存

（一）乳品饮料选购

选购乳品饮料时，通常应注意以下几点。

①选择生产规模较大、产品质量和服务质量较好的知名企业的产品。规模较大的生产企业对原材料的质量控制较严，生产设备和工艺水平先进，企业管理水平较高，产品质量也有所保证。

②要仔细查看产品包装上的标签标识是否齐全，特别是配料表和产品成分表，以便区分产品是配制型含乳饮料还是发酵型含乳饮料，是活性类产品还是非活性类产品，选择适合自己口味的品种。再根据产品成分表中蛋白质含量的多少，选择自己需要的产品。

③含乳饮料中含活性菌的乳酸菌饮料保质期较短，并且需要在 2～4℃冷藏保存，在购买时应注意保质期和冷藏条件。食用时应仔细品尝产品，含乳饮料应具有纯乳酸发酵剂制成的乳酸饮料特有的气味，无酒精发酵味、霉味和其他外来的不良气味。

④选购含乳饮料时还应注意产品的品牌、生产日期、保质期、成分表、贮藏方法及食用方法等标注。

（二）乳品饮料的质量鉴别

乳品饮料的质量鉴别除上述 4 点外，还可以从以下几个方面着手。

①有牛乳的固有色泽及气味，无杂质及其他夹杂物。

②选购牛奶时，可把奶汁滴在水里，沉入水中的是鲜乳。或将乳汁滴在指甲上，奶滴呈球形的也是鲜乳。

③发酵乳制品有着正常、适口的酸味。变质制品则有过多的酸味及豆渣状沉淀。

（三）乳品饮料的保存

①乳品饮料在室温下容易腐败变质，应在 4℃及以下冷藏，不得受潮及阳光照射。

②牛乳易吸收异味，冷藏时应包装严，并与有刺激性气味的食品隔离。

③乳品饮料不要储存太久，按照保质期限，尽快食用。

④冰激凌应在 -18℃以下冷藏。

⑤乳品饮料拆封后，应尽快喝完，若发现变质，即应停止食用。

五、乳品饮料的调配

（一）可可乳饮

用杯：玻璃杯。

原料：牛奶 300mL，白糖 75g，可可粉 35g，水 300mL。

制法：先用 150mL 水加入可可粉搅溶后，加热至沸，继续用小火加热至溶液呈棕褐色，然后加水、糖、牛奶加热至沸，热饮或冷饮皆可。

特点：奶香浓郁、可可芬芳。

（二）巧克力乳饮

用杯：玻璃杯。

原料：牛奶 300mL，甜巧克力 1 块（约 150g），水 300mL。

制法：将牛奶倒入水中，加热至沸后放入巧克力，边搅拌边加热，至巧克力完全溶解，热饮或冷饮皆可。

特点：奶香浓郁，具有巧克力的香醇和丝滑感受。

（三）果味乳饮

用杯：玻璃杯。

原料：牛奶 300mL，白糖 50g，水 500mL，各色水果块 50g。

制法：将牛奶与水混合均匀，加热至沸，加入白糖使之充分溶解，晾凉后加入水果块，搅匀后冷却备用。

特点：果香味浓、营养丰富。

（四）红茶乳饮

用杯：玻璃杯。

原料：牛奶 300mL，红茶 1.5 杯，方糖 3 块，柠檬 1 片。

制法：将红茶沏好，牛奶加热至沸，饮用时，先将茶水倒入杯中，再加牛奶搅拌均匀，加入方糖，最后放入柠檬。

特点：香气协调、口味甜美。

（五）草莓牛奶

用杯：玻璃杯。

用料：草莓 75g，牛奶 100mL，糖粉 25g，碎冰 100g。

制法：将全部配料倒入搅拌机中充分搅拌均匀即可。

特点：口味清凉，具有草莓的芬芳。

（六）香瓜牛奶

用杯：玻璃杯。

用料：香瓜 100g，牛奶 40mL，糖粉 25g，碎冰 100g。

制法：将香瓜洗净去皮、籽，然后与其他配料一起放入搅拌机内，搅匀后倒入杯中即可。

特点：果香味浓、营养丰富。

（七）香蕉牛奶

用杯：玻璃杯。

用料：香蕉 100g，牛奶 100mL，糖粉 25g，碎冰 100g。

制法：将全部原料放入搅拌机内搅匀，倒入杯中即成。

特点：口味清凉、蕉香浓郁。

（八）雪泥芒果

用杯：玻璃杯。

用料：鲜芒果肉 2 个，牛奶 350mL，碎冰 100g。

制法：将全部原料放入搅拌机内搅匀，倒入杯中，插入长柄饮管即可。

特点：口味清凉、芒果味香。

六、乳品饮料的饮用与服务操作规范

（一）乳品饮料的饮用

1. 净饮

一般乳品饮料可以直接净饮，但不宜空腹喝含活性乳酸菌的乳品饮料。空腹时胃酸的 pH 值较低，不适宜乳酸菌的存活，直接饮用含活性乳酸菌的饮料易将其杀死，保健作用减弱。饭后 2h 饮用效果较好。

2. 混合饮用

乳品饮料可以直接用于鸡尾酒的调制。例如，白兰地泡芙（Brandy Puff）、亚历山大（Alexander）、阿普多格（Apdough）等。

（二）服务操作规范

1. 热奶服务

早餐奶以及冬季饮用时，一般需要加热服务。调制牛奶的用具必须绝对清洁。加热牛奶时应在热的或开的水上热，可用双层锅，避免直接煮。热奶供应，应依分量的多少以大或小的玻璃杯或陶瓷杯盛装牛奶,置于杯垫(或杯碟)上,并附上小茶匙(以供客人加糖搅拌用)。

2. 冰奶服务

牛奶等乳品饮料大多为冰凉时饮用。把消毒过的奶放在4℃以下的冷藏柜中保藏。另外,牛奶等乳品饮料很易吸收异味,在冷藏时应包装好,并尽可能使用容器。饮用时,另送上冰水1杯,以便清洁口腔之用。

3. 酸奶服务

不宜加热喝乳酸菌饮料。乳酸菌饮料中的活性乳酸菌经过加热煮沸后,有益菌被杀死,营养价值大大降低。酸奶等乳酸菌饮料等在低温下饮用风味最佳,配上吸管2支。

第二节　冷冻饮品

冷冻饮品通常是以牛乳或乳制品为主要原料,加入糖类、蛋品、熟淀粉、香料等,经混合配制、杀菌冷冻制成的美味可口的冷饮制品。

一、冷冻饮品的分类

冷冻饮品包括冰激凌、冰激凌的衍生产品、雪糕、冰棍、刨冰饮品、水果宾治和其他冷冻饮品。目前市场上常见的主要冷冻饮品是冰激凌、雪糕、冰棍3大类,其余3类仅在专门的冷饮店有售,不是冷饮市场的主体。

(一)冰激凌

冰激凌,又名冰淇淋,英文Ice Cream。冰激凌是一种冻结的乳制品,以饮用水、乳品、蛋品、甜味料、食用油脂等为主要原料,加入适量的香料、稳定剂、着色剂、乳化剂等食品添加剂,经混合灭菌、均质、注模、冻结(或轻度凝冻)等工艺制成带棒或不带棒的冷冻饮品。

1. 冰激凌的起源

冰激凌的起源说法很多,西方传说公元前4世纪左右,亚历山大大帝远征埃及时,将阿尔卑斯山的冬雪保存下来,将水果或果汁用其冷冻后食用,从而增强了士兵的士气。还有记载显示,巴勒斯坦人利用洞穴或峡谷中的冰雪驱除炎热。

在各种说法中,最具说服力的还是始于中国。1292年,在马可·波罗游历中国后,记载他将在北京最爱吃的冻奶的配方带回威尼斯,并在意大利北部流传开来。东方的传统冷冻食品经马可·波罗传入西方,并得到进一步发展,实现了产业化,从而诞生了今天的冰激凌。

冰激凌风靡全世界,是在1660年前后,在巴黎最早开业的普罗科普咖啡厅

（Cafe Procope），意大利人科泰利（Cotelli）制造出在橘子或柠檬中加入香味的果汁后，将其冻结制成冰果并进行销售。但这时的产品冰晶大，较之冰激凌更接近于冰冻果汁。最先开始制造出今天这样冰晶小而柔软的产品，是从 1774 年法国路易国王的御用厨师开始的。这时被称为奶油冰，后来随着大量使用浓缩乳、炼乳、奶粉等原料，才开始将其称为冰激凌。接着，冰激凌经法国传入英国、美国，逐渐被人们所认知。

1851 年，在美国马里兰州的巴尔的摩，牛奶商人雅各布·富赛尔（Jacob Fussel）实现了冰激凌的工业化。他在美国巴尔的摩建立工厂，最早开始大量生产冰激凌。借助于 1899 年的等质机、1902 年的循环式冷藏机、1913 年的连续式冷藏机等的发明，冰激凌的工业化在全世界得到迅速发展。

2. 冰激凌的分类

冰激凌的生产工艺分为软冰激凌和硬冰激凌两类。软冰激凌在生产过程中没有硬化过程，膨胀率为 30%～60%，一般可以用冰激凌机现制现售。硬冰激凌的膨胀率在 80%～100%，硬化成型是为了便于包装和运输。通常，一支软冰激凌比同等体积的硬冰激凌要含有更多的（约 1.6 倍）营养；没有硬化过的软冰激凌也会更滑腻、香醇。

另外，按原料配方可分为全乳脂冰激凌、半乳脂冰激凌和植脂冰激凌 3 个种类；每个种类按产品的组织状态又可分为清型、混合型和组合型 3 个类型。按颜色可分为单色、双色和多色；按造型可分为杯状、蛋卷状和砖形等；根据风味可分为奶油味、牛奶味和果味等。

3. 冰激凌的营养

冰激凌是冷冻饮品的主体，含有牛乳的全部成分，脂肪含量在 6%～12%，最高的可达 16%，蛋白质含量 3%～4%，糖含量 14%～17%。冰激凌具有浓郁的香味、口感细腻的组织状态、视觉鲜美的色泽、呈悬胶体状态的乳脂肪，使之更易被消化吸收，是一种营养价值较高的冷食。

冰激凌除了美味以外，还有美容、养颜、抗衰老、排毒等功效，含有许多营养成分，如蛋白质、乳糖、钙、维生素 C、维生素 A、维生素 E 及其他对人体有益的生物活性物质，是一种令人喜爱的营养食品。专家建议在身体发热而没有胃口时，吃一些冰激凌，不失为一个迅速补充体力、降低温度的方法。冰激凌可以收缩血管。在食用冰激凌时，皮肤的毛孔会张大，皮肤因此能摄取更多的营养。

冰激凌虽好，但也不应过量食用，更不能代替一日三餐；如患有忌冷食的疾病，也不应食用。

4. 冰激凌的品尝

品尝冰激凌，有以下六个步骤。

①回温。当从冰激凌机制出，或从冷冻柜里将冰激凌挖到盘子时，最好等上1～2min，让冰激凌的味道散发至最大，增加整体的风味。

②观其色泽、质感和造型。冰激凌的风味来自所有感官的印象，不单纯是口感。

③挖1小匙冰激凌，将汤匙翻转过来，使冰激凌直接碰触舌尖。经验证明，这是让冰激凌风味直达味蕾的最佳方法。

④在舌头上含满一层冰激凌，让多层的味道散发出来，这样就体会到整体的"口感"。

⑤将冰激凌香味带到鼻子，用嗅觉去感觉其"香味"。

⑥将冰激凌吞进喉咙"完成品尝"。

（二）冰激凌的衍生产品

1. 冰激凌圣代

（1）冰激凌圣代的起源

冰激凌圣代创始于美国，传说，美国伊利诺伊州州长认为星期日是"安息日"（星期日是耶稣的安息日，教会认为用这一天作商品名是对神明的亵渎。于是，Sunday 冰激凌只好改称 Sundae，一直沿用至今。为了避开禁忌，Sunday 冰激凌还曾用过一些其他的名字，如 sundi、sondhi），不应吃什么，于是逢星期日就禁售冰激凌。但星期日想买冰激凌的人多，于是商贩就想出办法，把各种糖浆淋在冰激凌上，盖上一层切碎的新鲜水果粒，使冰激凌改头换面，以避免禁售，当时取名为星期日（Sunday），后来改名为 Sundae，于是圣代就诞生了。在美国它的起源还有两种说法：其一，威斯康星州的两河地区人称，早在1881年，一位卖苏打水的商贩应顾客要求在香草冰激凌上面浇上巧克力苏打糖浆，这是最早的圣代冰激凌；其二，纽约州的伊萨卡地区坚称，圣代是由当地一个叫普拉特的人在1892年发明的，当时他在自己的店铺里把加了糖浆和樱桃的香草冰激凌卖给了一位牧师，其证据是1892年刊登在《伊萨卡日报》上的一个圣代冰激凌广告。

（2）冰激凌圣代的种类

冰激凌圣代有多种，常见的有鲜草莓圣代（Fresh Strawberry Sundae）、鲜柠檬圣代（Fresh Lemon Sundae）、鲜橘子圣代（Fresh Orange Sundae）、巧克力胡桃圣代（Chocolate Walnut Sundae）、荔枝圣代（Litchi Sundae）、双球圣代（即放两个冰激凌球的圣代）。

冰激凌圣代后来又分为英式圣代和法式圣代。英式圣代是把冰激凌球放在玻璃盘内，再放上水果，加鲜奶油、红樱桃，并放上一块华夫饼干作为点缀。而法式圣代即为芭菲。

2. 芭菲（Parfait）

Parfait 是个法语词，意思是完美。不过作为一种甜品，汉语中没有确切对应的名称，香港直译作芭菲。它是一种冰冻奶油甜品，看起来有点像雪糕砖，不过吃起来更香滑，入口即化。

芭菲又称为法式圣代，它是将甜酒或糖浆放在高身有脚玻璃杯中，放入各种冰激凌，再淋上鲜奶油而成。特点是酒香、奶香、果香齐备，风味特殊。常见的有巧克力芭菲（Chocolate Parfait）、仙境芭菲（Fairyland Parfait）、赤豆芭菲（Red Bean Parfait）。

例如，"幽香小百合" 芭菲的制作：准备蛋黄4个，糖浆半杯，鲜奶油250mL，提子干两把；蛋黄打匀，糖浆放在锅里煮滚；将热糖浆缓缓打入蛋黄中，再把混合物置锅中，用小火煮稠之后熄火，晾凉；把碗放在冰箱内速冻一下，之后将鲜奶油倒入，打发至硬性发泡；把打发的奶油轻轻拌入已经晾凉的蛋黄混合物中，最后加入洗净的提子干，轻轻拌匀；找一个深的盘子或者保鲜盒，用保鲜膜铺满；将拌匀的混合物倒入盘中，放在冷冻室里冻成硬块。吃时，把芭菲扣出，切块盛盘即可。

3. 奶昔（Milk Shake）

奶昔，首先出自美国，主要有"机制奶昔"和"手摇奶昔"两种。传统奶昔是机制的，一般在快餐店、冷食店出售，店里的奶昔机现做现卖，顾客现买现饮。在快餐店里，大多数是使用大型落地式的奶昔机，通常出售香草、草莓和巧克力3种风味的奶昔。将奶昔盛装在纸杯或塑料杯中，加盖带有十字形缝隙的薄塑料盖，吸管可以从盖上的十字缝中方便地插入杯中。这种包装既便于堂吃，也可带出店堂饮用而不致泼洒。孩子们更被这种香浓味美的泡沫饮料吸引，常常在店内喝过之后再买上1杯带走，边走边喝，觉得比冰激凌更方便、更惬意、更过瘾，同时也更潇洒。

随着打浆果汁搅拌器的普遍使用，一些生产厂家又推出了奶昔粉或者各种口味的冰激凌粉，奶昔的制作更趋简单，只需简单的调配，人人都可以做出美味香浓的奶昔冰品。酷暑炎夏，无论是全家享用，还是款待来客，都是物美价廉又不失高雅的好饮料，当然也是冰点冷饮店的又一经营好项目。

（三）雪糕

雪糕是以饮用水、乳制品、食糖、食用油脂等为主要原料，加入适量的香料、着色剂和乳化剂等食品添加剂，经混合、灭菌、均质或轻度凝冻、注模、冻结等工艺制成的冷冻饮品；按产品的组织状态可分为清型、混合型和组合型3个种类。

雪糕是介于冰激凌和冰棍之间的产品。在形态、口感、滋味等主要方面类似于冰激凌，食用时迅速刺激口腔，给人以清凉感，但所用的原料的质量和数量都远低于冰激凌。它又不同于冰棍那样坚硬、味道偏淡，在降温消暑之际又有一定的营养。

（四）冰棍

冰棍是以饮用水、食糖等为主要原料，添加适量增稠剂、香料或豆类、果品等，经混合、灭菌、均质（或轻度凝冻）、注模、冻结、脱模等工艺制成的带杆的冷冻饮品；按产品的组织状态可分为清型、混合型和组合型 3 个种类。

冰棍产品价格便宜，组织坚实，不易融化，清爽消暑，是常见的较受消费者喜欢的品种。

（五）刨冰饮品

刨冰饮品（Shaved ice）选用水果、果汁、赤豆等加牛奶、糖，加上刨冰制成，为大众化的夏日饮品。常见的有赤豆刨冰（Red Bean Shaved ice）、绿豆刨冰（Green Bean Shaved ice）、橘子刨冰（Orange Shaved ice）。

（六）水果宾治（Fruit Punch）

水果宾治（Fruit Punch）是用果汁（橙、菠萝、柠檬汁）、糖浆、苏打汽水、冰块等混合制成，常见的有杏子宾治（Apricot Punch）、雪梨宾治（Pear Punch）。

（七）其他冷冻饮品（Other Cold Drinks）

其他冷冻饮品，常用咖啡、乐口福等冰凉后饮用，非常可口。常见的有冰咖啡（Cold Coffee）、冰可可（Cold Cocoa）、冰牛奶（Cold Milk）。

二、冷冻饮品的特点

（一）营养价值

冷冻饮品的制作原料主要有水分、奶制品、鸡蛋、淀粉、水果等，具有一定的营养价值。

（二）具有一定的风味特征

冷冻饮品具有一定的色、香、味、型、质等风味特征。例如，冰激凌有单色和双色之分；圣代和芭菲具有特定的造型方式；刨冰饮品和冰激凌等都具有特殊的口感等。

三、冷冻饮品的选购

冷冻饮品是深受消费者喜爱的消暑食品，特别是冰激凌类产品更是一种营养价值较高的食品，消费者面对琳琅满目的产品和品种，应注意以下几点。

①购买时要选择具有"QS"标志的产品，这些生产企业的产品，质量安全有保障。

②要了解冰激凌、雪糕、冰棍的特点，根据自己的口味来选择。

③要选购有一定规模、产品质量和服务质量较好的名牌企业的产品。

④购买时要查看产品包装上的标签标识是否齐全，特别是生产日期和保质期以及产品的类型。不要购买无生产日期的产品，因为无生产日期时，无法了解产品是否在保质期之内。

⑤要根据产品的类型，选择自己喜爱的品种。

四、冷冻饮品的调配

（一）牛奶咖啡加冰激凌

用杯：玻璃杯。

用料：冷牛奶咖啡 300mL，糖粉 25g，香草冰激凌球 1 个，碎冰块适量。

制法：先将冰块、糖、牛奶咖啡放入杯内，然后加入冰激凌球即可。

特点：牛奶味浓、口味芳香。

（二）可口可乐漂浮

用杯：玻璃杯。

用料：可口可乐 330mL，香草冰激凌球 1 个，碎冰块适量。

制法：先将碎冰块放入杯内，注入冷藏可口可乐，然后加入冰激凌球浮在表面，插入饮管即可。

特点：口味清凉，香气协调。

（三）鲜奶冰激凌

用杯：玻璃杯。

用料：鲜牛奶 350mL，糖粉 25g，香草冰激凌球 1 个，碎冰块适量。

制法：先将碎冰块、糖、鲜牛奶放入杯内搅匀，然后加上冰激凌球即可。

特点：奶味香浓、营养丰富。

（四）草莓冰激凌

用杯：玻璃杯（长形平碟）。

用料：雀巢淡奶油 1 包，牛奶 200mL，草莓 1 盒，玉米淀粉 2 小茶匙，糖粉 20 小茶匙，葡萄干 1 小把。

制法：雀巢淡奶油加糖，搅拌机打发；牛奶煮点葡萄干，再晾凉，等葡萄干涨开了捞出来；牛奶里加玉米淀粉，微微加热，搅匀至微稠，晾凉；草莓打成浆状，倒入打好的奶油，稍等片刻；那边的牛奶、葡萄干统统放进去，再搅一下；放冰箱冷冻，40min 后，拿出来用打蛋器搅一搅，注意把葡萄干往上捞；再 40min，再搅，共 4 次，即成。

特点：口味松软、具有草莓的香气。

（五）香蕉圣代

用杯：长形玻璃碟。

用料：双色冰激凌球 2 个，香蕉片 10 片，香草糖浆适量，鲜奶油少许，红樱桃 2 个，华夫饼干 1 块。

制法：先将双色冰激凌放在碟中，然后把香蕉片加糖浆拌匀，铺在球四周，加鲜奶油在球上，顶部放红樱桃，华夫饼干放在旁边。

特点：色彩鲜艳、口感特别。

（六）芒果巴菲

用杯：玻璃直身杯。

用料：樱桃酒 1 汤匙，香草冰激凌球 1 个，芒果肉 4 勺，杂果粒 1 汤匙，鲜奶油少许，红樱桃 1 个，开心果粒 1 汤匙，华夫饼干 2 块。

制法：先将樱桃酒注入杯底，然后按次序将冰激凌球、芒果肉、杂果粒、鲜奶油、红樱桃、开心果粒逐层加入，华夫饼干放杯边，另放长柄匙供用。

特点：口味丰富，营养味浓。

（七）白兰地蛋诺

用杯：玻璃直身杯。

用料：鲜鸡蛋 1 个，香草冰激凌球 1 勺，香草糖浆 25g，白兰地 45g，鲜牛奶 100mL，碎冰块适量，豆蔻粉少许。

制法：先将鸡蛋、糖浆、冰激凌、白兰地、牛奶加碎冰块放入搅拌机内，搅打成冰冻且起浓泡沫，倒入玻璃杯内，最后在表层撒上少许豆蔻粉，以增添香味，插入 2 根饮管及 1 把长柄匙供用。

特点：酒香浓郁、健脾养胃。

（八）奇异果奶昔

用杯：玻璃直身杯。

用料：鲜牛奶 150mL，香草冰激凌球 1 勺，奇异果 2 个，香草糖浆 25mL，碎冰块 100g。

制法：先将碎冰块放入搅拌器内，加入所有材料搅拌到起浓泡沫，然后倒入杯中，插上饮管两根及长柄匙备用。

特点：色泽鲜明、营养丰富。

五、冷冻饮品的饮用与服务操作规范

（一）冷冻饮品的饮用

1. 净饮

大多数冷冻饮品适合净饮。

2. 混合饮用

主要用作鸡尾酒的辅料。

（二）冷冻饮品的服务操作规范

1. 注意冷冻饮品饮用温度

炎热的夏季，人们追求凉爽，而冷冻饮品恰好突出一个"冷"字，它清凉爽口，温度在0℃以下，具有特有的风味和口感。

2. 适时适量饮用

食之口，凉于身。冷冻饮品不宜食之过多。如食入的冷食过多，胃承受的冷量就大，身体不能很快平衡到胃的最低适应温度，这样会损害胃黏膜及胃壁。因而吃冷冻饮品要适量，尤其是在短时间内不要大量进食。

✓ 思考题

1. 简述乳品饮料的概念及分类。
2. 乳品饮料有什么营养和保健功效？
3. 乳品饮料选购应注意哪些方面？
4. 乳饮料饮用与服务应注意哪些问题？
5. 现今流行的冷冻饮品有哪些？
6. 冷冻饮品的服务操作规范有哪些？

1. 天然矿泉水

这是指来自天然或人工井的地下水源的细菌学指标安全的。对饮用的天然矿泉水要求是：每 1L 矿泉水中含无机盐 1g 以上或含游离的二氧化碳 25mg 以上，微生物特征符合卫生标准。

2. 混合矿泉水

由两种以上的矿泉水混合制成。

3. 仿制矿泉水

以蒸馏水为基础，加入各种矿物质人工合成。

4. 矿泉水饮料

以矿泉水为基础，加入各种果汁、香精、糖浆等制成。

三、饮用矿泉水的特征

作为饮用矿泉水，应具备以下条件。

①口味良好，风格典型。

②含有对人体有益的成分。

③有害成分（包括放射性）不得超过有关标准。

④在装瓶后的保存期（一般为 1 年）内，水的外观与口味无变化。

⑤微生物学指标符合饮用水的卫生要求。

四、饮用矿泉水的消费趋势

饮用矿泉水的产量在国际上趋向上升有如下几个因素：其一，矿泉水中含有人体所需却常缺乏的微量元素，且本身不含任何热量，从营养学的观点看，对人体健康是有益的；其二，矿泉水多是深层地下水，从细菌学的角度来讲是安全卫生的；其三，世界范围内的饮用水源日益受到污染及淡水资源缺乏，也是矿泉水畅销的原因。目前饮用矿泉水在国际市场上总的消费趋势是天然矿泉水占主导地位，名牌矿泉水的销量增加。同时要求矿泉水低矿化度、低钠、不含二氧化碳气体等。在包装上，近年来塑料瓶包装已逐渐取代玻璃瓶包装，成为占优势的包装形式，纸包装、铝罐等包装形式也同时并存。

五、中外著名矿泉水介绍

（一）法国维希矿泉水（Vichy–celestins）

产于法国中央高原的著名旅游胜地——维希（Vichy）。法国维希矿泉水早在罗马帝国时就被发现了，那时，一些当地人用这一神奇的水来治病，因为这种水对胃病和皮肤病疗效比较好，后来，就当成一种特殊的水用在治疗中。1950年皮埃尔家族买下维希矿泉水资源，并投资建厂开发含汽的冷矿泉。维希公司现在有 2 个品牌，即"维希"和"St-Yorre"，其中"维希"牌矿泉水售往世界 50 多个国家和地区，年销售 30 亿至 50 亿瓶。维希矿泉是火山爆发形成的，矿泉带大约有 103 处，目前共开发利用 15 个矿泉井。

此矿泉水略带碱味，质量较高，风味独特。

（二）法国毕雷矿泉水（Perrier）

毕雷矿泉水是一种起泡的天然矿泉水。说到毕雷，想起了一段话："什么矿泉水与荔枝同食，会有香槟的味道？"答案就是毕雷。在 20 世纪初，毕雷是上流社会当之无愧的奢侈品，价格比牛奶、酒还要昂贵，产自法国尼姆城畔一个小镇，那里有一个被称为"沸腾之水"的泉眼，而这个水源当时被称为"爱德华七世和乔治五世专用水"。如今毕雷仍被装在深绿色的玻璃瓶中出售，是一种比较古典的矿泉水。

（三）法国依云矿泉水（Evian）

阿尔卑斯山位于法国的东南部，是欧洲最高大的山脉。最高峰勃朗峰海拔4808m，素有欧洲屋脊的称号，阿尔卑斯山顶终年积雪不化，白雪皑皑，雄伟神秘，也是全球登山爱好者向往的圣地。

世界著名的依云矿泉水产于法国阿尔卑斯山，据说经历了那里天然的含水土层长达 15 年的慢慢过滤，然后再经历 15 年的蒸馏，使依云天然矿泉水能够达到充分的矿物质平衡和绝对的纯净，是"没有任何人触碰，纯粹大自然制造的完美产品"，以无泡、纯洁，略带甜味著称。

（四）法国维泰勒矿泉水（Vittel）

维泰勒是法国的一个小城，在这里，出产了欧洲最出名的矿泉水之一的维泰勒。1855 年，被认为能够帮助治疗肾病、胆病和肝病的 Vittel 矿泉水获得了政府的灌装许可，装在陶制的罐子里，在药房中作为保健品销售。如今，维泰勒隶属雀巢旗下，与依云及同属于雀巢的毕雷齐名，三者价格都较贵。法国人不喝热水，生活中只饮用不加热的自来水和矿泉水。它是一种无泡矿泉水，略带碱性，其水质纯正，被公认为世界上最佳的纯天然矿泉水，深受各国消费者的青睐。

（五）德国阿波利纳里斯矿泉水（Apollinaris）

1852 年德国人克罗伊茨贝格（Kreuzberg）在一次竞拍中以 15TALER（德国

的旧货币单位）购得一块葡萄园地。但是好景不长，由于酸性土的原因使产量锐减。一开始以酿酒为目的的愿望刹那间就破灭了，可是事情发展竟然那么神奇。他想找到产生绝收的原因，挖地的时候到了1m多深竟然发现了高质量的矿泉水。他把它命名为圣·阿波利纳里斯（Saint Apollinaris），一直流传至今。它含有天然的二氧化碳，是最老牌的美味矿泉水。

（六）意大利圣培露矿泉水（San Pellegrino）

圣培露矿泉水是一种起泡矿泉水，味美而甘冽。意大利的圣培露天然矿泉水，绿色瓶子上面有醒目的红色五角星，似乎已经是优质生活的象征，在米兰附近70km的意大利阿尔卑斯山脉，圣培露的水源被商家充分利用，这种令人心情愉快的并且具有治疗效果的矿泉水，来自地下700m的地方，经过30年的漫长地下之旅才从出水口涌出，在没有与外界接触的情况下，在欧洲装瓶，出现在全世界所有高级餐厅的餐桌上。国际侍酒协会将之评定为专业饮用水，并且强调和酒质丰厚的葡萄酒搭配在一起，更加相得益彰。

（七）中国崂山矿泉水

崂山矿泉水产于中国青岛，为重碳酸钙型矿泉水。

1905年，德国商人马牙在崂山打猎时，意外地发现了一汪清泉，从此开创了中国矿泉水的先河。1930年德国商人罗德维在这里打成了第一口矿泉水水井。因为此水具有较高的保健和医疗价值，当时很多病人饮后病情大见好转，便登报致谢，崂山矿泉水顿时名声远扬，开始了其百年传奇之旅。

崂山矿泉水，源自崂山地下117m深层的花岗岩隙间，经过数十年乃至数百年的地下长时间渗入、循环和运移，与地层裂隙的岩石硅酸盐和矿物元素等进行一系列物理、化学作用，溶滤了大量有用的矿物质与微量元素。由于崂山矿泉水在地下深循环，交替迟缓，有良好的封闭条件，不受外界污染影响，保证了水质卫生，清澈纯净。

此外，世界著名的矿泉水品牌还有意大利的米兰（Milan），日本的三得利（Suntory）、麒麟（Kivin）、富士（Fuji），美国的山谷（Mountain Valley）、魅力（Magnetic Springs），英国的麦温（Malvern），澳大利亚的澳柔热（Aurora）等。

六、饮用矿泉水的选购与质量鉴定

（一）矿泉水的选购

饮用矿泉水的选购常常要考虑以下几点。

①选择稳定可靠的信誉品牌，这样质量可相对得到保证。

②注意饮用矿泉水的保质期，避免购买过期产品。

③通过一定的感官性状表现来指导选购，观察饮用矿泉水的色、嗅、味、混浊度等指标，来作选择参考。

（二）饮用矿泉水的质量鉴定

对饮用矿泉水的质量鉴定归纳为"三看一品尝"。

①一看标签。是否有产品名称、商标、厂名厂址、水源地、产品标准号、国家或省级批准的鉴定证号、省卫生许可证号、生产日期、保质期（是否过期）、净含量、水质主要成分等内容。如残缺不全，是不合格产品。

②二看溶物。合格矿泉水允许有极少量的天然矿物盐沉淀，但水必须清晰透明、无色，不得有肉眼可见的其他异物。

③三看包装。瓶子和瓶盖上下应完好，平整、光滑，倒过来用手轻轻挤压是否漏水。

④四品尝。在饮用品尝时，合格矿泉水具有此矿泉水特征口味，不得有异臭、异味。如重碳酸钙镁矿泉水和偏硅酸矿泉水口感好，含锶、氯、钠较高的矿泉水带有咸味，硫化钠矿泉水带有涩味，氯化镁、硫酸镁矿泉水略带苦味，含二氧化碳较高的矿泉水具有刺激味，喝了打嗝。纯净水无味，天然泉水微甜，含氧化铁多的水有铁锈味，自来水有氯味和漂白粉味，腐殖质较高的水具有霉味，地表水带有泥土味。

七、矿泉水的饮用与服务操作规范

（一）矿泉水的饮用

1. 净饮

一般情况下，饮用矿泉水采取常温净饮的方式。饮用矿泉水中含有较多的钙和镁，具有一定硬度，在常温下，钙镁呈离子状态，易被人体吸收，起到补钙作用。而矿泉水煮沸时，由于脱碳酸作用，二氧化碳逸出，钙镁容易沉淀变成水垢，饮用时只是减少了钙镁的摄入，喝也无妨。但是饮用矿泉水的最佳方法还是在常温下饮用，或稍加温饮用，最好不要煮沸。

同时，饮用矿泉水矿化度较高，冰冻时温度急剧下降，钙镁离子等在过饱和条件下就会结晶析出，造成感官上的不适，但不影响饮用。矿泉水国家标准中规定："在零摄氏度以下运输与储存时，必须有防冻措施。"所以矿泉水宜冷藏不宜冰冻。

2. 混合饮用

矿泉水有时会用来调制混合饮料如鸡尾酒、宾治等。

（二）矿泉水的服务操作规范

矿泉水的服务要注意以下几点。

①根据客人的意愿，选择推荐恰当的品牌。

②选择合适的杯具。不含汽矿泉水可直接用玻璃水杯，含汽矿泉水可选择郁金香槟杯，以观赏其晶莹活跃的气泡。

③服务前，矿泉水应冷却或遵客人意愿加冰块或柠檬切片。

④瓶装矿泉水应当客人面打开，倒入杯中。

⑤与酸奶类似，天然矿泉水的分子很活跃。一旦打开封口，其他细菌可能会进入瓶中。最好在开瓶后的一两天内喝完。

⑥注意产品的保质期。

第二节　新型饮料

随着世界饮料工业的发展和市场需求的变化，新型饮料不断产生，例如，能量饮料呼之欲出。早在第一次世界大战时，就有人使用巧克力增强士兵的战争力。相传第二次世界大战时，有人秘密研制增强人体力量的食品饮料。已知单、双糖和某些维生素、分子氧及一些生物酮、蛋白合成促进物质等，可直接或辅助增加人体的力量，并被一些科学家和工程师们应用。现将几种新型饮料简介如下。

一、新型饮料的分类

（一）运动饮料

根据运动生理学的原理而设计制造的饮料叫运动饮料。运动员在训练和比赛中，由于肌体代谢增强，体能和水分大量消耗，因此，需要及时补充各种能量和水分。20 世纪 60 年代，以单糖、电解质和维生素为主要成分配制而成的"等渗饮料"，成为运动饮料的主导产品。这种饮料具有与人体体液渗透压相等的特点，饮用后能迅速被人体吸收，达到快速补充能量和水分的目的。

因此，它应该具备以下基本特点。

1. 一定的含糖量

糖是人体最经济、最直接的主要能源物质。它以糖原的形式储存于骨骼肌和肝脏。由于体内的糖储备有限，在运动时如因大量消耗而没有补充，肌肉就会乏力，运动能力也随之下降。另外，因大脑 90% 以上的供能来自血糖，血糖的下降会使大脑对运动的调节能力减弱，并产生疲劳感。因此，科学配方的运动饮料中必须含有一定量的糖才能达到补充能量的作用。比较好的运动饮料以低聚糖为主，由 3 ～ 10 个单糖组合而成的低聚麦芽糖具有独到之处，它渗透压低、甜度低、口感好、胰岛素反应低，有利于补充血糖，使大脑和肌肉在运动时不断吸收糖，从而提高耐力，延缓疲劳并加速运动后的恢复。最新的研究结果表明，低聚糖饮料还有利于降低运动中血乳酸水平，增加肌肉力量和做功量。此外，运动饮料中的糖还有改善口感、刺激饮料摄入量、提高饮料吸收率的作用。

2. 适量的电解质

运动引起的出汗导致钾、钠等电解质大量丢失，从而引起身体乏力，甚至抽筋，导致运动能力下降。而饮料中的钠、钾不仅有助于补充汗液中丢失的钠、钾，还有助于水在血管中的停留，使机体得到更充足的水分。如果饮料中的电解质含量太低，则起不到补充的效果；若太高，则会增加饮料的渗透压，引起胃肠的不适，并使饮料中的水分不能尽快被机体吸收。

3. 低渗透压

人体血液的渗透压范围为 280 ～ 320mOsm（kg·H_2O），相当于 0.9% 的氯化钠溶液或 5% 的葡萄糖溶液。要使饮料中的水及其他营养成分尽快被充分吸收，饮料的渗透压要比血浆渗透压低，即低渗饮料，而饮料中所含糖和电解质的种类和量是饮料渗透压的直接决定者。营养丰富的运动饮料即使含有多种糖、无机盐等，仍能保持低渗透压。

4. 无碳酸汽、无咖啡因、无酒精

碳酸汽会引起胃部的胀气和不适，如果过快大量饮用碳酸饮料，有可能引起胃痉挛甚至呕吐等症状。咖啡因和酒精有一定的利尿、脱水的作用，会进一步加重体液的流失，此外，二者还对中枢神经有刺激作用，不利于疲劳的恢复。

有些具有专业设计水准的运动饮料还会考虑增加其他附加成分，如 B 族维生素，可以促进能量代谢；维生素 C 则用来清除自由基，减少其对机体的伤害，延缓疲劳；适量的牛磺酸和肌醇，可以促进蛋白质的合成，防止蛋白质的分解，调节新陈代谢，加速疲劳的消除等。

（二）花粉饮料

近年来花粉食品正在中国兴起，引起了国内外普遍关注。根据研究，花粉里蕴含着各种有益于人体健康的物质。一般来说，花粉里所含的氨基酸比一般植物细胞内的含量要高许多倍。蛋白质高达 30% 以上，其中一半以上是游离的氨基酸，易被人体吸收。花粉中还含有多种类型的糖、脂肪、无机盐、有机酸、酶类、微量元素和维生素 A、B 族维生素、维生素 C、维生素 D 等多种营养物质，以及延缓人体组织衰老的激素和抗生素、生长素等，因而是一种良好的天然营养素。食用花粉食品不仅能增进食欲、增强体力、预防和治疗疾病，而且能延年益寿。

中国是世界上花粉资源丰富的国家之一，在花粉的开发利用上有雄厚的物质基础。20 世纪 80 年代国内花粉研究进入了开发应用阶段，不少地方已有产品问世。如北京的花粉酥点心，杭州的保健蜜，云南的花粉口服液等，男女老少皆可食用。此外，花粉中还含有美容所需的全部营养素，如多种氨基酸、维生素、核酸等物质，有些能透过皮肤表层营养真皮，改善真皮外观，使皮肤柔嫩，增强弹性。经试用证明，花粉对消除面部小皱纹、粉刺、雀斑等均有一定疗效。日本曾对 30 位妇女进行 4 个月的花粉美容试验，有效率达 80%。

以植物花粉为原料，经脱腥、提炼，配以蜂蜜、糖及其他调味剂制成的饮料叫花粉饮料。花粉饮料的色、香、味均具有花粉的特征，富含蛋白质、多种氨基酸、维生素及有益于人体健康的微量元素，是一种良好的天然保健饮料，主要产品有花粉汽水、花粉汽酒、花粉口服液及花粉晶等。

（三）植物蛋白饮料

大豆、花生、核桃、杏仁等高蛋白质的植物饮料，添加一定比例的水，经研磨、去渣、杀菌等工序制成的饮料，称植物蛋白饮料。植物蛋白饮料风味清雅，口感滑润，营养丰富，容易被人体吸收。主要品种有纯豆奶、花生乳、核桃乳、杏仁奶及调制豆奶等。

（四）饮用水

随着生活水平的提高，人们对饮用水越来越重视。从井水、自来水、矿泉水、磁化水到纯净水、蒸馏水、活性水、富氧水、离子水等，目前市场上各种名称、品牌的饮用水种类繁多，对质量的要求越来越高。主要品种介绍如下。

1. 纯净水

去除天然水中的悬浮物质、细菌等杂质的工艺称作"水质净化"。去除净化水中无机盐的工艺称作"水质纯化"。去除净化水中有机物的工艺称作"水质深度净化"。在去除悬浮物和细菌的基础上，再去除有机物和无机盐，并不含添加物的水称为"纯净水"，也有人称为"饮用纯水"或"太空水"，以迎合人们好奇的心理。

近年来，饮用水水质问题越来越受到重视，随着人们保健意识的增强，许多人对饮用水开始讲究起来，有不少人甚至经常性地购买桶装、瓶装纯净水喝。这些人认为饮用纯净水可避免各种有害化学物质进入体内，于是长期饮用纯净水。但是否饮用水越纯就越有利于健康呢？

从营养学角度看，饮水不仅是为解渴，它还是提供人体必需的矿物质和微量元素的重要途径之一。这些元素在水中的比例同人体的构成比例基本相同，容易被人体吸收，有利于健康。纯净水不含任何矿物质和微量元素，短时间饮用不会造成大的影响，如果长期饮用，就会减少矿物质和微量元素的摄入。又因纯净水矿物盐含量和硬度都近于零，处于"饥饿"状态，具有极强的溶解能力，饮用纯净水不仅不能带来营养，相反还会将体内的部分有益元素溶解，排出体外。因而长期饮用，就会造成人体营养失衡，体液电解质浓度下降，出现健康"赤字"，不利于人体健康。

2. 离子水

离子水是将普通自来水中的铁锈、有机悬浮物等去除后再进入由离子膜、电极板组成的电解槽中进行电解，从阴极室中流出的显弱碱性的水，又称为电解活性离子水。这种水的 pH 在 8.5 ～ 10.0 的范围内，其水分子团一般由 5 ～ 6 个水分子组成，呈六环状，与人体细胞内的水结构相似。这种水与细胞的亲和力大，通过细胞膜较快，并可使细胞内外水的交换增加，有利于人体代谢产物的排出。组织细胞内外水的结构和水的代谢直接影响细胞的正常分裂、代谢和寿命。

正常人体液的 pH 为 7.45 左右，血液 pH 为 7.35 左右。处于弱碱性体质的人，新陈代谢活跃，内脏负担轻而不易生病。这样的人，精力充足，不易疲劳。但由于饮食习惯及食物的影响，特别是近年，人们摄入的鱼、肉、蛋等酸性食物大量增加，一般人的体液多偏酸性，这种酸性体质的人细胞新陈代谢作用差，体内废物排出缓慢，肝、肾负担较重，肌体很容易老化。所以常感到疲倦、焦虑，心神不定甚至为失眠所困扰。饮用电解活性离子水，有利于降低体内自由基含量，改善酸碱平衡。

3. 活性水

普通水中含有一定的气体，含量多少随水温的变化而不同。在开口容器中把水加热到 90 ～ 95℃，水中气体就会溢出；如果加盖封住容器口，不让它"吸气"，让水冷却到室温，这时水中气体含量减少为普通水的一半，这种水叫脱气水。它极易穿过细胞膜进入细胞，其渗入量是普通水的几倍，具有超常的生物活性，所以又称为活性水。活性水对生物具有奇异的功能，可以促进植物的呼吸和光合作用。

活性水溶解度高，易被人体细胞吸收，有利于生津止渴，促进新陈代谢，能消除人体消化系统中的油腻和血管上的血脂，有利于血管弹性的恢复，服药时能使药物充分溶解、吸收而提高药效，经常用活性水洗脸，能滋润皮肤，还可延续衰老，提高免疫力。

二、新型饮料的饮用与服务操作规范

（一）新型饮料的饮用

1. 净饮

一般情况下新型饮料适合于净饮。

2. 混合饮用

个别新型饮料也适合于调制鸡尾酒，例如，能量饮料芭力（Blue Bullet）适合与伏特加酒掺兑饮用，纯净水适合于调制果汁类饮料等。

（二）新型饮料的服务操作规范

①选择合适的杯具。不含汽的新型饮料可直接用玻璃水杯，含汽新型饮料可选择郁金香槟杯，以观赏其晶莹活跃的气泡。

②瓶装饮料应当客人面打开，倒入杯中。

③注意产品的保质期。

✔ 思考题

1. 饮用矿泉水的概念是什么？

2. 如何选购矿泉水？

3. 饮用矿泉水的质量鉴定主要包括几个方面？

4. 矿泉水的饮用方法有哪些？

5. 新型饮品主要有哪些？

6. 新型饮料的服务操作规范有哪些？

第九章　调酒业简述

教学内容： 调酒的产生与发展

调酒师的职业素养

调酒师的等级标准

教学时间： 2 课时

教学方式： 讲述调酒业的相关知识，运用多媒体的教学方法阐述调酒师的职业特点和要求。

教学要求： 1. 了解调酒相关的概念。

2. 掌握调酒的产生和发展过程。

3. 熟悉调酒师的职业特点和要求。

课前准备： 准备一些视频资料，让学生对调酒业有一个初步的认识。

第一节　调酒的产生与发展

一、调酒的产生

据有关资料记载，调酒的起源并没有确切的时间、地点、人物。它最早应该是在酒厂里诞生的，那时候还没有调酒师这个称呼。后来，调酒师的产生是由当时酒厂里的勾兑师演变的，勾兑师的工作是把不同年份的同类酒混合，从而产生出一种香醇怡人的好酒。据说有一次勾兑师在勾兑酒的时候，不小心放进了不同类的酒，经过品尝，风味独特，那时调酒的概念就慢慢形成了，演变成现在的调酒。然后随着鸡尾酒的诞生，调酒业就开始不断地发展、腾飞。以前的勾兑师演变成现在的调酒师，调酒的方法、器具也不断地改进。

例如，干邑（Cognac）酒就是由葡萄酒经过蒸馏、陈酿制成的酒。但是干邑酒更主要是一个原产地监控命名的产品，只能在特定的区域里面，按照特定的工艺来生产。而葡萄只能产于界定的产区里面，不能产于产区以外的地方。蒸馏只能在铜制的小容量锅里面蒸馏，而且要二次蒸馏。陈酿一定要在橡木桶里面陈酿两年，这是技术部分。当然这个产品有意思的是它是一个勾兑的产品，勾兑师用不同酒龄的酒，30 年陈、50 年陈，不同地段的葡萄酿出的酒在一起勾兑，创造出所需要的口味。由此产生了干邑的不同品牌。因为勾兑师调酒的配方和方法是保密的，而调出来的酒品质量也同勾兑师的经验有关。这些勾兑师控制着酒厂生产酒品的质量。好的勾兑师，可以分辨出几百种不同酒品的味道。评定酒品质的容器是水晶做的，有足够的透明度和光洁度，不容易沾染杂质。在调酒时，勾兑师需要在安静的、没有干扰的环境下操作，有的甚至喜欢在温馨的有古典音乐的环境下调酒，以便激发创作灵感。这种调酒是在生产环节中对酒进行混合，从这个角度来看，当时的勾兑师同现在饭店、酒吧中的调酒师是完全不同的。

真正的酒吧调酒是在晚些时候随着鸡尾酒名称的诞生而出现的。鸡尾酒的名称产生于 17 世纪初期，关于鸡尾酒的起源有几十种说法，其中很多源自美国，所以许多人都认为鸡尾酒起源于美国。

第一次有关鸡尾酒的文字记载是 1806 年，在美国的一本叫《平衡》的杂志中首次详细地解释了鸡尾酒，文中提到：鸡尾酒就是一种由几种烈酒混合而成的，并加糖、水、冰块、苦味酒的提神饮料。

1862 年由美国人托马斯撰写的第一本关于鸡尾酒的专著出版了，书的名字是《如何调配饮料》。托马斯是鸡尾酒发展的关键人物之一，他遍访欧洲的大小城镇，收集整理鸡尾酒的配方，并开始混合调配饮料。从那时起鸡尾酒才开始进入酒吧，并逐渐成为流行饮料。

现代鸡尾酒科学的解释是：采用一种酒加上另外的一种酒，或是用酒加上果汁、汽水等辅助材料，加味、增色、调香等方法配制而成的混合饮品，是一种色、香、味、形俱佳的艺术酒品。

1869 年美国的公司开始大规模生产、销售果汁，鸡尾酒有了品质均衡、货源充足的辅助保障。以后使用调酒壶和调酒杯，通过摇晃和搅拌配制鸡尾酒的技术广为流行。1879 年德国人发明了人工制冰机，能保证冷却型鸡尾酒的调制。

从 200 多年的鸡尾酒发展历史来看，美国是当之无愧的世界鸡尾酒中心。美国 1920 ～ 1933 年的禁酒时期，是鸡尾酒发展的黄金时代，有一大批美国鸡尾酒调酒师去欧洲发展，鸡尾酒很快在欧洲大陆广为流传。

从此，酒吧调酒便成为一种时尚，而且，随着调酒时尚越趋流行，出现了专职的调酒师（英语称为 Bartender 或 Barman），在酒吧或餐厅专门从事配制酒水、销售酒水，并让客人领略酒的文化和风情。

二、调酒的发展

调酒成为一门技术，是由于后来酒吧成了各阶层人们乐意光临的地方。人们感到"纯饮"已经不能得到充分地享受，要把喝酒同营养、治病、个人爱好和适应多种要求等结合起来欣赏，才能够领略到酒水的真谛。

调酒的目的在于调出颜色、香味、味道以及造型俱佳的酒品。当酒吧成为现代饭店不可缺少的组成部分之后，调酒这门技术受到了越来越多的重视。随着年代的推移，有些鸡尾酒的配方发生了变化，同时有许多新的配方出现，形成了一股后浪推前浪的热潮，鸡尾酒的色泽、香味、口味、造型甚至酒的质感等方面都发生了变化。试想，在错落有致的酒吧里，特别的味道，创新的造型，别致的形态，不知不觉让人陶醉……调酒让我们眼睛、嘴巴、耳朵，甚至皮肤都有了强烈的感受力，手握一杯漫溢着醇厚芬芳的苏格兰威士忌，尽情领略年轻时尚的调酒师们令人炫目的调酒技艺以及极具个性化的魅力与风采，客人们为自己心仪的调酒师呐喊喝彩，从没想到，一个普通的夜晚会因此而灿烂。而"红粉佳人""威士忌酸""七色彩虹"……这些美丽的名字代表的不仅仅是鸡尾酒，也是我们对平凡生活的热爱，一种时尚和情调的符号。

随着我国经济的飞速发展，人民生活水平不断提高，酒吧调酒业作为一个新兴的行业在国内蓬勃兴起。行业的迅速发展，需要大量的调酒专业技术人才，在国际调酒师大赛中夺标要经过笔试、速度、创意和调酒表演四关。目前中国调酒业发展很快，但调酒师水平普遍不高，高级调酒师不足百人，与国际水平相比有很大差距，参加国际大赛可更快提高中国选手的水平，促进中国调酒业的发展。

第二节 调酒师的职业素养

一、调酒师职业

从上文我们可以了解到：调酒师是在酒吧或餐厅专门从事配制酒水、销售酒水，并让客人领略酒的文化和风情的人员。在国内，随着近几年酒吧行业的兴旺，调酒师也渐渐成为一种热门职业。

在国外，调酒师上岗需要经过专门职业培训并领取技术执照。例如，美国有专门的调酒师培训学校，凡是经过专门培训的调酒师不但就业机会很多，而且享有较高的工资待遇。一些国际性饭店管理集团内部也专门设立对调酒师的考核规则和标准。而在国内，改革开放之后，国家人力资源和社会保障部也进行了"调酒师职业资格等级证书认证考试"，规范了培训和考核细则，经过多年的培育和发展，目前也仅有上万人拿到了劳动和社会保障部颁发的"调酒师职业资格等级证书"。应该来讲，调酒师职业是一门年轻的职业，一个充满活力、生机和激情的职业，也是一个前途灿烂光明的职业。

二、调酒师的工作内容

调酒师是在酒吧或餐厅专门从事配制酒水工作的人员，但在美国调酒师还被解释为：丧失了希望和梦想的人赖以倾诉心声的最后对象，可见其深刻含义。

酒吧调酒师的工作内容包括：酒吧清洁、酒吧摆设、调制酒水、酒水补充、应酬客人和日常管理等（具体见第十章内容）。小规模的酒吧一般只有一个调酒师，所以要求调酒师具备较广泛的知识，能够应付客人提出的各类问题和处理各种突发事件。

在酒类行业中与调酒师相关的职业有勾兑师、品酒师、酒侍者等。其工作内容和侧重点各不相同，应注意之间的区别。

勾兑师，属于酿酒职业范畴。勾兑是酿酒的最高艺术和境界。在酿酒的最后阶段，勾兑师将不同年份、不同地区、不同品种的酒液，以一定的比例来调味、调色，并对酒品的整体风格进行调校，获得一种均衡、协调又具有特色的酒品。勾兑师是一个高尚的职业，在西方更多是世代相传。例如，白兰地、威士忌的厂家都有自己专门的勾兑师。

品酒师是专业品评鉴定酒质量的行家。通过品评，鉴定出酒品的种类、产地、风格、香气、等级、年份、成分等一系列元素。品酒过程综合了视觉、嗅觉、味觉等过程。

酒侍者（Wine Steward）是高级西餐厅专职向宾客提供饮品咨询、推荐介绍餐酒（主要是葡萄酒），并进行高标准、高规格服务的高级服务师。酒侍者必须具备功底深厚的葡萄酒知识和鉴定技术，需要通晓葡萄酒的酿造技术、产地产区、品质等级、贮藏方法、品饮方式、配餐习惯等知识，同时还需提供开瓶、斟酒等高质量服务。

三、调酒师的素质要求

调酒是具有很强的艺术性和专业性的技能型工种，调酒师的艺术作品就是鸡尾酒。做一名调酒师心态要平和，要做到对每位顾客都一视同仁，热情、礼貌、彬彬有礼是调酒师所必须具备的素养；从事这一行业不仅要有丰富的酒水知识和高超的调酒技能，而且与顾客的交流也很重要，这一切都要靠自己在工作中去钻研和探索。调酒师必须具备以下素质。

（一）道德素质

1. 忠于职守，礼貌待人

这是酒吧调酒师在履行职业活动时必须遵守的行为规范，因为酒吧业的职业特点也体现了服务行业的工作在于服务顾客。在服务过程中，应该做到礼貌待人、平等待客，尊重顾客的人格，不能因为顾客职位的高低和经济收入的多寡而使顾客受到不平等的礼遇和服务。而且，在整个服务过程中，礼貌礼节要一直延续和保持。

2. 清洁卫生，保证安全

安全是人的基本需要，也是顾客在酒吧等消费场所要求得到的基本需求。注意饮食卫生、环境清洁，加强保卫措施，完善防盗、防火等安全设施等，都是保证顾客安全所必需的。所以一定要加强教育和定期检查，防微杜渐。特别是在加工鸡尾酒等酒品的过程中，要按照相关法律法规的要求去加工、制作和销售。

3. 团结协作，顾全大局

团结协作，顾全大局是酒吧从业人员职业道德规范的又一个重要方面。因为酒吧的服务涉及方方面面，也不是调酒师个人所能做下来的，必须依靠各个工作岗位、各个环节的工作人员通力协作来完成，这也是各个酒吧从业人员所需要具备的"团队精神"。

4. 爱岗敬业，遵纪守法

遵纪守法是每个公民所必须具有的素质。在这样的前提下，本着诚实待人、公平守信、合理盈利的原则，守法经营，注意酒吧本身的经济效益和社会效益，不得采用色情等违法手段，引诱顾客消费。同时，每个调酒师要做到爱岗敬业，认真做好每一件事、每一个环节、每一杯鸡尾酒。

5. 钻研业务，精益求精

调酒业的发展，要求调酒师不断储备新知识，才能满足酒吧业市场的需要。不肯学习，不能接受新事物、新知识的人，最终将被淘汰。酒吧企业也必须把调酒师的培训学习放在日程上，认真抓好，提倡以集体学习和个人学习相结合，宏观知识和本身业务相结合的方式，进行灵活多样的培训，培养出一批酒吧调酒师骨干，从而提高从业人员的素质。

（二）基本素质

调酒师的基本素质主要包括：身材、容貌、服装、仪表、风度等。总的要求是容貌端正，举止大方；端庄稳重，不卑不亢；态度和蔼，待人诚恳；服饰庄重，整洁挺括；打扮得体，淡妆素抹；训练有素，言行恰当。

1. 身材与容貌

调酒师不同于一些幕后行业，他们经常要和顾客面对面交流，良好的外在形象是打开与顾客对话的一扇窗口，所以，身材与容貌在服务工作中有着较为重要的作用，当然也并不一定要求每个调酒师的身材与容貌长得如明星。

2. 服饰与打扮

调酒师的服饰与穿着打扮，体现着不同酒吧的独特风格和精神面貌。服装体现着个人仪表，影响着客人对整个服务过程的最初和最终印象。打扮，是调酒师上岗之前自我修饰、完善仪表的一项必需工作。即使你的身材标准，服装华贵，如不注意修饰打扮，也会给人以美中不足之感。

3. 仪表与风度

仪表即人的外表，注重仪表是调酒师一项基本素质，酒吧调酒师的仪表直接影响着客人对酒吧的感受，良好的仪表是对宾客的尊重。调酒师整洁、卫生、规范化的仪表，能烘托服务气氛，使客人心情舒畅。如果调酒师衣冠不整，必然给客人留下一个不好的印象。

风度是指人的言谈、举止、态度。一个人挺直的站姿、雅致的步态、优美的动作、丰富的表情、甜美的笑貌以及优雅的服装打扮，都会涉及风度的雅俗。要使服务获得良好的效果和评价，要使自己的风度仪表端庄、高雅，调酒师的一举一动都要符合审美的要求。所以，在酒吧服务过程中，酒吧工作人员尤其是调酒师任何一个动作都会直接对宾客产生影响，因此调酒师行为举止的规范化是酒吧服务的基本要求。

对于以上3点，具体表现在如下方面。

（1）容貌

表情明朗、面带微笑，亲切和善、端庄大方。

① 头发梳理整洁，前不遮眉，后不过领。男服务员不得留鬓角、胡须；女服务员如留长发，应用统一样式发卡把头发盘起，不擦浓味发油，发型美观大方。

②按酒店要求，上班不佩带项链、手镯、戒指、耳环等贵重饰物。

③不留长指甲，涂指甲油和浓妆艳抹，要淡妆上岗。

④男服务员坚持每天刮胡子。

（2）着装

①着规定工装，洗涤干净，熨烫平整，纽扣要齐全扣好，不得卷起袖子。

②领带、领花系戴端正；佩戴工号牌（戴在左胸前）。

③鞋袜整齐，穿酒店指定鞋，袜口不宜短于裤、裙脚（穿裙子时，要穿肉色丝袜）。

（3）个人卫生

①做到"四勤"，即勤洗手、洗澡；勤理发、修面；勤换洗衣服；勤修剪指甲。

②上班前不吃生葱、生蒜等有浓烈异味的食品。

（4）自查

服务员每日上班前要检查自己的仪容仪表。不要在餐厅有客人的地方照镜子、化妆和梳头，整理仪表要到指定的工作间。

（5）站立服务

站立要自然大方，位置适当，姿势端正，双目平视，面带笑容，女服务员两手交叉放在脐下，右手放在左手上，以保持随时可以提供服务的姿态。男服务员站立时，双脚与肩同宽，左手握右手背在腰部以下。不准双手叉在腰间、抱在胸前，站立时背靠旁倚或前扶他物。

（6）行走

步子要轻而稳，步幅不能过大，要潇洒自然、舒展大方，眼睛要平视前方或宾客。不能与客人抢道穿行，因工作需要必须超越客人时，要礼貌致歉，遇到宾客要点头致意，并使用"您早""您好"等礼貌用语。在酒店内行走，一般靠右侧（不走中间），行走时尽可能保持直线前进。遇有急事，可加快步伐，但不可慌张奔跑。

（7）手势

要做到，正规、得体、适度、手掌向上。打"请"姿时一定要按规范要求，五指自然并拢，将手臂伸出，掌心向上。不同的请姿用不同的方式，如"请进餐厅时"用曲臂式，"指点方向时"用直臂式。在服务中表示"请"用横摆式，"请客人入座"用斜式。

（8）服务时应做到三轻

即说话轻、走路轻、操作轻。

（9）调酒师的举止

在宾客面前不可交头接耳、指手画脚，也不可有抓头、搔痒、挖耳朵等一些小动作，要举止得体。

（10）调酒师为客服务要点

①要面带微笑，和颜悦色，给人以亲切感。不要面孔冷漠，表情呆板，给客人以不受重视感。

②要坦诚待客，不卑不亢，给人以真诚感；不要诚惶诚恐，唯唯诺诺，给人以虚伪感。

③要沉着稳重，给人以镇定感；不要慌手慌脚，给客人以毛躁感。

④要神色坦然，轻松自信，给人以宽慰感；不要双眉紧锁，满面愁云，给客人以负重感。

（11）服务中递交物品

应站立，双手递交态度谦逊，不得随便将物品扔给或推给客人。

4. 礼貌与礼节

礼貌是人与人之间在接触交往中，相互表示尊重和友好的行为。礼节是人们在日常生活中相互表示尊敬、问候、慰问、致敬以及给予必要协助和照料的惯用形式，是礼貌的语言、行为、仪态等方面的具体规定。

在酒吧中，调酒师的礼貌待客不仅对饭店的名誉有直接影响，而且体现了调酒师本身的修养和受教育水平。在实际工作中，需要做以下几点。

①使用礼貌用语，见到客人光临时先问候，如"您好""早上好""晚上好"等。说话时要注意多用"请"字，如"请坐""请这边走""请问要喝点什么"等。

②必须以"女士""先生"等称呼客人，不能用"喂"称呼客人。

③女士优先（Lady first）：礼让妇女儿童。

④客人走时要说，"再见""晚安""欢迎再次光临"等礼貌用语。

⑤注意迎合客人的宗教信仰和礼节。

（三）专业素质

调酒师的专业素质是指调酒师的服务意识、专业知识及专业技能。

1. 服务意识

（1）角色意识

酒吧服务给人的第一印象最重要，而调酒师的表现又是给顾客印象好坏的关键。调酒师的角色意识主要体现在执行酒吧的规章制度，履行岗位职责，行使代表酒吧的角色。调酒师的一举一动、一言一行、仪容、仪表、服务程序、服务态度等方面都会影响酒吧的声誉。强化服务角色意识，是对调酒师的精神面貌、服饰仪表、服务态度、服务方式、服务技巧、服务项目等方面提出了更高、更严的要求和更高的标准。

（2）宾客意识

调酒师必须意识到宾客是酒吧的财源，有了顾客的到来和消费，才会有酒吧稳定的收益，也就有了调酒师自身的工作稳定和经济收入。"顾客就是上帝"，他们的需要就是服务工作的出发点。不断地迎合顾客、服务顾客，在任何时候、任何场合都要为客人着想，这是服务工作的出发点。

（3）服务意识

调酒师的服务意识是高度的服务自觉性的表现。服务意识应体现如下。

①预测并解决或及时到位地解决客人遇到的问题。

②避免发生不该发生的事故，如发生情况，则按规范化的服务程序解决。

③遇到特殊情况，提供专门服务、超长服务，以满足客人的特殊需要。

2. 专业知识

作为一名调酒师必须具备一定的专业知识才能更准确、更完善地为客人服务。一般来讲，调酒师应掌握的专业知识如下。

（1）酒水知识

调酒师的工作离不开酒，对酒品的掌握程度直接决定工作的开展。作为一名调酒师要掌握各种酒的产地、物理特点、口感特性、制作工艺、品名以及饮用方法，并能够鉴定出酒的质量、年份等。

（2）原料贮藏保管知识

了解原料的特性，以及酒吧原料的领用、保管使用、贮藏知识。

（3）设备、用具知识

掌握酒吧常用设备的使用要求、操作过程及保养方法，以及用具的使用、保管知识。

（4）酒具知识

掌握酒杯的种类、形状及使用要求、保管知识。

（5）营养卫生知识

了解饮料的营养结构、酒水与菜肴的搭配以及饮料操作的卫生要求。

（6）安全防火知识

掌握安全操作规程，注意灭火器的使用范围及要领，掌握安全自救的方法。

（7）酒单知识

掌握酒单的结构，所用酒水的品种、类别以及酒单上酒水的调制方法、服务标准。

（8）酒谱知识

熟练掌握酒谱上每种酒的原料用量标准、配制方法、用杯及调配程序。

（9）酒水的定价原则和方法

根据行业标准和市场规则，合理定价，保证酒吧企业有适当的盈利，因此，必须掌握酒水的定价原则和方法。

（10）习俗知识

掌握主要客源国的饮食习俗、宗教信仰和习惯等。来酒吧的客人绝大多数是旅游观光者，调酒师对本地旅游景点、名胜古迹等人文景观要熟悉，并对主要客源国的宗教信仰要有所了解。因为一种酒代表了酒产地居民的生活习俗。不同地方的客人有不同的饮食风俗、宗教信仰和习惯等。饮什么酒，在调酒时用什么辅料都要考虑清楚，如果推荐给客人的酒不合适便会影响到客人的兴致，甚至还有可能冒犯顾客的信仰。

（11）英语知识

要具备外语交流能力。鸡尾酒的原料是洋酒，要掌握酒吧饮料的英文名称、产地的英文名称，用英文说明饮料的特点，还要掌握酒吧服务常用英语、酒吧术语。因为酒吧经常会接待外国客人，调酒师要能用英语同外国客人交流。

3. 专业技能

调酒师娴熟的专业技能不仅可以节省时间，还能增加客人的信任感和安全感，而且是一种无声的广告。熟练的操作技能是快速服务的前提，专业技能的提高需要通过专业训练和自我学习来完成。

（1）设备、用具的操作使用技能

正确的使用设备和用具，掌握操作程序，不仅可以延长设备、用具的寿命，也是提高服务效率的保证。

（2）酒具的清洗操作技能

掌握酒具的冲洗、清洗、消毒的方法。

（3）装饰物制作及准备技能

掌握装饰物的切分形状、薄厚、造型等方法。

（4）调酒技能

掌握调酒的动作、姿势等方法，以保证酒水的质量和口味的一致。调酒师除了调酒工作外，还应主动做好酒吧的卫生工作，例如，擦洗酒杯、清洁冰柜、清理工作台等。

（5）沟通技巧

善于发挥信息传递渠道的作用，进行准确、迅速地沟通。同时提高自己的口头和书面表达能力，善于与宾客沟通和交谈，能熟练处理客人的投诉。

（6）计算能力

要求调酒师具有高中以上的文化水平，有较强的经营意识和数学概念，尤其是酒吧内部的各项工作，如填写各类表格、计算价格和成本、书写工作报告等。

（7）解决问题的能力

要善于在错综复杂的矛盾中抓住主要矛盾，对紧急事件及宾客投诉有从容不迫的处理能力。

（8）调酒师要具有自我表现能力

调酒师直接与客人打交道，调酒如同艺术表演、无论调酒动作还是调酒技巧都会给客人留下深刻印象，所以应做到轻松、自然、潇洒，操作准确熟练。

第三节　调酒师的等级标准

根据中国旅游行业工人技术等级标准（1996 年 3 月 29 日原国家旅游局旅人劳发〔1996〕16 号），调酒师的等级标准如下。

一、初级调酒师

1. 知识要求

①熟知本企业及酒吧的一切规章制度，了解本岗位的职责、工作程序和工作标准。

②了解常用酒品名、产地、主要制作原料、口味、浓度等知识和各类软饮知识。

③了解鸡尾酒的起源，掌握流行鸡尾酒调制方法和技术操作知识。

④了解本企业各类酒水的储存期以及酒水售价，了解结账程序。

⑤了解酒吧常用设备、用具及各类器皿的性能和使用保养知识。

⑥具有一定的旅游知识，了解主要客源国的风俗、礼节及不同民族的生活饮食习惯和宗教信仰，熟知服务接待礼仪。

⑦了解食品卫生的基本知识和《中华人民共和国食品安全法》。

⑧了解服务心理基础知识和相关的服务知识，以及酒水与食物的搭配知识。

⑨熟知酒吧常用术语和各类酒品、饮料的外文名称。

2. 技能要求

①能基本判断宾客心理，主动介绍、推销酒吧内供应的各类酒品、饮品及小食品，并掌握服务方法。

②掌握基本的调酒技术，能正确调制常用鸡尾酒。

③掌握常用装饰物和辅助材料的制作技术，制作方法正确。

④掌握常用咖啡、茶水的制作技术。

⑤正确掌握葡萄酒、香槟酒的开瓶方法和技术。

⑥能正确使用酒吧内所有设备、用具和各类器皿，并能进行一般保养。

⑦能对用具、器皿进行清洁消毒。

⑧掌握酒吧的工作程序和服务标准。

⑨具有独立完成本岗位工作的能力。

⑩能用一种外语对外宾进行礼节招呼和问候，并进行简单的会话。

二、中级调酒师

1. 知识要求

①了解世界主要名酒的酿制原理和生产工艺，了解世界名酒的储存和保管知识，熟悉酒品的鉴别知识。

②熟知鸡尾酒的主要制作技术。

③懂得各类酒吧环境设计和布置方法。

④掌握一定的酒吧经营管理知识和销售知识，懂得酒水的成本控制与核算。

⑤具有较丰富的食品卫生知识和营养知识，熟悉酒品、饮料的质量标准。

⑥熟知酒吧各岗位的职责、工作程序和标准。掌握各类酒会的服务知识及各项操作技能标准。

⑦具有比较丰富的旅游知识，熟知主要客源国的饮食习惯以及对酒品的嗜好。了解与餐饮服务相关的商品知识和与餐饮服务有关的法规、政策。

⑧具有一定的外语基础，掌握酒水服务的专业用语。

2. 技能要求

①能比较熟练、正确地调制各类鸡尾酒，并能根据宾客要求制作饮品。

②掌握鉴别酒品质量的方法。

③能合理制作各类鸡尾酒装饰物，并能制作水果拼盘。

④具有酒吧管理能力，能设计、组织一般的鸡尾酒会，并能进行成本核算。

⑤能比较准确地判断宾客心理，具有较强的酒水推销能力。

⑥具有一定的应变能力，能及时妥善处理酒吧内发生的突发事件。

⑦有传授业务技术及培训初级调酒师的能力。

⑧能在业务范围内同外宾进行外语会话。

三、高级调酒师

1. 知识要求

①具有丰富的酒水知识，基本掌握香槟酒、葡萄酒等高级酒水知识，比较系统地掌握调酒的理论知识。

②具有比较丰富的公关和市场营销知识。

③掌握鸡尾酒调制的技术和原理。

④基本掌握世界各类名酒的酿制原理和生产工艺及质量标准。

⑤具有酒吧经营管理知识，熟悉各类酒吧的设计和环境布置。

⑥了解较多的与本工种相关的科学知识，重点了解餐厅服务知识，熟悉与餐饮服务相关的商品知识和与餐饮服务有关的法规、政策等。

⑦基本掌握一门外语，并具有第二外语的初步知识。

2.技能要求

①掌握调酒技术，能熟练调制各类世界流行鸡尾酒，并能创制具有特色的鸡尾酒新品种。

②能正确鉴别各种酒品的质量。

③能够全面和创造性地制作鸡尾酒装饰物。

④具有经营管理酒吧的能力，能熟练地设计、指导各类酒会。

⑤能准确地进行酒会核算和经营统计。

⑥能准确判断宾客心理，有效地推销酒品，及时满足宾客要求，能灵活应变和正确处理酒吧内各种突发事件。

⑦具有传授业务技术和培训中级调酒师的能力；能制定各类酒吧的酒单；能编写技术培训资料。

⑧具有一门外语的良好表达能力，能流利地进行外语会话，并能用第二外语与外宾进行简单会话。

✓ 思考题

1.调酒师的概念是什么？

2.调酒师的道德素质要求有哪些？

3.调酒师的基本素质要求有哪些？

4.调酒师的专业素质要求有哪些？

5.高级调酒师等级标准要求有哪些？

第十章　酒吧简述

教学内容： 酒吧概述

酒吧的组织结构

酒吧员工的岗位职责

酒吧的工作程序和服务标准

教学时间： 2 课时

教学方式： 讲述酒吧的相关知识，运用合理的方式阐述酒吧员工的岗位职责和酒吧的工作程序和服务标准。

教学要求： 1. 了解酒吧相关的概念。

2. 掌握酒吧的组织结构。

3. 熟悉酒吧员工的岗位职责、工作程序及服务标准。

课前准备： 准备一些视频资料和图片，对相关知识有初步的认识。

第一节　酒吧概述

一、酒吧的起源

酒吧产生于 17 世纪 70 年代，英文是 Bar，原意是长条的木头或金属，像门把或栅栏之类的东西。据说，从前美国中西部的人骑马出行，到了路边的一个小店，就把马缰绳系在门口的一根横木上，进去喝上一杯，略作休息，然后继续赶路，这样的小店就称为 Bar。去酒吧消费，是一种休闲方式。

酒吧代表了一种新型的娱乐文化。在酒吧里，无须讲究社会地位、等级等问题。相反，举止得体才是基本的交往准则。这样，人们能够跨越出身、等级和地位的悬殊进行交流沟通，只要是在酒吧里进行沟通，无论对方是谁，他们必须尊重彼此的看法。因此，酒吧的社交能培育出一种尊重和宽容别人思想的新态度。

一般情况下，酒吧是专门为客人提供酒水和饮用服务的场所。酒吧本身须具备一些特征才能使客人一看便知是饮用酒水的地方。除了装修的格调外，第一是要配备一定数量和种类齐全的酒水，并有陈列摆设；第二是有各种用途不同的酒杯；第三是供应酒水必备和调酒用的工具。

二、酒吧的分类

酒吧的种类很多，根据不同情况，酒吧可进行如下分类。

（一）根据服务内容分类

1. 纯饮品酒吧

此类酒吧主要提供各类饮品，也有一些佐酒小吃，如果脯、杏仁、腰果、花生等食品。一般的娱乐中心酒吧、机场、码头、车站等酒吧属此类。

2. 供应食品的酒吧

此类酒吧还可细分如下。

（1）餐厅酒吧

绝大多数中餐厅，酒水是食物经营的佐助品，仅作为吸引客人消费的一个手段，所以酒水利润相对于纯饮品酒吧要低，品种也较少，但目前高级餐厅中，其品种及服务有增多的趋势。

（2）小吃型酒吧

一般地，含有食品供应的酒吧其吸引力总是要大一些，客人消费也会多一些。小吃的品种往往是独特风味及易于制作的食品,如三明治、汉堡、炸肉排或地方小吃。

（3）夜宵式酒吧

往往是高档餐厅夜间经营场所，入夜时，餐厅将环境布置成类似酒吧型。有酒吧特有的灯光及音响设备，产品上，酒水与食品并重，客人可单纯享用夜宵或特色小吃，也可单纯用饮品，环境与经营方式对消费者也具有相当大的吸引力。

3. 娱乐型酒吧

这种吧环境布置及服务主要为了满足寻求刺激、兴奋、发泄的客人，所以这种酒吧往往会设有乐队、舞池、卡拉 OK、时装表演等，有的甚至以娱乐为主，酒吧为辅，所以吧台在总体设计中所占空间较小，舞池较大。此类吧气氛活泼热烈，大多年轻人较喜欢这类娱乐酒吧。

4. 休闲型酒吧

此类吧是客人松弛精神、怡情养性的场所。主要为满足寻求放松、谈话、约会的客人，所以座位会很舒适，灯光柔和，音乐缠绵，环境温馨优雅，除其他饮品外供应的饮料以软饮为主，咖啡是其所售饮品中的一个大项。

5. 俱乐部、会所或沙龙型酒吧

由具有相同兴趣爱好、类似职业背景、相近社会背景的人群组成的松散型社会团体，在某一特定酒吧定期聚会，谈论共同感兴趣的话题、交换意见及看法，同时有饮品供应，比如在城市中可看到的"企业家俱乐部""音乐沙龙""商务会所"等。

（二）根据经营形式分类

1. 附属经营酒吧

（1）娱乐中心酒吧

附属于某一大型娱乐中心，客人在娱乐之余为之助兴，往往会到酒吧饮一杯酒，此类吧往往提供酒精含量低及不含酒精的饮品。

（2）购物中心酒吧

大型购物中心或商场也常设有酒吧。此类吧大多为人们购物休息及欣赏其所购置的物品而设，主营不含酒精饮料。

（3）饭店酒吧

为旅游住店客人特设，也接纳当地客人。饭店中酒吧设施、商品、服务项目也较全面，客房中可有小酒吧，大厅有鸡尾酒廊。

2. 独立经营酒吧

此类吧无明显附属关系，单独设立，自主经营。营销品种较全面，服务设施等较好，间或有其他娱乐项目，交通方便，常吸引大量客人。

（1）市内酒吧

一般其设施和服务趋于全面，常年营业，客人逗留时间较长，消费也较多。

（2）交通终点酒吧

设在机场、火车站、港口等旅客中转地。纯是旅客消磨等候时间、休息放松的酒吧。此种类消费客人一般逗留时间较短，消费量较少，但周转率很高。一般此类酒吧品种较少，服务设施比较简单。

（3）旅游地酒吧

设在海滨、森林、温泉、湖畔等风景旅游地。供游人在玩乐之后放松，一般都有舞池、卡拉 OK 等娱乐设施，但所经营的饮料品种较少。

（4）客房小酒吧

此类吧在酒店客房内，客人自行在房内随意饮用各类酒水或饮料，现已普及于各大星级宾馆。

（三）根据服务方式分类

1. 立式酒吧

立式酒吧是传统意义上的典型酒吧，也称主酒吧（Open Bar 或 Main Bar），也叫英美正式酒吧。在外国也有叫"English Pub"或"Cash Bar"。这类酒吧的特点是客人直接面对调酒师坐在酒吧台前，当面欣赏调酒师的操作，调酒师从准备材料到酒水的调制和服务全过程都在客人的注视下完成。主酒吧不但要装修高雅、美观、格调别致，而且在酒水摆设和酒杯摆设中要创造气氛，吸引客人来喝酒，并使客人觉得置身其中饮酒是一种享受。

该类型酒吧一般都由调酒师单独工作，因为不仅要负责酒类及饮料的调制，还要负责收款工作，同时必须掌握整个酒吧的营业情况，所以立式酒吧也是以调酒师为中心的酒吧。

2. 服务酒吧

服务酒吧多见于娱乐型酒吧、休闲型酒吧和餐饮酒吧。指宾客不直接在吧台上享用饮料，而是通过服务员开单并提供饮料服务，调酒师在一般情况下不和客人接触，而是通过与服务员合作，按开出的酒单配酒及提供各种酒类饮料，由服务员收款，所以它是以服务员为中心的酒吧。

（1）鸡尾酒廊

属服务酒吧类。通常位于饭店门厅附近、门厅延伸或是利用门厅周围空间，一般没有墙壁将其与门厅隔断，而且通常带有咖啡厅的形式特征，格调及其装修布局也近似。但只供应饮料和小食，不供应主食。也有一些座位在酒吧台前面，但客人一般不喜欢坐上去。这类酒吧有两种形式：一是大酒吧（Lobby Lounge）在饭店的大堂设置，主要为饭店客人服务，让客人可以暂时休息、等人、等车等；二是音乐厅（Music Room），其中也包括歌舞厅和卡拉 OK 厅。在饭店里的多数是综合音乐厅，里面有小乐队演奏，有小舞池供客人跳舞。

（2）宴会、冷餐会、酒会等提供饮料服务的酒吧

在中餐厅和西餐厅中都可设置。一般在中餐厅中较简单，调酒师不需直接与

客人打交道，只要按酒水量供应就行了。酒吧摆设也以中国酒为主。

西餐厅中的服务设置要求较高，主要是有数量多、品种齐全的餐酒（葡萄酒），而且红、白葡萄酒的存放温度和方法不同，需配备餐酒库和立式冷柜。在国外的饭店中，西餐厅的酒库显得特别重要，因为西餐酒水配餐的格调水准都在这里体现出来。

第二节　酒吧的组织结构

根据酒吧类型的不同，酒吧的组织结构可根据实际需要而制订或改变。常见酒吧组织结构如下。

一、酒吧组织结构图

在四星级或五星级酒店，一般设立酒水部（Beverage Dept），管辖范围包括舞厅、咖啡厅和大堂酒吧等。在国外，酒吧经理通常也兼管咖啡厅（图10–1）。

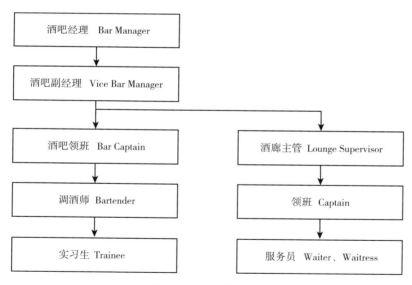

图 10–1　酒吧组织图

二、酒吧人员构成

酒吧的人员构成通常由酒店酒吧的数量决定。在一般情况下，每个服务酒吧配备调酒师和实习生，通常4～5人；主酒吧配备领班、调酒师、实习生5～6人。酒廊可根据座位数来配备人员，通常10～15个座位配备1人。以上配备为两班制需要人数，一班制时人数可减少。

例如，某酒店共有各类酒吧 5 个，其人员配备如下。

酒吧经理 1 人；酒吧副经理 1 人；酒吧领班 2～3 人；调酒师 15～16 人；实习生 4 人，其他人员配备可根据营业情况不同而作相应的调整。

第三节　酒吧员工的岗位职责

一、酒吧经理的岗位职责

①保证各酒吧处于良好的工作状态和营业状态。

②正常供应各类酒水，制订销售计划。

③编排员工工作时间表，合理安排员工休假。

④根据需要调动、安排员工工作。

⑤督促下属员工努力工作，鼓励员工积极学习业务知识，力求上进。

⑥制订培训计划，安排培训内容，培训员工。

⑦根据员工工作表现做好评估工作，提拔优秀员工，并且执行各项规章和纪律。

⑧检查各酒吧每日工作情况。

⑨控制酒水成本，防止浪费，减少损耗，严防失窃。

⑩处理客人投诉或其他部门投诉，调解员工纠纷。

⑪按需要预备各种宴会酒水。

⑫指定酒吧各类用具清单，定期检查补充。

⑬检查食品仓库酒水存货情况，填写酒水采购申请表。

⑭熟悉各类酒水的服务程序和酒水价格。

⑮制订各项鸡尾酒的配方及各类酒水的销售标准。

⑯定出各类酒吧的酒杯及玻璃器皿清单，定期检查补充。

⑰负责解决员工的各种实际问题，如制服、调班、加班就餐、业余活动等。

⑱沟通上下级之间的关系。向下传达上级的决策，向上反映员工情况。

⑲完成每月工作报告。向饮食部经理汇报工作情况。

⑳监督完成每月酒水盘点工作。审核、签批酒水领货单、百货领货单、棉织品领货单、工程维修单、酒吧调拨单。

二、酒吧副经理的岗位职责

①保证酒吧处于良好的工作状态。

②协助酒吧经理制订销售计划。

③编排员工工作时间、合理安排员工假期。

④根据需要调动、安排员工工作。

⑤督导下属员工努力工作。

⑥负责各种酒水销售服务，熟悉各类服务程序和酒水价格。

⑦协助经理制订培训计划，培训员工。

⑧协助经理制订鸡尾酒的配方以及各类酒水的销售分量标准。

⑨检查酒吧日常工作情况。

⑩控制酒水成本，防止浪费，减少损耗，严防失窃。

⑪根据员工表现做好评估工作，执行各项纪律。

⑫处理客人投诉和其他部门投诉，调解员工纠纷。

⑬负责各种宴会的酒水预备工作。

⑭协助酒吧经理制订各类用具清单，并定期检查补充。

⑮检查食品仓库酒水存货情况。

⑯检查员工考勤，安排人力。

⑰负责解决员工的各种实际问题，如制服、调班、加班、业余活动等。

⑱监督酒吧经理员工完成每月工作报告。

⑲沟通上下级之间的联系。

⑳酒吧经理缺席时，代理酒吧经理行使各项职责。

三、酒吧领班岗位职责

①保证酒吧处于良好的工作状态。

②正常供应各类酒水，做好销售记录。

③督导下属员工努力工作。

④负责各种酒水服务，熟悉各类酒水的服务程序和酒水价格。

⑤根据配方鉴定混合饮料的味道，熟悉其分量，能够指导下属员工。

⑥协助经理制订鸡尾酒的配方以及各类酒水的分量标准。

⑦根据销售需要保持酒吧的酒水存货。

⑧负责各类宴会的酒水预备和各项准备工作。

⑨管理及检查酒水销售时的开单、结账工作。

⑩控制酒水损耗，减少浪费，防止失窃。

⑪根据客人需要重新配制酒水。

⑫指导下属员工做好各种准备工作。

⑬检查每日工作情况，如酒水存量、员工意外事故、新员工报到等。

⑭检查员工报到情况，安排人力，防止岗位缺人。

⑮分派下属员工工作。

⑯检查食品仓库酒水存货状况。

⑰向上司提供合理化建议。

⑱处理客人投诉、调解员工纠纷。

⑲培训下属员工，根据员工表现做出鉴定。

⑳自己处理不了的事情及时转报上级。

四、酒吧调酒师岗位职责

①根据销售状况每月从食品仓库领取所需酒水。

②按每日营业需要从仓库领取酒杯、银器、棉织品、水果等物品。

③清洗酒杯及各种用具、擦亮酒杯、清理冰箱。

④清洁酒吧各种家具，拖抹地板。

⑤将清洗盘内的冰块加满以备营业需要。

⑥摆好各类酒水及所需要的饮品以便工作。

⑦准备各种装饰水果，如柠檬片、橙角等。

⑧将空瓶、罐送回管事部清洗。

⑨补充各种酒水。

⑩营业中为客人更换烟灰缸。

⑪从清洗间将干净的酒杯取回酒吧。

⑫将啤酒、白葡萄酒、香槟和果汁放入冰箱保存。

⑬在营业中保持酒吧的干净和整洁。

⑭把垃圾送到垃圾房。

⑮补充鲜榨果汁和浓缩果汁。

⑯准备白糖水以便调酒时使用。

⑰在宴会前摆好各类服务酒台。

⑱供应各类酒水及调制鸡尾酒。

⑲使各项出品达到饭店的要求和标准。

⑳每月盘点酒水。

五、酒吧实习生岗位职责

①每天按照提货单到食品仓库提货、取冰块、更换棉织品、补充器具。

②清理酒吧的设施，如冰柜、制冰机、工作台、清洗盘、冰车和酒吧的工具（搅拌机、量杯等）。

③经常清洁酒吧内的地板及所有用具。

④做好营业前的准备工作，如兑橙汁，将冰块装到冰盒里，切好柠檬片和橙角等。

⑤协助调酒师放好陈列的酒水。

⑥根据酒吧领班和调酒师的指导补充酒水。

⑦用干净的烟灰缸换下用过的烟灰缸并清洗干净。

⑧补充酒杯，工作空闲时用干布擦亮酒杯。

⑨补充应冷藏的酒水到冰柜中，如啤酒、白葡萄酒、香槟及其他软饮料。

⑩保持酒吧的整洁、干净。

⑪清理垃圾并将客人用过的杯、碟送到清洗间。

⑫帮助调酒师清点存货。

⑬帮助调酒师在楼面摆设酒吧。

⑭熟悉各类酒水、各种杯子特点及酒水价格。

⑮酒水入仓时，用干布或湿布抹干净所有的瓶子。

⑯摆好货架上的瓶装酒，并分类存放整齐。

⑰在酒吧领班或调酒师的指导下制作一些简单的饮品或鸡尾酒。

⑱整理、放好酒吧的各种表格。

⑲在营业繁忙时，帮助酒吧调酒师招呼客人。

⑳在营业繁忙时，帮助酒吧调酒师结账。

六、酒吧服务员岗位职责

①在酒吧范围内招呼客人。

②根据客人的要求写酒水供应单，到酒吧取酒水，并负责取单据给客人结账。

③按客人的要求供应酒水，提供令客人满意而又恰当的服务。

④保持酒吧的整齐、清洁，包括开始营业前及客人离去后摆好台椅等。

⑤做好营业前的一切准备工作，如备咖啡杯、碟、点心叉（西点）、茶壶和杯等。

⑥协助放好陈列的酒水。

⑦补足酒杯，空闲时擦亮酒杯。

⑧用干净的烟灰缸换下用过的烟灰缸。

⑨清理垃圾及客人用过的杯、碟并送到清洗部。

⑩熟悉各类酒水、各种杯子类型及酒水的价格。

⑪熟悉服务程序和要求。

⑫能用流利的英语与客人应答。

⑬营业繁忙时，协助调酒师制作各种饮品或鸡尾酒。

⑭协助调酒师清点存货，做好销售记录。

⑮协助填写酒吧用的各种表格。

⑯帮助调酒师、实习生补充酒水或搬运物品。

⑰清理酒吧内的设施，如台、椅、咖啡机、冰车和酒吧工具等。

以上是各职务基本工作岗位职责，各饭店的实际环境不同可按需要进行补充。调酒师、酒吧服务员和实习生的直属上级是酒吧领班。

第四节　酒吧的工作程序和服务标准

一、酒吧的工作程序

酒吧的工作程序主要包括营业前的工作程序、营业中的工作程序、营业后的工作程序等。

（一）营业前的工作程序

营业前工作准备俗称为"开吧"。主要有酒吧内清洁工作、领货、酒水补充、酒吧摆设和调酒准备工作等。

1. 酒吧内清洁工作

（1）酒吧台与工作台的清洁

酒吧台通常是大理石及硬木制成，表面光滑。由于每天客人喝酒水时会弄脏或倒翻少量的酒水在其光滑表面而形成点块状污迹，在隔了一个晚上后会硬结。清洁时先用湿毛巾擦，再用清洁剂喷在表面擦抹，至污迹完全消失为止。清洁后要在酒吧台表面喷上蜡光剂以保护光滑面。工作台是不锈钢材料，表面可直接用清洁剂或肥皂粉擦洗，清洁后用干毛巾擦干即可。

（2）冰箱清洁

冰箱内由于堆放罐装饮料和食物，易使底部形成油滑的尘积块，网隔层也会由于果汁和食物的翻倒粘上点状或片状污痕。大约3天就必须对冰箱彻底清洁一次，从底部、壁到网隔层。先用湿布和清洁剂擦洗污渍，再用清水抹干净。

（3）地面清洁

酒吧柜台内地面多用大理石、瓷砖或木地板铺砌。每日要多次用拖把擦洗地面，使之保持清洁。

（4）酒瓶与罐装饮料表面清洁

瓶装酒在散卖或调酒时，瓶上残留下的酒液会使酒瓶变得黏滑，特别是餐后甜酒，由于酒中含糖多，残留酒液会在瓶口结成硬颗粒状；瓶装或罐装的汽水啤酒饮料则由于长途运输仓贮而表面积满灰尘，要用湿毛巾每日将瓶装酒及罐装饮料的表面擦干净以符合食品卫生标准。

（5）酒杯、工具清洁

酒杯与工具的清洁与消毒要按照规程处理，即使没有使用过的酒杯每天也要重新消毒。

（6）公共区域清洁

酒吧柜台外的地方每日按照餐厅的清洁方法去做，有的酒店是由公共地区清洁工或服务员做。

2. 领货工作

（1）领酒水

每天将酒吧所需领用的酒水（参照酒吧存货标准）数量填写酒水领货单（表10-1），送酒吧经理签名，拿到仓库交保管员取酒发货。此项工作要特别注意在领酒水时清点数量以及核对名称，以免造成误差。领货后要在领货单收货人一栏签名以便核实查对。其他食品诸如水果、果汁、牛奶、香料等的领货程序大致与酒水领货相同。

表 10-1　饭店酒水领料单

领料部门：　　　　　　　　　年　月　日　　　　　　　　金额单位：元

品　名	规　格	单　位	单　价	申　请　数		实　发　数		备　注	
				数　量	金　额	数　量	金　额		第一联：财务记账

申请人：　　　　　批准人：　　　　　发货人：　　　　　收货人：

（2）领酒杯和瓷器

酒杯和瓷器容易损坏，领用和补充是日常要做的工作。需要领用酒杯和瓷器时，要按用量规格填写领货单，再拿到仓库交保管员处领货，领回酒吧后要先清洗消毒才能使用。

（3）领百货

百货包括各种表格（酒水供应单、领货单、调拨单等）、笔、记录本、棉织品等用品。一般每星期领用1～2次。领用百货时需填好百货领料单交酒吧经理和成本会计签名后才能拿到仓库交保管员发货。

3. 补充酒水

将领回来的酒水分类堆好，需要冷藏的如啤酒、果汁等放进冷柜内。补充酒水一定要遵循先进先出的原则，即先领用的酒水先销售使用，先存放进冷柜中的酒水先卖给客人。以免因存放过期而造成浪费。特别是果汁及水果食品更是如此。

例如，纸包装的鲜牛奶存放期只有几天，稍微疏忽都会引起不必要的浪费。

4. 酒水记录

每个酒吧为便于进行成本检查以及杜绝失窃现象，需要设立一本酒水记录簿，称为 Bar Book。上面清楚地记录着酒吧每日的存货、领用酒水、售出数量、结存的具体数字。每个调酒师取出"酒水记录簿"就可一目了然地知道酒吧各种酒水的数量。值班的调酒师要清点数目，记录在案，以便上级检查。例如，表 10-2 为酒水记录簿。

表 10-2　酒水记录簿

日期：　年　月　日　　　　　　　　　　　　　　　　　　　经手人：

项　　目	规　格	存　货	领　用	售　　出	结　存	签　名
可　　乐	罐					
雪　　碧	罐					
苏　　打	罐					
橙　　汁	罐					
菠萝汁	罐					
柠檬汁	罐					
汤力水	罐					
金　　酒	瓶					
威士忌	瓶					
白兰地	瓶					
朗姆酒	瓶					
特基拉酒	瓶					
伏特加酒	瓶					
红葡萄酒	瓶					
白葡萄酒	瓶					

5. 酒吧摆设

酒吧摆设主要是瓶装酒的摆设和酒杯的摆设。摆设有几个原则：第一是美观大方，要有吸引力，方便工作和专业性强。酒吧的气氛和吸引力往往集中在瓶装酒和酒杯的摆设上。摆设要给客人一看就知道这是酒吧，是喝酒享受的地方。瓶装酒的摆设一是要分类摆，开胃酒、烈酒、餐后甜酒分开；第二是酒的摆放，价钱最贵的与便宜的分开摆，如干邑白兰地，便宜的几十块钱一瓶，贵重的几千块钱一瓶，两种酒是不能并排陈列的。而且摆放时瓶与瓶之间要有间隙，可放进合适的酒杯以增加气氛，使客人得到满足和享受；经常用的"饭店专用"散卖酒与陈列酒要分开，散卖酒要放在工作台前伸手可及的位置以方便工作；不常用的酒放在酒架的高处，以减少从高处拿取酒的麻烦。第三是酒杯的摆放，酒杯可分悬挂与摆放两种，悬挂的酒杯主要是装饰酒吧气氛，一般不使用，因为拿取不方便，必要时，取下后要擦净再使用；摆放在工作台位置的酒杯要方便操作，加冰块的杯（哥连士杯、平底杯）放在靠近冰桶的地方，不加冰块的酒杯放在其他空位，啤酒杯、鸡尾酒杯可放在冰柜冷冻。

6. 调酒准备

（1）冰块准备

取放冰块，用桶从制冰机中取出冰块放进工作台上的冰块池中，把冰块放满；没有冰块池的可用保温冰桶装满冰块盖上盖子放在工作台上。

（2）配料准备

例如，李派林汁、辣椒油、胡椒粉、盐、糖、豆蔻粉等放在工作台前面，以备调制时取用；鲜牛奶、淡奶、菠萝汁、番茄汁等，打开罐装入玻璃容器中（不能开罐后就在罐中存放，因为铁罐打开后，内壁有水分很容易生锈引起果料变质），存放在冰箱中；橙汁、柠檬汁要先稀释后倒入瓶中存放在冰箱里备用；其他调酒用的汽水也要放在触手可及的位置。

（3）水果装饰物准备

橙角预先切好与樱桃穿在一起排放在碟子里封上保鲜纸备用。从瓶中取出少量咸橄榄放在杯中备用；红樱桃取出用清水冲洗后放入杯中（因樱桃是用糖水浸泡，表面太黏）备用；柠檬片、柠檬角也要切好排放在碟子里用保鲜纸封好备用，以上几种装饰物都放在工作台上。

（4）酒杯准备

把酒杯拿去清洗间消毒后按需放好。工具用餐巾垫底排放在工作台上，量杯、酒吧匙、冰夹要浸泡在干净水中。杯垫、吸管、调酒棒和鸡尾酒签也放在工作台前（吸管、调酒棒和鸡尾酒签可用杯子盛放）。

7. 更换棉织品

酒吧使用的棉织品有两种，餐巾和毛巾。毛巾是用来清洁台面的，要浸水用；餐巾（镜布、口布）主要用于擦杯，要干用，不能弄湿。棉织品都须使用一次清洗一次，不能连续使用而不清洗。每日要将脏的棉织品送到洗衣房更换干净的。

8. 工程维修

在营业前要仔细检查各类电器、灯光、空调、音响；各类设备、冰箱、制冰机、咖啡机等；所有家具、酒吧台、椅、墙纸及装修有无损坏。如有任何不符合标准要求的地方，要马上填写工程维修单交酒吧经理签名后送工程部，由工程部派人维修。

9. 单据表格准备

检查所需使用的单据表格是否齐全够用，特别是酒水供应单与调拨单一定要准备好，以免影响营业。

（二）营业中的工作程序

营业中工作程序包括酒水供应与结账程序、酒水调拨程序、调酒操作服务、待客服务等，英文称为 Operation & Service。

1. 调酒服务与待客服务

见本节"酒吧服务标准"。

2. 酒水供应程序

客人点酒水→调酒师或服务员开单→收款员立账→调酒师配制酒水→供应酒品。

（1）客人点酒水

调酒师要耐心细致，有些客人会询问酒水品种的质量、产地和鸡尾酒的配方内容，调酒师要简单明了地介绍，千万不要表现出不耐烦；还有些客人请调酒师介绍品种，调酒师介绍时须先询问客人所喜欢的口味，再介绍品种；如果一张台上有若干客人，务必对每一位客人点的酒水做出记号，以便正确地将客人点的酒水送上。

（2）调酒师或服务员开单

调酒师或服务员在填写酒水供应单时要重复客人所点的酒水名称、数目，避免出差错。酒吧中有时会由于声音不清楚或调酒师精神不集中听错而调错饮品。所以特别注意听清楚客人的要求。酒水供应单一式三联，填写时要清楚地写上日期、经手人、酒水品种、数量、客人的特征或位置及客人所提的特别要求。填好后交收款员。

（3）收款员立账

收款员拿到供应单后须马上立账单，将第一联供应单与账单订在一起，第二联盖章后交还调酒师（当日收吧后送交成本会计），第三联由调酒师自己保存备查。

（4）调酒师配制酒水

调酒师凭经过收款员盖章后的第二联供应单才可配制酒水，没有供应单的调酒属违反酒吧的规章制度，无论理由如何充分都不应提倡。凡在操作过程中因不小心，调错或翻倒浪费的酒水需填写损耗单，列明项目、规格、数量后送交酒吧经理签名认可，再送成本会计处核实入账。

（5）供应酒品

配制好酒水后按服务标准送给客人。

3. 结账程序

客人要求结账→调酒师或服务员检查账单→收现金、信用卡或签账→收款员结账。

客人打招呼要求结账时，调酒师或服务员要立即有所反应，不能让客人久等。调酒师或服务员需仔细查一遍账单，核对酒水数量品种有无错漏，这关系客人的切身利益，必须非常认真仔细，核对完后将账单拿给客人。客人认可后，收取账单上的现金（如果是签账单，那么签账的客人要清楚地写上姓名、房号及签名，信用卡结账按银行所提供的机器滚压填单办理），然后交收款员结账，结账后将账单的副本和零钱交给客人。

4. 酒水调拨程序

在酒吧中经常会由于特别的营业情况使某些品种的酒水提前售罄。这时客人如果再点这种酒，如果回答说卖完或没有会使客人不高兴，而且影响酒吧的营业收入。这就需要马上从别的酒吧调拨所需酒水品种。酒吧中称为店内调拨 Inter-bar Transfer。发出酒水的酒吧要填写一式三份的酒水调拨单，上面写明调拨酒水的数量、品种，从什么酒吧拨到什么酒吧，经手人与领取人签名后交酒吧经理签名。第一联送成本会计处，第二联由发酒水的酒吧保存备查，第三联由接受酒水的酒吧留底。

5. 酒杯的清洗与补充

在营业中要及时收集客人使用过的空杯，立即送清洗间清洗消毒。决不能等一群客人一起喝完后再收杯。清洗消毒后的酒杯要马上取回酒吧以备用。在操作中，要有专人不停地运送、补充酒杯。

6. 清理台面处理垃圾

调酒师要注意经常清理台面，将酒吧台上客人用过的空杯、吸管、杯垫收下来。一次性吸管、杯垫扔到垃圾桶中，空杯送去清洗，台面要经常用湿毛巾抹，不能留有脏水痕迹。要回收的空瓶放回箱中，其他的空罐与垃圾要轻放进垃圾桶内，并及时送去垃圾间，以免时间长产生异味。客人用的烟灰缸要经常更换，换下后要清洗干净，严格来说烟灰缸里的烟头不能超过 2 个。

7. 其他

营业中除调酒取物品外，调酒师要保持正立姿势，两腿分开站立。不准坐下或靠墙、靠台。要主动与客人交谈，以增进调酒师与客人间的友谊。要多留心观察装饰物是否用完，将用完要及时补充；酒杯是否干净够用，有时杯子洗不干净有污点，要及时替换。

（三）营业后的工作程序

营业后的工作程序包括清理酒吧、完成每日工作报告、清点酒水、检查火灾

231

隐患、关闭电器开关等。

1. 清理酒吧

营业时间到点后要等客人全部离开后，才能动手收拾酒吧。决不允许赶客人出去。先把脏的酒杯全部收起送清洗间，必须等清洗消毒后全部取回酒吧才算完成一天的任务，不能到处乱放。垃圾桶要送垃圾间倒空，清洗干净，否则第二天早上酒吧就会因垃圾发酵而充满异味。把所有陈列的酒水小心取下放入柜中，散卖和调酒用过的酒要用湿毛巾把瓶口擦干净再放入柜中。水果装饰物要放回冰箱中保存并用保鲜纸封好。凡是开了罐的汽水、啤酒和其他易拉罐饮料（果汁除外）要全部处理掉，不能放到第二天再用。酒水收拾好后，酒水存放柜要上锁，防止失窃。酒吧台、工作台、水池要清洗一遍。酒吧台、工作台用湿毛巾擦抹，水池用洗洁精洗，单据表格夹好后放入柜中。

2. 完成每日工作报告

主要有几个项目：当日营业额、客人人数、平均消费、特别事件和客人投诉。每日工作报告主要供上级掌握酒吧的营业详细状况和服务情况。

3. 清点酒水

把当天所销售出的酒水按第二联供应单数目及酒吧现存的酒水精确数字填写到酒水记录簿上。这项工作要细心，不准弄虚作假。特别是贵重的瓶装酒要精确到 0.1 瓶。

4. 检查火灾隐患

全部清理、清点工作完成后要整个酒吧检查一遍，是否存在引起火灾的隐患，特别是掉落在地毯上的烟头。消除火灾的隐患在酒店中是一项非常重要的工作，每个员工都要担负起责任。

5. 关闭电器开关

除冰箱外所有的电器开关都要关闭。包括照明、咖啡机、咖啡炉、生啤酒机、电动搅拌机、空调和音响。

6. 其他

最后留意把所有的门窗关好，再将当日的供应单（第二联）与工作报告、酒水调拨单送到经理处。通常酒水领料单由酒吧经理签名后可提前投入食品仓库的领料单收集箱内。

二、酒吧服务标准

（一）调酒服务标准

在酒吧，客人与调酒师只隔着吧台，调酒师的任何动作都在客人的目光之下。不但要注意调制的方法、步骤，还要留意操作姿势及卫生标准。

1. 姿势和动作

调酒时要注意姿势端正，不要弯腰或蹲下调制。尽量面对客人，大方，不要掩饰。任何不雅的姿势都会直接影响客人的情绪。动作要潇洒、轻松、自然、准确，不要紧张。用手拿杯时要握杯子的底部，不要握杯子的上部，更不能用手指碰杯口。调制过程中尽可能使用各种工具，不要用手。特别是不准用手抓冰块放进杯中来代替冰夹。不要做摸头发、揉眼、擦脸等小动作。也不允许在酒吧中梳头、照镜子、化妆等。

2. 顺序与时间

调制出品时要注意客人到来的顺序，要先为早到的客人调制酒水。同来的客人要为女士和老人、小孩先配制饮料。调制任何酒水的时间都不能太长，以免使客人不耐烦。这就要求调酒师平时多练习。调制时动作快捷熟练。一般的果汁、汽水、矿泉水、啤酒可在 1min 时间内完成；混合饮料可用 1～2min 完成；鸡尾酒包括装饰品可用 2～4min 完成。有时五六个客人同时点酒水，也不必慌张忙乱，可先一一答应下来，再按次序调制。一定要答应客人，不能不理睬客人只顾自己干活。

3. 卫生和安全

在酒吧调酒一定要注意卫生标准，稀释果汁和调制饮料用的水要用冷开水，无冷开水时可用容器盛满冰块倒入开水也可使用。不能直接用自来水。调酒师要经常洗手，保持手部清洁。配制酒水时有时允许用手，例如拿柠檬片、做装饰物。凡是过期、变质的酒水不准使用。腐烂变质的水果及食品也禁止使用。要特别留意新鲜果汁、鲜牛奶和稀释后果汁的保鲜期，天气热更容易变质。其他卫生标准可参看《中华人民共和国食品安全法》。

4. 观察与询问

要注意观察酒吧台面，看到客人的酒水快喝完时要询问客人是否再加 1 杯；客人使用的烟灰缸是否需要更换；酒吧台表面有无酒水残迹，经常用干净的湿毛巾擦抹；要经常为客人斟酒水；客人抽烟时要为其点火。让客人在不知不觉中获得各项服务。总而言之，优良的服务在于留心观察加上必要而及时的行动。在调酒服务中，因各国客人的口味、饮用方法不尽相同，有时会提出一些特别要求与特别配方，调酒师甚至酒吧经理也不一定会做，这时可以询问、请教客人怎样配制，也会得到满意的结果。

5. 清理和保洁

工作台是配制供应酒水的地方，位置很小，要注意经常清理与保洁。每次调制完酒水后一定要把用完的酒水放回原来位置，不要堆放在工作台上，以免影响操作。斟酒时滴下或不小心倒在工作台上的酒水要及时抹掉。专用于清洁、抹手的湿毛巾要叠成整齐的方形，不要随手抓成一团。

（二）待客服务标准

1. 接听电话

拿起电话，用礼貌术语称呼对方（礼貌用语包括："您好""早上好""中午好""晚安""晚上好""请""对不起""欢迎光临""再见"等）；切忌用"喂"来称呼客人。报上酒吧名称，需要时记下客人的要求，例如订座、人数、时间、客人姓名、公司名称；要简单准确地回答客人的询问。

2. 欢迎客人

客人来到酒吧时，要主动地招呼客人。面带微笑向客人问好（"您好""请进""欢迎"等）并用优美的手势请客人进入酒吧。若是熟悉的客人，可以直接称呼客人的姓氏，使客人觉得有亲切感。如客人存放衣物，提醒客人将贵重物品和现金包随身带着，然后给客人存物号牌。

3. 领客人入座

带领客人到合适的座位前，单个的客人喜欢到酒吧台前的酒吧椅就座，两个或几个客人可领到沙发或小台。帮客人拉椅子，让客人入座，要记住女士优先，未满 18 岁的青少年一般酒吧不允许接待。如果客人需要等人，可选择能够看到门口的座位。

4. 递上酒水单

客人入座后可立即递上酒水单（先递给女士们）。如果几批客人同时到达，要先一一招呼客人坐下后再递酒水单。酒水单要直接递到客人手中，不要放在台面上。如果客人在互相谈话，可以稍等几秒钟，或者说"对不起，先生／小姐，请看酒水单"，然后递给客人。要特别留意酒水单是否干净平整，千万不要把肮脏的或模糊不清的酒水单递给客人。有的酒水单是放在小台上的，可以从台上拿起再双手递给客人。

5. 请客人点酒水

递上酒水单后稍等一会儿，可微笑着问客人"对不起，先生／女士，我能为您点单吗？""您喜欢喝杯饮料吗？"或"请问您要喝点什么呢？"如果客人还没有做出决定，服务员（调酒师）可以为客人提建议或解释酒水单，但要清楚酒吧中供应的酒水品种。如果客人在谈话或仔细看酒水单，那也不必着急，可以再等一会儿。有时客人请调酒师介绍饮品，要先问客人喜欢喝什么味道的饮料再介绍。

6. 写酒水供应单

拿好酒水单和笔，等客人点了酒水后，要重复说一次酒水名称，客人确认了再写酒水供应单。为了减少差错，供应单上要写清楚座号、台号、服务员姓名、酒水饮料品种、数量及特别要求。未写完的行格要用笔划掉。写的顺序也要注意

"女士优先"，并要记清楚每种酒水的价格，以回答客人询问。

7. 酒水供应服务

调制好酒水后可先将饮品、纸巾、杯垫和小食（酒吧常免费为客人提供一些花生、薯片等小食）放在托盘中，用左手端起走近客人并说："请让一让，这是您要的饮料。"上完酒水后可说："请喝""请您品尝"等。在酒吧椅上坐的客人可直接将酒水、杯垫、纸巾拿到酒吧台上而不必用托盘。使用托盘时要注意将大杯的饮料放在靠近身体的位置。要先看看托盘是否肮脏有水迹，要擦干净后再使用。上酒水给客人时从客人的右手边端上。几位客人同坐一台时，如果记不清哪一位客人要什么酒水，要问清楚每位所点的饮料再端上去。

8. 为客人斟酒水

当客人喝了大约半杯饮料的情况下，要为客人斟酒水。右手拿起酒水瓶或罐，为客人斟满酒水、注意不要满到杯口，一般斟至85%就可以了。只要台面上有空瓶或罐都要马上撤下来。有时客人把倒空酒水的易拉罐捏扁，就是暗示这个罐的酒水已经倒空，服务员或调酒师应马上把空罐撤掉。

9. 撤空杯或空瓶罐

经常注意观察，客人的饮料是不是快要喝完了。如有杯子只剩一点饮料，而台上已经没有饮料瓶罐，就可以走到客人身边，问客人是否再来一杯酒水尽兴。如果客人要点的下一杯饮料同杯子里的饮料相同，可以不换杯；如果不同就另上一个杯子给客人。当杯子已经喝空后，可以拿着托盘走到客人身边问："我可以收去您的空杯子吗？"客人点头允许后再把杯子撤到托盘上收走。只要一发现客人台面上有空瓶、罐，可以随时撤走。

10. 结账

客人要求结账时，要立即到收款员处取账单，拿到账单后要检查一遍，台号、酒水的品种、数量是否准确，再用账单夹放好，拿到客人面前，并有礼貌地说："这是您的账单，多谢。"切记不可以大声地读出账单上的消费额，因为有些做东的客人不希望他的朋友知道账单的数目。如果客人认为账单有误，绝对不能同客人争辩，应立即到收款员那里重新把供应单和账单核对一遍，有错马上改，并向客人致歉；没有错可以向客人解释清楚每一项目的价格，取得客人的谅解。

11. 送客

客人结账后，可以帮助客人移开椅子让客人容易站起来，如客人有存放衣物，根据客人交回的号牌，帮客人取回衣物，记住问客人有没有拿错和少拿了。然后送客人到门口，说"多谢光临""再见"等，如果知道客人即将离店，说一句"祝您一路顺风"，会使客人感到高兴。注意说话时要脸带微笑，面向客人。

12. 清理台面

客人离开后，用托盘将台面上所有的杯、瓶等都收掉。再用湿毛巾将台面擦干净，重新摆上干净的烟灰缸和用具。

13. 送纸餐巾

拿给客人用的纸餐巾要先叠好插到杯子中。可叠成菱形或三角形，事先要检查一下纸餐巾是否有破损或污点，将不平整或有破洞、有污点的纸餐巾挑出来，不能使用。

14. 准备小吃

酒吧免费提供给客人的配酒小吃（花生、炸薯片）通常由厨房做好后拿到酒吧中，并用干净的小玻璃碗装好。

15. 端托盘要领

用左手端托盘，五指分开，手指与手掌边缘接触托盘，手心不碰托盘；酒杯饮料放入托盘时不要放得太多，以免把持不稳；高杯或大杯的饮料要放在靠近身体一边；走动时要保持平衡，酒水多时可用右手扶住托盘；端起时要拿稳后再走，端给客人前要停下平衡后再取酒水。

16. 擦酒杯

擦酒杯时要用酒桶或容器装热开水（八成满）；将酒杯的口部对着热水（不要接触），让水蒸气熏酒杯直至杯中充满水蒸气；用清洁和干爽的餐巾（口布）擦，左手握酒杯底部，右手将餐巾拿着塞入杯中擦，擦至杯中的水气完全干净，杯子透明铮亮为止。擦干净后要对着灯光照一下，看看有无漏擦的污点。擦好后，手指不能再碰酒杯内部或上部，以免留下痕印。注意在擦酒杯时不可太用力，防止扭碎酒杯。

✓ 思考题

1. 酒吧起源于何时？
2. 根据服务内容分类，酒吧的种类有哪些？
3. 酒吧经理的岗位职责有哪些？
4. 调酒师的岗位职责有哪些？
5. 酒吧的工作程序有哪些？
6. 调酒服务标准有哪些？

第十一章　酒吧常用器具和设备

教学内容： 酒吧常用器具

酒吧常用设备

酒吧常用器具、设备的清洗和消毒

教学时间： 2课时

教学方式： 讲述酒吧常用器具和设备的相关知识，运用参观酒吧的方式去了解酒吧常用器具、设备的清洗和消毒过程。

教学要求： 1. 了解酒吧常用器具、设备相关的概念。

2. 掌握酒吧的常用器具和设备种类、性能和用途。

3. 熟悉酒吧常用器具、设备的清洗和消毒过程。

课前准备： 联系酒吧，参观并了解酒吧的常用器具和设备种类、性能和用途。

常见的工具和
设备（一）

常见的工具和
设备（二）

第一节　酒吧常用器具

一、玻璃器皿

玻璃器皿包括在酒吧内部使用的烟灰缸、酒杯等，其中数量最多的是酒杯。

（一）酒杯的选择

酒杯在品尝红酒、白酒或鸡尾酒的过程中，扮演了一个很重要的角色，香槟和甜利口酒也不例外。使用正确的玻璃杯才能使"杯中物"的特性显露无遗，增添饮酒的乐趣。此外，一家餐厅或酒吧的档次往往通过酒杯的使用就能立判高下。

每一种酒杯都有许多不同的款式，材料不同，气质和品质就不同。酒杯一般有平光玻璃杯、刻花玻璃杯和水晶玻璃杯等，应根据酒杯的档次、级别和格调选用。但酒杯的使用有一项通则，即是不论喝红酒或白酒，酒杯都必须使用透明的高脚杯。由于酒的颜色和喝酒、闻酒一样是品酒的一部分，一向作为评定酒的品质的重要标准，有色玻璃杯的使用，将影响对酒本身颜色的判定。使用高脚杯的目的在于让手有所把持，避免手直接接触杯肚而影响了酒的温度。

一个好的酒杯设计需涵盖 3 个方面。首先，杯子的清澈度及厚度对品酒时视觉的感觉极为重要；其次，杯子的大小及形状会决定酒香味的强度及复杂度；最后，杯口的形状决定了酒入口时与味蕾的第一接触点，从而影响了对酒的组成要素（如果味、单宁、酸度及酒精度）的各种不同感觉。

挑选一款适合自己的酒杯，需要注意几个方面（以水晶酒杯为例说明）。

一看选料。选料精良的水晶酒杯，应看不到星点状、云雾状和絮状分布的气液包体。质地以纯净、光润、晶莹为好。

二看做工。水晶酒杯的磨工很重要。一件做工好的水晶酒杯应考究精细，不仅能充分展现出水晶制品的外在美（造型、款式、对称性等），而且能最大限度地挖掘其内在美（晶莹）。

三看抛光。抛光的好坏直接影响到水晶酒杯的身价。水晶酒杯在加工过程中须经过金刚砂的琢磨，粗糙的制作工艺会使水晶表面存在摩擦的痕迹。好的水晶酒杯自然透明度、光泽都比较好，按行话说法是"火头足"。

（二）酒杯的类型

酒杯通常包括杯体、杯脚及杯底，有些杯子还带杯柄。任何一种酒杯可能有它们中间的两个或三个部分，根据这一特点，我们将酒杯划分为 3 类：平底无脚杯（Tumbler Glasses）、矮脚杯（Footed Glasses）和高脚杯（Goblets）。

1. 平底无脚杯

它的杯体有直的、外倾的、曲线型的，酒杯的名称通常是由所装饮品的名称来确定的。

（1）净饮杯（Shot Glass）

净饮杯又称清饮杯（Straight Glass），指一口就能喝光的小容量杯子，多盛装威士忌等烈性酒，容量仅为 1 ～ 2oz。为能充分欣赏威士忌酒的琥珀色，最好使用无色透明的酒杯。

（2）古典杯（Old-fashioned Glass & Rocks Glass）

古典杯又称为老式杯或岩石杯，原为英国人饮用威士忌的酒杯，也常用于装载鸡尾酒，现多用此杯盛载烈性酒加冰。古典杯呈直筒状或喇叭状，杯口与杯身等粗或稍大，无脚，容量为 6 ～ 8oz，以 8oz 居多。其特点是壁厚，杯体短，有"矮壮""结实"的外形。这种造型是由英国人的传统饮酒习惯造成的，他们在杯中调酒，喜欢碰杯，所以要求酒杯结实，具有稳重感。

（3）海波杯（High Ball Glass）

海波杯又叫"高球杯"，为大型、平底或有脚的直身杯，多用于盛载长饮类鸡尾酒或软饮料，一般容量为 5 ～ 9oz。

（4）哥连士杯（Collins Glass）

哥连士杯又称长饮杯，其形状与海波杯相似，只是比海波杯细而长，其容量为 10 ～ 14oz，标准的长饮杯高与底面周长相等。哥连士杯常用于调制"汤姆哥连士"一类的长饮，饮用时通常要插入吸管。

（5）库勒杯（Cooler Glass）

库勒杯形状与哥连士杯相似，只是杯身内收，容量为 14 ～ 16oz，主要用来盛载库勒类长饮品种。

（6）森比杯（Zombie Glass）

森比杯如烟囱一样的直筒杯，容量为 14 ～ 18oz，主要用来盛载森比类长饮品种。

（7）比尔森杯（Pilsener Glasses）

比尔森杯杯身上大下小，收腰，容量为 12 ～ 14oz，主要用来盛载啤酒品种。

2. 矮脚杯

（1）矮脚古典杯（Footed Old-fashioned Glass）

矮脚古典杯具有传统古典杯的特点，同时，也具有矮脚，容量为 6 ～ 8oz，主要用来盛载烈性酒或酒度较高的鸡尾酒等。

（2）啤酒杯（Beer Glass）

矮脚，成漏斗状，容积大至 10oz 以上。啤酒气泡性很强，泡沫持久，占用空间大，酒度低至 5° 以下。故要求杯容大，安放平稳。矮脚或平底直筒大玻璃杯恰好予以满足。不过，这种酒杯造型比较普通，现在也有用各类卵形杯、梯状杯和有柄杯盛装啤酒的，甚至还有更高档的啤酒杯。

（3）白兰地杯（Brandy Snifter）

白兰地杯为短脚、球型身杯，杯口缩窄式专用酒杯，用于盛装白兰地酒，也可用于长饮类鸡尾酒。这种杯子容量很大，通常在8oz左右。

（4）暴风杯（Hurricane Glass）

暴风杯得名于杯子的形状像风灯（英文叫风暴灯）的罩。适合于装盛热带鸡尾酒，像"椰林飘香"之类的鸡尾酒很多都用这种杯子装。

3. 高脚杯

（1）鸡尾酒杯（Cocktail Glass）

鸡尾酒杯是高脚杯的一种。杯皿外形呈三角形，皿底有尖型和圆形。脚修长或圆粗，光洁而透明，杯皿的容量为2～6oz，其中4.5oz用得最多。专门用来盛放各种短饮。

（2）酸酒杯（Sour Glass）

通常把带有柠檬味的酒称为酸酒，饮用这类酒的杯子称为"酸酒杯"。酸酒杯为高脚，杯身呈"U"字形，容量为4～6oz。

（3）玛格丽特杯（Margarita Glass）

玛格丽特杯为高脚、宽酒杯，其造型特别，杯身呈梯形状，并逐渐缩小至杯底，用于盛装"玛格丽特"鸡尾酒或其他长饮类鸡尾酒；容量为7～9oz。

（4）香槟杯（Champagne Glass）

香槟杯用于盛装香槟酒，用其盛放鸡尾酒也很普遍。其容量为4.5～9oz，以4oz的香槟杯用途最广。香槟杯主要有3种杯型。

①浅碟形香槟杯（Champagne Saucer）。为高脚、宽口、杯身低浅的杯子，可用于装盛鸡尾酒或软饮料，还可以叠成香槟塔。

②郁金香形香槟杯（Champagne Tulip）。高脚、长杯身，呈郁金香花造型的杯子，可用来盛放香槟酒，细饮慢啜，并能充分欣赏酒在杯中产生气泡的乐趣。

③笛形香槟杯（Champagne Flute）。高脚、杯身呈笛状的杯子。

（5）葡萄酒杯（Wine Glass）

有红葡萄酒杯和白葡萄酒杯之分。其中，前者用于盛载红葡萄酒，也可用于盛载鸡尾酒，其杯型为高脚，杯身呈圆筒状，容量为8～12oz；后者用于盛载白葡萄酒或鸡尾酒，其杯身比红葡萄酒杯细长，容量为4～8oz。为了充分领略葡萄酒的色、香、味，酒杯的玻璃以薄为佳。

（6）利口酒杯（Liqueur Glass）

利口酒杯为小型高脚杯，杯身呈管状，可用来盛载五光十色的利口酒、彩虹酒等，也可用于伏特加酒、朗姆酒、特基拉酒的净饮，其容量为1～2oz。

（三）酒杯的型号

酒杯的大小很重要，它会影响酒的香气及强度，吸气的空间需依不同酒的特质来决定，红酒需用大的杯子，白酒需用中型的杯子，烈酒则用较小的杯子，如此，可以强化果香的特质而不是酒精味。而且，斟酒时，不该将酒杯倒得太满，红酒最好4～5oz，白酒3oz，烈酒为1oz。

所以，酒吧在购买酒杯之前，必须确定其所盛酒水的强弱标准，然后根据所供应的酒水特点选择相宜的载杯型号，见表11–1。

表 11–1　载杯型号的选择

名称	可以接受的型号（oz）	建议选择的型号
海波杯	7 ～ 10.5	8 ～ 10oz
森比杯	12 ～ 13.5	根据酒水任选
哥连士杯	10 ～ 12	10 ～ 12oz
库勒杯	15 ～ 16.5	15 ～ 16.5oz
啤酒杯	6 ～ 23	10 ～ 12oz
白兰地杯	5.5 ～ 34	常选中间系列，8oz左右为宜
香槟杯	3.5 ～ 8.5	4.5oz左右
鸡尾酒杯	2.5 ～ 6	如装3oz的酒水，就选4.5oz的载杯
暴风杯	8 ～ 23.5	根据酒水任选
玛格丽特杯	5 ～ 6	5 ～ 6oz
古典杯	5 ～ 15	7oz
酸酒杯	4.5 ～ 6	如装3oz的酒水，就选4.5oz的载杯
葡萄酒杯	3 ～ 17.5	4oz酒水，选用8 ～ 9oz载杯

二、其他用具

酒吧工具很多，要根据酒吧的需要选用，其中主要有以下几种。

1. 调酒壶（Shaker）

调酒壶有两种形式：一种是标准型调酒壶，另一种称波士顿式调酒壶。常用于多种原料混合的鸡尾酒或加入蛋、奶等浓稠原料的鸡尾酒。通过调酒壶剧烈的摇荡，使壶内各种原料均匀混合。

标准型调酒壶又称摇酒壶，通常用不锈钢、银或铬合金等金属材料制造。目前市场上常见的分大、中、小三号。调酒壶包括壶身、滤冰器及壶盖三部分组成。用时一定要先盖隔冰器，再加上盖，以免液体外溢。使用原则为首先放冰块，然后再放入其他料，摇荡时间以不超过 20 秒为宜。否则冰块开始融化，会稀释酒的风味。用后立即打开清洗。

波士顿式摇壶（也称为波士顿式对口杯），它是由银或不锈钢制成的混合器，也有少数为玻璃制品。但常用的组合方式是一只不锈钢杯和一只玻璃杯，下方为玻璃摇酒杯，上方为不锈钢上座，使用时两座对口嵌合即可。

2. 量酒器（Double Jigger）

俗称葫芦头、雀仔头，是测量酒多少的工具。是不锈钢制品，有不同的型号，两端各有一个量杯，常用的是上部 30mL、下部 45mL 的组合型，也有 30mL 与 60mL、15mL 与 30mL 的组合型。

3. 调酒杯（Mixing Glass）

调酒杯别名"吧杯""师傅杯"或"混合皿"，是由平底玻璃大杯和不锈钢滤冰器组成，主要用于调制搅拌鸡尾酒。通常，在杯身部印有容量的尺码，供投料时参考。

4. 吧匙（Bar Spoon）

吧匙又称"调酒匙"，是酒吧调酒专用工具，不锈钢制品，比普通茶匙长几倍。吧匙的另一端是匙叉，具有叉取水果的用途，中间呈螺旋状，便于旋转杯中的液体和其他材料。

5. 调酒棒（Missing Stick）

大多是塑料制品，既可作为调酒师调酒时的搅拌工具，也可插在载杯内，供客人自行搅拌用。

6. 长勺（Long Spoon）

调制热饮时代替调酒棒，否则易弯曲，酒味易混浊。

7. 俎板（Cutting Board）

俎板用来切生果和制作装饰品。

8. 果刀（Knife）

为不锈钢制品，用来切生果片。

9. 长叉（Bar Fork）

为不锈钢制品，用来叉取樱桃及橄榄等。

10. 糖盅（Sugar Bowl）

糖盅用来盛放砂糖。

11. 盐盅（Salt Bowl）

盐盅用来盛放细盐。

12. 托盘（Tray）

托盘用不锈钢、塑料、木制的均可，有供酒用和供食物用两种。

13. 红酒篮（Wine Cradle）

红葡萄酒不用冰镇，服务前放置于酒篮中。

14. 雪糕勺（Ice Cream Dipper）

为不锈钢制品，用于量取雪糕球。

15. 奶勺（Milk Jug）

属不锈钢制品，用来盛淡奶。

16. 水勺（Water Jug）

为不锈钢或塑料制品，用来盛水。

17. 柠檬夹（Lemon Tongs）

用于夹取柠檬片。

18. 酒嘴（Pourer）

一头粗，一头细，装在瓶口后，控制酒的流量。

19. 剥皮器（Zester）

通常用来剥酸橙或柠檬皮。

20. 漏斗（Funnel）

用于倒果汁、饮料用。

21. 开塞钻（Corkscrew）

俗称酒吧开刀（Waiter's Knife & Waiter's Friend）：既可用于开启红、白葡萄酒瓶的木塞，也可用于开汽水瓶、果汁罐头。

22. 滤冰器（Strainer）

在投放冰块用调酒杯调酒时，必须用滤冰器过滤，留住冰粒后，将混合好的酒倒进载杯。滤冰器通常用不锈钢制造。

23. 冰桶（Ice Bucket）

冰桶为不锈钢或玻璃制品，为盛冰块专用容器，便于操作时取用，并能保温，使冰块不会迅速融化。

24. 冰夹（Ice Tongs）

不锈钢制，用来夹取冰块。

25. 冰铲（Ice Scoop）

舀起冰块的用具，既方便又卫生。

26. 碎冰器（Ice Scoop）

把普通冰块碎成小冰块的器具。

27. 冰锥（Ice Awl）

用于锥碎冰块的锥子。

28. 特色牙签（Tooth Picks）

用于串插各种水果点缀品。特色牙签是用塑料制成的，是一种装饰品。也可用一般牙签代替。

29. 吸管（Drinking Straw）

一端可弯曲，供客人吸饮料用；有多种颜色，外观美丽，也是一种装饰品。

30. 杯垫（Cup Mat）

垫在杯子底部，直径为10cm的圆垫。有纸制、塑料制、皮制、金属制等，其中以吸水性能好的厚纸为佳。

31. 洁杯布（Cup Towel）

棉麻制的、擦杯子用的抹布。

32. 无纤维毛巾（Towel）

用以包裹冰块，敲打成碎冰。

33. 保护眼镜（Protective Glasses）

使用液氮法制作分子调酒时的保护用眼镜。

34. 保护手套（Protective Gloves）

使用液氮法制作分子调酒时的保护用隔层手套。

第二节　酒吧常用设备

一、制冷设备

1. 冰箱（Refrigerator）

冰箱也称雪柜、冰柜，是酒吧中用于冷冻酒水饮料，保存适量酒品和其他调酒用品的设备，大小型号可根据酒吧规模、环境等条件选用。柜内温度要求保持在4～8℃。冰箱内部分层、分隔，以便存放不同种类的酒品和调酒用品。通常白葡萄酒、香槟、玫瑰红葡萄酒、啤酒需放入柜中冷藏。

2. 立式冷柜（Wine Cooler）

专门存放香槟和白葡萄酒用。里面分成横竖成行的格子，香槟及白葡萄酒横插入格子存放。温度保持在4～8℃。

3. 制冰机（Ice Cube Machine）

酒吧中制作冰块的机器，可自行选用不同的型号。冰块形状也分为四方体、圆体、扁圆体和长方条等多种。四方体的冰块使用起来较好，不易融化。

4. 碎冰机（Ice Crusher）

酒吧中因调酒需要许多碎冰，碎冰机也是一种制冰机，但制出来的冰为碎粒状。

5. 上霜机（Glass Chiller）

用来冰镇酒杯的设备。

6. 生啤机（Draught Beer Machine）

生啤酒为桶装。一般客人喜欢喝冰啤酒，生啤机专为此设计。生啤机分为气瓶和制冷设备两部分。气瓶装二氧化碳用，输出管连接到生啤酒桶，有开关控制输出气压。工作时输出气压保持在 25 个大气压（有气压表显示）。气压低表明气体用完，需另换新气瓶。制冷设备是急冷型的。整桶的生啤酒无须冷藏，连接制冷设备后，输出来的便是冷的生啤酒，泡沫厚度可由开关控制。生啤机不用时，必须断开电源并取出插入生啤酒桶口的管子。生啤机需每 15 天由专业人员清洗一次。

7. 饮料自动分配系统（An Electronic Dispensing System）

它是用来分配含气饮料的系统。这一装置包括 1 个喷嘴和 7 个按钮，可分配 7 种饮料。诸如苏打水（Soda）、汤力水（Tonic）、可乐（Cola）、七喜（7-Up）、哥连士饮料（Collins Mix）、干姜水（Ginger Ale）、薄荷水（Peppermint Water）等，它可以保证饮品供应的一致性。

二、清洗设备

有的高规格的酒吧有洗杯机（Washing Machine），洗杯机中有自动喷射装置和高温蒸气管。较大的洗杯机，可放入整盘的杯子进行清洗。一般将酒杯放入杯筛中再放进洗杯机里，调好程序按下电钮即可清洗。有些较先进的洗杯机还有自动输入清洁剂和催干剂装置。洗杯机有许多种，型号各异，可根据需要选用，如一种较小型的、旋转式洗杯机，每次只能洗一个杯，一般装在酒吧台的边上。

在许多酒吧中因资金和地方限制，还得用手工清洗。手工清洗需要有清洗槽盘。

三、其他常用设备

1. 电动搅拌机（Blender）

调制鸡尾酒时用于搅拌较大分量的饮品或搅碎一些水果。

2. 果汁机（Juice Machine）

果汁机有多种型号，主要作用有两个：一是冷冻果汁，二是自动稀释果汁（浓缩果汁放入后可自动与水混合）。

3. 榨汁机（Juice Squeezer）

用于榨鲜橙汁或柠檬汁。

4. 奶昔搅拌机（Milk Shake Blender）

用于搅拌奶昔（一种用鲜牛奶加冰激凌搅拌而成的饮料）。

5. 咖啡机（Café Machine）

煮咖啡用，有许多型号。

6. 咖啡保温炉（Café Warmer）

将煮好的咖啡装入大容器放在炉上保持温度。

7. 恒温水槽（Constant Temperature Water Tank）

用来保持恒温加热的设备。

8. 抽真空机（Vacuum Machine）

将装入真空袋内鸡尾酒抽真空的机器。

9. 液氮罐（Liquid Nitrogen Tank）

用来储藏和保管液氮的钢罐。

第三节　酒吧常用器具、设备的清洗和消毒

一、器皿的清洗与消毒

器皿包括酒杯、碟、咖啡杯、咖啡匙、点心叉、烟灰缸、滤酒器等（烟灰缸用自来水冲洗干净就行了）。清洗时通常分为四个程序：冲洗→浸泡→漂洗→消毒。

（一）冲洗

用自来水将用过的器皿上的污物冲掉，这道程序必须注意冲干净，不留任何点、块状的污物。

（二）浸泡

将冲洗干净的器皿（带有油迹或其他冲洗不掉的污物）放入洗洁精溶液中浸泡，然后擦洗直到没有任何污迹为止。

（三）漂洗

把浸泡后的器皿用自来水漂洗，使之不带有洗洁精的味道。

（四）消毒

消毒方法主要有开水、高温蒸汽或化学消毒法（也称药物消毒法）等。常用的消毒方法有高温消毒法和化学消毒法。凡有条件的地方都要采用高温消毒法，其次才考虑化学消毒法。

1. 煮沸消毒法

煮沸消毒法是公认的简单而又可靠的消毒法。器皿放入水中后，将水煮沸并持续 2～5min 就可以达到消毒目的。但要注意：器皿要全部浸没水中，消毒时间从水沸腾后开始计算，水沸腾后中间不能降温。

2. 蒸汽消毒法

消毒柜（车）上插入蒸汽管，管中的流动蒸汽是过饱和蒸汽，一般温度在 90℃左右。消毒时间为 10min。消毒时要尽量避免消毒柜漏气。器皿堆放要留有一定的空间，以利于蒸汽穿透流通。

3. 远红外线消毒法

属于热消毒，使用远红外线消毒柜，在 120 ~ 150℃高温下持续 15min，基本可达到消毒的目的。

4. 化学消毒法

一般情况下，不提倡采用化学消毒法，但在没有高温消毒的条件下，可考虑采用化学消毒法。常用的药物有氯制剂（种类很多，使用时用其 1‰溶液浸泡器皿 3 ~ 5min）和酸制剂（如过氧乙酸，使用 0.2%~ 0.5%溶液浸泡器皿 3 ~ 5min）。

二、用具和设备的清洗与消毒

用具指酒吧常用工具，如酒吧匙、量杯、摇酒器、电动搅拌机、水果刀等。用具通常只接触酒水，不接触客人，所以只需直接用自来水冲洗干净就行了。但要注意，酒吧匙、量杯不用时一定要泡在干净的水中，水要经常换。摇酒器、电动搅拌机每使用一次需要清洗一次。消毒方法也采用高温消毒法和化学消毒法。

常用的洗杯机是将浸泡、漂洗、消毒 3 个程序结合起来的，使用时先将器皿用自来水冲洗干净，然后放入筛中推入洗杯机里即可，但要注意经常换机内缸体中的水。旋转式洗杯机是由一个带刷子和喷嘴的电动机组成，把杯子倒扣在刷子上，一开机就有水冲洗，注意不要用力把杯子压在刷子上，否则杯子就会被压破。

✓ 思考题

1. 酒吧常用器具有哪些?
2. 酒吧常用设备有哪些?
3. 酒杯的类型有哪些?
4. 一个好的酒杯设计主要考虑哪些方面?
5. 怎样挑选一款适合自己的酒杯?
6. 器皿的清洗程序是什么?
7. 器皿的消毒方法有哪些?

第十二章　鸡尾酒的调制

教学内容： 鸡尾酒的概念

鸡尾酒的传说

鸡尾酒的分类

鸡尾酒的命名

鸡尾酒的基本组成

鸡尾酒的调制概述

鸡尾酒的色彩搭配

鸡尾酒的香气配制

鸡尾酒的口味调配

鸡尾酒的造型装饰

教学时间： 2 课时

教学方式： 讲述鸡尾酒的相关知识，适当进行动作示范。

教学要求： 1. 了解鸡尾酒相关的概念。

2. 掌握鸡尾酒的分类、传说和命名方式。

3. 熟悉鸡尾酒的色、香、味、型的调制方法。

课前准备： 准备相关图片或视频；课堂示范材料准备。

第一节 鸡尾酒的概念

鸡尾酒的英文写法为：由英文 cock（公鸡）和 tail（尾）两词组成的，称为鸡尾酒是很恰当的。鸡尾酒是由两种或两种以上的酒或由酒掺入果汁混合而成的一种饮品。具体地说鸡尾酒是用基本成分（烈酒）、添加成分（利口酒和其他辅料）、香料、添色剂及特别调味用品按一定分量配制而成的一种混合饮品。《韦氏大词典》是这样注释的：鸡尾酒是一种量少而冰镇的酒。它是以朗姆酒、威士忌酒或其他烈酒、葡萄酒为酒基，再配以其他辅料，如果汁、蛋清、苦精（Bitter）、糖等以搅拌或摇晃法调制而成的，最后再饰以柠檬片或薄荷叶。

鸡尾酒是一种富有文化内涵，充满艺术色彩的酒品。完美的鸡尾酒必然表达某种主题思想，如爱情、亲情、友情等，通过无声的鸡尾酒展现有形的喜、怒、哀、乐，以及对社会、对生活、对周围的人和事，传达关爱、关注、参与和行动的思想理念；艺术性的鸡尾酒名字让人未见其酒，先闻其名，能引发人们的饮酒兴致；艺术性的鸡尾酒色彩绚丽淡雅，蕴藏着人生的酸、甜、苦、辣、咸等五味，表现着人们对美好生活的向往，使生活过得更加精彩。总观鸡尾酒的性状，现代鸡尾酒应有如下特点。

第一，鸡尾酒是一种混合艺术酒。鸡尾酒由两种或两种以上的饮料调和而成，其中至少有一种为酒精性饮料。像柠檬水、中国调香白酒等便不属于鸡尾酒。另外，鸡尾酒注重成品色、香、味、形等风味特征。

第二，鸡尾酒品种繁多、调法多样。用于调酒的基酒有很多类型，而且所用的辅料种类也不相同，再加上鸡尾酒的调制方法复杂多样。所以，就算以流行的酒谱配方确定的鸡尾酒，加上每年不断创新的鸡尾酒新品种，鸡尾酒的数量发展速度相当惊人，调制的方法也在不断变化，往往集实用、方便、娱乐、欣赏性于一体。

第三，鸡尾酒具有一定的营养保健作用。鸡尾酒是一种混合饮料，而混合是现代营养学的一个重要概念，意味着均衡与互补。鸡尾酒似乎秉承了这种内涵，所用的基酒、辅料甚至装饰料都含有相当的营养成分和保健作用。

第四，鸡尾酒具有增进食欲的功能。由于鸡尾酒中含有少量调味辅料，如酸味、苦味、辣味等成分，饮用后，能够改善口味、增进食欲。

第五，鸡尾酒具有冷饮的性质。冰凉是鸡尾酒的生命，因此，绝大多数鸡尾酒需足够冷。但是，并不排除鸡尾酒中有个别酒品采用热饮的方式。例如，爱尔兰咖啡（Irish Cafe）、皇家咖啡（Royal Cafe）、热朗姆酒托地（Hot Rum Toddy）等。

第六，鸡尾酒讲究色泽优美。鸡尾酒具有细致、优雅、匀称、均一的色调。常规的鸡尾酒有澄清透明或混浊两种类型。澄清型鸡尾酒应该是色泽透明，除极少量因鲜果带入固形物外，没有其他任何沉淀物；混浊型鸡尾酒也应该是色调匀称、酒体均匀、口感丰满的。

第七，鸡尾酒强调香气的协调。大多数鸡尾酒品种虽然冰凉着饮用，但事实上鸡尾酒很注重强调各组分之间的香气协调。在鸡尾酒调制的过程中，通常以鸡尾酒基酒的香气为主，调辅料以衬托基酒的主体香气，起到一定的辅佐效果。

第八，鸡尾酒口味优于单体组分。鸡尾酒必须有卓越的口味，而且这种口味应该优于单体组分。品尝鸡尾酒时，舌头的味蕾应该充分扩张，才能尝到刺激的味道。如果过甜、过苦或过香，就会影响品尝风味的能力，降低酒的品质，是调酒时不允许的。

第九，鸡尾酒盛载考究。鸡尾酒应由式样新颖大方、颜色协调得体、容积大小适当的载杯盛载。装饰品虽非必须，但也是常有的，它们对于鸡尾酒饮品，犹如锦上添花，相得益彰。

第十，鸡尾酒注重卫生要求。鸡尾酒属于食品的范畴，其加工制作必须符合《中华人民共和国食品卫生法》等相关法律法规的要求。在调酒过程中，材料的选择、杯具的清洗、消毒、擦拭以及调制过程必须规范，符合卫生条件。

鸡尾酒的概念
与特点

第二节　鸡尾酒的传说

鸡尾酒是一种含酒的混合饮品，它的出现几乎和酒的历史一样久远。人们既然酿出了美酒，也很自然地想出多种多样的享用方法。在古埃及，就有了在啤酒中掺入蜂蜜来饮用的混合酒；古罗马人也将一些混合物掺到葡萄酒中饮用；古代中国人最早将酒用冰冷却后饮用；在中世纪的时候，就有欧洲人将药草和葡萄酒放到锅里加热后饮用。这个时期鸡尾酒的名称还未诞生。关于鸡尾酒的传说主要有以下几种说法。

一、起源于古罗马的传说

关于鸡尾酒的起源有很多种说法，最古老的说法是，鸡尾酒起源于罗马。皇帝的侍医克罗帝斯用利口酒调制鸡尾酒作为皇帝的精神安定剂，他将柠檬汁和利口酒加在葡萄酒中，再放一些干燥的蝮蛇粉进去，让皇帝饮用，这种混合饮料似乎就是鸡尾酒的鼻祖。

二、起源于美国的传说

美国的鸡尾酒起源有 11 种传说。

第 1 种传说是 1871 年有首题为 "一杯美国 Cocktail" 的民歌歌词，它讲的是早先在密西西比河上航行的蒸汽机船船员，为了消磨乏味的航程，在装备良好的舵轮顶部用一只像桶来盛放船上的每一种酒。用于饮用这种混合饮料的玻璃杯的传统形状，类似鸡的胸部，并用一只像鸡尾巴的木杆搅动，其饮料名为 "Cocktail"。

第 2 种传说是在美国南北战争期间，有一位爱尔兰籍少女，她不但用烤鸡来欢迎革命军队，而且为他们配酒喝，由于少女爱漂亮，喜打扮，连配的酒在酒杯上都要插一根美丽的鸡毛来装饰，等到美国革命成功之后，带有装点鸡毛的混合酒就风靡起来，由于酒杯上装上鸡毛的缘故，鸡尾酒的名称就在美国民间先传扬开来。

第 3 种传说是在美国独立战争期间，一位客栈老板名叫贝茜·弗兰纳根（Betsy Flanagan），拉法埃特（Lafayette）和华盛顿的官员们常常光顾这家客栈。有一次客栈老板用从隔壁亲英派的邻居家偷来的鸡，准备了一次丰盛的鸡宴。为了庆祝这个小小的胜利，她把在宴会上使用的酒杯都用鸡毛装饰起来，她的法国客人大声叫好："Vine le cocktail（鸡尾酒）！"

第 4 种传说是在美国独立战争时期，酒馆里有个小故事，讲的是一位爱国的旅馆老板，养了一只引以为傲的斗鸡。可是有一天鸡不见了，他就宣布把他的女儿贝西（Bessie）许配给发现这只鸡的男子。实际上，归还鸡的那个男人就是贝西父亲原先拒绝的求婚者。尽管如此，旅馆老板还是举行了一次订婚晚宴，贝西高兴得忘乎所以把饮料配乱了。客人们却喜欢这种饮料，为了向促成这次晚宴的鸡表示尊敬，客人们把这种混合饮料称为 "鸡的尾巴（Cock Tails）"。

第 5 种传说是美国独立战争时，一群军官涌入一家酒吧要喝酒，但当时店内酒已售完，所以老板娘便临时将各种剩酒混在一起，并随手拔了一根鸡尾毛放在杯中当装饰，军官喝后齐口称赞，从此 "鸡尾酒" 的美名不胫而走。

第 6 种传说是有一天，一次宴会过后，席上剩下各种不同的酒，有的瓶里剩下 1/4，有的剩下 1/2。有个清理桌子的伙计，将各种剩下的酒，三五个杯子混在一起，一尝味道却比原来各种单一的酒好。接着，伙计按不同组合，一连几种，种种如此。然后将这些混合酒分给大家喝，结果评价都很高。于是，这种混合饮酒的方法便出了名，并流传开来。至于其为何称为 "鸡尾酒" 而不叫伙计酒，便不得而知了。

第 7 种传说是据说当时美国有家富人请了位厨师，此人非常喜欢偷酒喝，为了不让主人察觉，他把每一种酒都偷一点，所以他所喝的酒是由各式各样的酒混合而成的，不料这样的酒别有风味，从此便流行起来。因为这位厨师的臀部特别翘，有如鸡尾一样，所以大家就称他喝的酒为 "鸡尾酒"。

第 8 种传说是鸡尾酒起源于 1776 年纽约州埃尔姆斯福一家用鸡尾羽毛作装饰的酒馆。一天当这家酒馆各种酒都快卖完的时候，一些军官走进来要买酒喝。

一位叫贝特西·弗拉纳根的女侍者，便把所有剩酒统统倒在一个大容器里，并随手从一只大公鸡身上拔了一根毛把酒搅匀端出来奉客。军官们看看这酒的成色，品不出是什么酒的味道，就问贝特西，贝特西随口就答："这是鸡尾酒哇!"一位军官听了这个词，高兴地举杯祝酒，还喊了一声："鸡尾酒万岁!"从此便有了"鸡尾酒"之名。

第9种传说是据说在美国的某个地方有一间非常特别的酒吧，在那间酒吧里聚集了各式各样的人，每个人都来自不同的国家和不同的地方。有一天夜晚，特别宁静，酒吧里没有争吵声，大家相处得十分和谐，于是当地就有人开口说要为来自各国各地的朋友欢聚一堂而庆祝，因此便将各国各地不同的酒倒在一起，然后用火鸡尾巴上的羽毛搅拌它。从此后大家就称这种酒为"鸡尾酒"。

第10种传说是据说在美国南北战争时期，双方战争不断。就在圣诞节的前一天，也就是圣诞夜，双方约定当天停战并一起在两地之间的一间酒吧饮酒。当天，老板为庆祝南北双方没发生战争，特地烤了一只火鸡，老板在为这只火鸡拔去身上的羽毛时，突然觉得火鸡的羽毛非常漂亮，便把它装饰在每一杯酒中，后来大家为纪念南北双方当天没有发生战争，便把这杯酒取名为"鸡尾酒"。

第11种传说是在1775年，移居于美国纽约阿连治的彼列斯哥，在闹市中心开了一家药店，制造各种精制酒卖给顾客。一天他把鸡蛋调到药酒中出售，获得一片赞许之声。从此顾客盈门，生意鼎盛。当时纽约阿连治的人多说法语，他们用法语称之为"科克车"，后来衍成英语"鸡尾"。从此，鸡尾酒便成为人们喜爱饮用的混合酒，花式也越来越多。

三、起源于英国的传说

在18世纪的英格兰，人们常让斗鸡饮用含有酒精的"鸡酒（cockale）"。有时要用同幸存鸡的尾毛数量一样多的原料混合而成的饮料来为胜利者干杯，这种饮料很容易会产生"鸡尾酒"这个名称。

四、起源于法国的传说

在法国有两种说法较引人注目：第一，"鸡尾酒"一词来自波尔多区的混合葡萄酒杯"Cocquetel"的传统叫法；第二，有一位行为古怪的法国医生，用叫作"Coqaetiers"的两端尖的蛋形杯饮用饮料，他的美国朋友发音成"Cocktail（鸡尾）"。

五、起源于中国的传说

有人说鸡尾酒来自中国，我国名著《红楼梦》中记载了调制混合酒"合欢酒"的操作过程："琼浆满泛玻璃盏，玉液浓斟琥珀杯。'用酒'乃以百花之蕊、万木之英，加以麟髓之旨、凤乳之曲。"这说明我国很早就有了鸡尾酒的雏形，只是当时没有流行发展起来。

六、起源于其他国家的传说

第1个是说"鸡尾酒"一词来自1519年左右，住在墨西哥高原地带或新墨西哥、中美洲等地统治墨西哥人的阿兹特尔克族的土语，在这个民族中，有位曾经拥有过统治权的阿兹特尔克贵族，他让爱女 Xochitl 将亲自配制的珍贵混合酒奉送给当时的国王，国王品尝后倍加赞赏。于是，将此酒以那位贵族女儿的名字命名为 Xochitl。以后逐渐演变成为今天的 Cocktail。

第2个是据说在墨西哥湾的堪比奇（Campeche），来访的英国水手饮用称为"dracs"（可能是 Drake 的误用）的当地混合饮料，配制时，用一只木制的匙进行搅拌，其形状在当地称为"cola de gallo（鸡的尾巴）"，这个名称延续到后来就用于指这些混合饮料本身了。

第3个是在西欧某国，猎人上山打猎总是各自带着酒。一次进餐时，大家把酒混合在一起共饮，发现酒味甚佳，非同寻常。各种颜色的酒混合在一起，在阳光下闪闪烁烁，五彩夺目，像雄鸡尾巴那样美丽，于是人们为它取名鸡尾酒。

总之，究竟谁是谁非并不重要，鸡尾酒早已根深蒂固地成为人们喜爱的饮料。

第三节　鸡尾酒的分类

目前世界上鸡尾酒有2000多种，且大有发展的趋势，而鸡尾酒的分类方法也各不相同。现将目前酒吧通行的分类方法介绍如下。

鸡尾酒的分类
（一）

一、按定型与否分类

1. 不定型鸡尾酒

指随时调制后立即饮用的鸡尾酒，其配方不绝对固定。

2. 定型鸡尾酒

①随时调制后立即饮用的、配方绝对固定的鸡尾酒，大部分为经典的鸡尾酒。

②指市场供应、酒厂调兑瓶装鸡尾酒产品。

③有一段时间比较流行的鸡尾酒晶，将该产品开袋后，兑入基酒和冰块后即可饮用。

鸡尾酒的分类
（二）

二、按不同基酒分类

按照调制鸡尾酒酒基品种进行分类也是一种常见的分类方法，且分类方法比较简单易记，主要有以下几种。

1. 以白兰地酒为基酒调制的鸡尾酒

如亚历山大（Alexander）、尼古拉斯（Nicholasica）、旁车（Side Car）、伊丽莎白女王（Elizabeth Queen）等。

2. 以威士忌酒为基酒调制的鸡尾酒

如曼哈顿（Manhattan）、古典鸡尾酒（Old Fashioned）、纽约（New York）等。

3. 以金酒为基酒调制的鸡尾酒

如马天尼（Martini）、红粉佳人（Pink Lady）、白美人（White Beauty）、蓝月亮（Blue Moon）等。

4. 以朗姆酒为基酒调制的鸡尾酒

如黛克瑞（Daiquiri）、黑色龙卷风（Black Tornado）、最后之吻（The Last Kiss）、迈阿密（Miami）等。

5. 以特基拉酒为基酒调制的鸡尾酒

玛格丽特（Margaret）、蓝色玛格丽特（Blue Margaret）、冰镇玛格丽特（Iced Margaret）、特基拉日出（Tequila Sunrise）等。

6. 以伏特加酒为基酒调制的鸡尾酒

如咸狗（Salt Dog）、烈焰之吻（Kiss of the fire）、莫斯科的骡子（Moscow's Mule）、俄罗斯人（Russian）、黑俄（Black Russian）等。

7. 以啤酒为基酒调制的鸡尾酒

如红眼（Red Eye）、红鸟（Red Bird）、鸡蛋啤酒（Egg in the beer）、黑丝绒（Black Velvet）等。

8. 以葡萄酒为基酒调制的鸡尾酒

如基尔（Kiel）、翠竹（Bamboo）、香槟鸡尾酒（Champagne）、含羞草（Mimosa）、迸发（Spritzer）、交响曲（Symphony）等。

9. 以清酒为基酒调制的鸡尾酒

如清酒马天尼（Saketini）、清酒酸（Sake Sour）、武士（Samurai）等。

10. 以利口酒为基酒调制的鸡尾酒

如天使之吻（Angle's Kiss）、青草蜢（Green Grass Hopper）、快快吻我（Kiss Me Quick）、樱花（Cherry Blossom）、彩虹（Rainbow）、金巴利苏打（Campari Soda）等。

11. 以中国白酒为基酒调制的鸡尾酒

如中国马天尼（Chinatini）、长城之光（The Light of the Great Wall）、水晶

之恋（Crystal Love）、熊猫（Panda）、中国古典（China Classic）、雪花（Snowflake）、中国彩虹（China Rainbow）等。

12. 无酒精鸡尾酒

如佛罗里达（Florida）、灰姑娘（Cinderella）、秀兰·邓波儿（Shirley Temple）、潜行者（Pussyfoot）等。

三、按饮用的时间和场所分类

1. 清晨鸡尾酒

清晨大多情绪不高，可饮用一杯蛋制鸡尾酒，以饱满的精神投入一天的工作、学习和生活。

2. 餐前鸡尾酒

即正餐前喝的鸡尾酒。目的是滋润喉咙，增进食欲。甜味并不强烈，口感很清爽。如马天尼（Martini）和曼哈顿（Manhattan）即属此类。

3. 餐后鸡尾酒

正餐之后喝的鸡尾酒。目的是在进餐之后清新口气或促进消化。它主要利用利口酒为基酒调制口味甘甜浓重的鸡尾酒。例如，青草蜢鸡尾酒（Green Grass Hopper）、金色梦想（Golden Dream）等；也可饮用在热咖啡中加入适量白兰地酒或威士忌酒调制成含酒精咖啡饮品。例如，皇家咖啡（Royal Coffee）、爱尔兰咖啡（Irish Coffee）等。

4. 晚餐鸡尾酒

这是晚餐时饮用的鸡尾酒，一般口味很辣。例如，马天尼鸡尾酒（Martini）等。

5. 寝前鸡尾酒

睡前鸡尾酒即所谓安眠酒。一般认为睡前酒最好是以白兰地为基酒，味道浓重的鸡尾酒或使用鸡蛋的鸡尾酒。例如，雪球（Snow Ball）、蛋酒（Brandy Eggnog）等。

6. 俱乐部鸡尾酒

在用正餐（午、晚餐）时，营养丰富的鸡尾酒可代替凉菜和汤类。这种鸡尾酒色彩鲜艳，略呈刺激性，故有利于调和入口的肴馔，可作佐餐鸡尾酒。例如，金汤力（Gin & Tonic）、自由古巴（Cuba Libration）等。

7. 香槟鸡尾酒

该酒以香槟酒为基酒调制而成，其风格清爽、典雅，通常在盛夏或节日饮用。例如，含羞草（Champagne Mimosa）等。

8. 季节鸡尾酒

有适于春、夏、秋、冬不同季节饮用和一年四季皆宜饮用的鸡尾酒之分。例如，在炎热而出汗多的夏季，饮用冰镇"长饮"，可消暑解渴；平时饮用"短饮"；

而在寒冷的冬季，则更适于饮用热的鸡尾酒。

9. 星座鸡尾酒

以十二星座为代表的鸡尾酒。

四、按饮用温度分类

1. 冰镇鸡尾酒

这是指调酒时需加冰降温的鸡尾酒。

2. 常温鸡尾酒

这是指无须加冰，可在常温下饮用的鸡尾酒。

3. 加热鸡尾酒

调酒时可按配方加入热水、热牛奶或热咖啡，但其温度不得高于 78℃，以免酒精蒸发。

五、按鸡尾酒的酒精含量高低及鸡尾酒的量分类

（一）长饮（Long Drink）

属于休闲鸡尾酒。在基酒的基础上，兑上苏打水、果汁等饮用。用平底玻璃酒杯或果汁酒杯这类大容量的杯子装盛。一般认为 30min 左右饮用为好。与短饮相比大多酒精浓度低，所以适用面较广。

长饮又可分为冷饮（Cold Drink）和热饮（Hot Drink）两种。冷饮为消暑佳品。热饮为冬季所必须，杯中加热水或热牛奶等。两者可以长时间饮用。冷饮饮用最佳温度为 5 ～ 6℃。热饮饮用最佳温度为 60 ～ 80℃。

长饮的主要类型如下。

1. 哥连士（Collins Drinks）

Collins 音译为"哥连士""可连士""柯林"等。通常以金酒、威士忌等烈酒与柠檬汁、青柠汁、糖浆、苏打水、冰块或碎冰在哥连士杯中搅拌而成，并饰以樱桃。著名的有"汤姆哥连士""约翰哥连士"等。

2. 清凉饮料（Cooler Drinks）

Cooler 音译为"库勒"，即清凉饮料之意。以烈酒、一般葡萄酒、雪利酒、柠檬汁、姜汽水或苏打水、石榴糖浆及冰块等，在哥连士杯中搅拌调制而成。

3. 菲力普（Flips Drinks）

Flips 音译为"菲力普""费力普"等，起源于 18 世纪的英格兰和美洲殖民地。这类鸡尾酒多为女士们喜爱的香甜饮料，与蛋酒类相似，具有滋养、消除疲劳的功效。通常以白兰地、威士忌、朗姆酒、金酒或雪利酒、苹果酒，与糖浆、蛋黄或蛋清、碎冰等，采用摇晃法调制而成，装入葡萄酒杯，液面撒些豆蔻粉。如白

兰地菲力普（Brandy Flips）等。

4. 冰激凌饮料（Ice Cream Drinks）

以烈酒、冰激凌及其他材料，以摇晃法或果汁机调制而成。采用 8 ～ 12oz 冰镇杯装盛。

5. 宾治（Punch）

以葡萄酒、烈性酒为基酒，加入各种利口酒、果汁、水果等制成的。作为宴会饮料，多用混合香甜饮料的大酒钵调制，够几个人喝的。几乎都是冷饮，但也有热的。Punch 据说是梵语"五个"（Pancha）之意，源于印度人的语言 Punch。

6. 尼古斯（Negus Drinks）

以葡萄酒、糖、柠檬汁、水、豆蔻粉调制而成，装入高筒杯中。

7. 开胃酒类（Aperitifs）

这类鸡尾酒多以开胃酒与软饮料、苦酒等混合而成。

8. 海波饮料（Highball Drinks）

Highball 音译为"海波"，直译称"高球"，因采用高杯（或称海波杯）装盛而得名。这是一款极为常见的清凉饮料，适合男士饮用。通常以威士忌或白兰地、金酒、朗姆酒等烈酒与苏打水、汤力水或干姜汽水、方冰掺兑搅拌而成。

9. 菲克斯（Fixes Drinks）

Fixes 音译为"菲克斯"或"费克斯"，以烈酒与柠檬汁、糖、细冰等掺兑搅拌而成。为长饮类鸡尾酒，通常以海波杯装盛。

10. 菲士（Fizz Drinks）

Fizz 音译为"菲士""费兹"等，以白兰地、威士忌、金酒、朗姆酒等烈酒或葡萄酒，与蛋清、糖浆或糖、柠檬汁或青柠汁、方冰等，采用摇和法调制而成，装盛于海波杯。最后兑入苏打水时发出"嘶嘶声"，因 Fizz 原意为"嘶嘶"声，故名，为长饮类鸡尾酒，如金菲士（Gold Fizz）等。

11. 考伯乐（Cobblers Drinks）

Cobblers 音译为"考伯乐""考比勒"等，俗称鞋匠酒。以白兰地、金酒、威士忌等烈酒与橙皮甜酒、糖浆等为材料，采用摇动或搅拌法调制而成，装盛于水杯，并饰以水果，为长饮类鸡尾酒，尤其适于盛夏饮用。

12. 杯饮（Cups Drinks）

Cups 音译为"客普"，属于大杯酒或大杯盆酒类。以白兰地等烈酒与橙皮甜酒、水果、红石榴糖浆、柠檬汁、苏打水、碎冰等摇混而成，装入海波杯内饮用。现在通常以葡萄酒为基酒调制而成，采用高脚杯或大杯装盛，可用勺取饮用。

13. 瑞克（Rickeys Drinks）

Rickeys 音译为"瑞克"或"瑞奎"。它与哥连士相似，以金酒、威士忌等烈酒、莱姆汁、半个青柠汁、冰块、苏打水在海波杯中搅拌而成，并饰以青柠皮。

14. 司令（Slings Drinks）

Slings 音译为"司令"等。以金酒、威士忌、白兰地、朗姆酒、樱桃白兰地等烈酒，加入利口酒、微量苦酒、果汁、石榴糖浆、苏打水、冰块搅匀而成。采用海波杯或可连士杯装盛。适合夏季饮用，如新加坡司令等。

15. 森比（Zombie Drinks）

音译为"森比"，俗称蛇神酒。它是以朗姆酒等与果汁、水果、水等调制而成的长饮类鸡尾酒。

16. 瑞滋（Swizzles Drinks）

以利口酒、糖和苏打水调制而成，装于高筒杯或森比杯。

17. 汤姆和杰瑞（Tom & Jerry）

以朗姆酒、打匀的鸡蛋、白糖、热水或牛奶调制而成。

18. 霸克（Buck Drinks）

以烈酒、姜汁汽水、冰块等，采用兑和法而成，并饰以柠檬片。采用高杯装盛。

19. 托地（Toddy）

Toddy 音译为"托地"，有冷热之分，适合晚间饮用。在古典杯中用少量小块溶化方糖，再加入冰、威士忌、柠檬皮，即为冷托迪；以白兰地或朗姆酒与糖浆、香料、热水，在海波杯或可连士杯中调制成热托地，并饰以丁香、柠檬皮等材料，适于冬季饮用。

20. 热饮（Hot Drinks）

热饮属于热饮类鸡尾酒，具有暖胃、滋养的功效。通常以烈酒、糖、鸡蛋及热牛奶等调料调制而成。常用带把杯装盛。

21. 蛋诺（Egg Nogs）

或译为蛋酒，为长饮类鸡尾酒，分冷热两种。通常以威士忌、朗姆酒等烈酒与牛奶、鸡蛋、糖、豆蔻粉等调制而成，以高杯或异型鸡尾酒杯装盛。

22. 漂酒（Float Drinks）

以苏打水、白兰地及冰块等制成，白兰地漂于苏打水之上。

23. 泡芙（Puff Drinks）

以白兰地或威士忌、鲜牛奶、冰镇苏打水，在坦布勒（Tumbler）杯中搅凉即可。

（二）短饮（Short Drink）

短饮，意即短时间喝的鸡尾酒，时间一长风味就减弱了。此种酒采用摇动或搅拌以及冰镇的方法制成，使用鸡尾酒杯。一般认为鸡尾酒在调好 10～20min 饮用为好。大部分酒精度数是 30° 左右。

1. 朱力普饮料（Juleps Drinks）

Juleps 音译为"朱力普""朱丽浦"等。通常以波旁威士忌、裸麦威士忌或白兰地、朗姆酒等烈酒，加刨冰、糖粉等材料调制而成，在杯口饰以薄荷叶。通常以海波杯为载杯，采用雪糖杯型。

2. 赞明（Zoom Drinks）

以烈酒或利口酒，加入用开水溶解的蜂蜜和新鲜牛奶等调制而成。可用钵酒杯等装盛。

3. 冰屑饮料（Frappe）和冰块饮料（On the Rocks）

这两种饮料调制很容易。即将任一种自己喜爱的基酒淋入装满冰屑的香槟杯或鸡尾酒杯中，并插入吸管，即冰屑饮料，或称刨冰酒；若将威士忌或其他基酒注入装有几块方冰的古典杯中，即为冰块饮料。Frappe 一词来自法语，其原意为"冰冻的"；On-the-Rocks 原意为触礁，即将酒液倒向方冰上的状况加以形象化。

4. 酸酒（Sour Drinks）

有短饮和长饮之分。以白兰地或威士忌、金酒、苹果白兰地等烈酒，与柠檬汁或青柠汁、水果、适量糖粉、方冰或碎冰摇混而成。长饮类酸酒兑入苏打水，以降低其酸度。酸酒一般以特制的酸酒杯装盛，并饰以柠檬片或橙片和樱桃。如威士忌酸酒、白兰地酸酒等。

5. 黛克瑞（Daiquiri）

Daiquiri 音译为"黛克瑞"，也属酸酒类饮料，主要以朗姆酒为基酒，加入柠檬汁、糖和冰块调制而成。

6. 吉姆莱特（Gimlet Drinks）

以金酒、伏特加、雪利酒与糖粉、青柠汁调制而成。采用加有冰块的古典杯或平底杯装盛。

7. 马天尼（Martini）

为短饮类鸡尾酒，或译为马丁尼等。这是当今世界最流行的鸡尾酒之一。它以金酒和味美思调制而成，有甜型、中性及干型之分。其中尤以芳香的干型马天尼最受消费者欢迎，以金酒和干型味美思调制而成，并饰以柠檬皮。

8. 曼哈顿（Manhattan）

曼哈顿也属于短饮类鸡尾酒，以黑麦威士忌与味美思调制而成。其中尤以甜型味美思调制而成者，被称为"完美型曼哈顿"，具有半甜型酒的特征，并以柠檬皮装饰；甜型曼哈顿最为著名，以樱桃装饰；干型曼哈顿则以橄榄装饰。

9. 克拉斯特（Crustas Drinks）

Crustas 音译为"克拉斯特"，俗称茄酒。先用柠檬汁湿润杯边并沾上糖粉而成白圈，再将拧成螺旋状的柠檬皮投入杯内，然后加入烈酒、糖浆及冰霜即可。以干白葡萄酒杯或甜葡萄酒杯装盛。

10. 黛西（Daisy）

Daisy 音译为"黛西""黛丝"等，俗称美人酒，为短饮类鸡尾酒。以金酒或白兰地、威士忌等烈酒，与糖浆、柠檬或苏打水等调制而成。

11. 双料酒（Two liquor drinks）

双料鸡尾酒又称甜烈酒，以一种烈酒与另一种非烈酒（通常为利口酒）、方冰掺兑而成，以古典杯装盛。其特点是较甜，故过去多用作餐后酒；但目前在任何时刻均可饮用。如生锈钉（Rusty Nails）、黑俄罗斯（Black Russian）等。

12. 奶类饮料（Cream Drinks）

或称乳脂类鸡尾酒，以乳脂及烈酒和 1～2 种利口酒摇混而成；以鸡尾酒杯或香槟杯装盛。如青草蜢（Green Grass Hopper）、白兰地亚历山大（Brandy Alexander）等。

13. 考地亚（Cordial）

在白葡萄酒杯中装满碎冰，再注入 40mL 利口酒即可。

14. 古典（Old Fashioned）

以威士忌或其他烈酒、糖、苦精、橘汁、樱桃、方冰调制而成，装于古典杯。

15. 普斯咖啡（Pousse-Cafe Drinks）

被译为普士咖啡或彩虹酒。以白兰地、不同色泽的利口酒、石榴糖浆等多种含糖量和密度不同的材料，按其密度大小，顺次注入高脚甜酒杯中而成。即密度大的置于下层；较轻的注在上层。这种酒多在餐后饮用。重要的是事先了解各种酒的密度。同一种酒厂家生产时密度也有差别，须加注意。

16. 密思特（Mist）

Mist 音译为"密思特"，俗称雾酒。以威士忌、柠檬皮（扭出油）、碎冰等调制而成，装入古典杯中，并插入 1 支短吸管。

17. 提神酒（Pick-Me-Up）

以橙味利口酒、白兰地和冰镇香槟酒，或以白兰地、潘诺酒、柠檬汁、糖粉、鸡蛋、肉豆蔻粉调制而成。盛于香槟酒杯或鸡尾酒杯。

第四节　鸡尾酒的命名

一、以鸡尾酒的材料命名

根据鸡尾酒的基本结构与调制原料来命名鸡尾酒，范围广泛，直观鲜明，能够增加饮者对鸡尾酒风格的认识。

（一）金汤力（Gin Tonic）

即金酒加汤力水兑饮。19世纪晚期，英军在印度为预防热带灌木地区的疟疾，在英式干金酒中加入味苦的药液奎宁混合饮用。如今酒吧所采用的奎宁水（即汤力水）中奎宁的含量已很少，作为一种碳酸饮料已无药效，只是作为金酒的调缓剂，使酒液显示出清爽的苦味。

（二）B&B

B&B 是由白兰地和 16 世纪法国诺曼底地区班尼狄克汀修道院所生产的香草利口酒（Benedictine DOM）混合而成，其命名采用两种原料酒名称 Brandy 和 Benedictine DOM 的缩写而合成。

（三）香槟鸡尾酒（Champagne Cocktail）

该类鸡尾酒主要以香槟、葡萄汽酒为基酒，添加苦精、果汁、糖等调制而成，其命名较为直观地体现了酒品的风格。

（四）宾治（Punch）

宾治类鸡尾酒起源于印度，"Punch"一词来自印度语中的"Panji"，有"五种"原料混配调制而成之意。

除上述列举之外，诸如特基拉日出（Tequila Sunrise）、葡萄酒库勒（Wine Cooler）、爱尔兰咖啡（Irish Coffee）等均采用这种命名方法。

二、以人名、地名、公司名等命名

以人名、地名、公司名命名鸡尾酒等混合饮料，是一种传统的命名法，它反映了一些经典鸡尾酒产生的渊源，使人产生一种归属感。

（一）以人名命名

人名一般指创制某种经典鸡尾酒调酒师的姓名和与鸡尾酒结下不解之缘的历史人物。

1. 基尔（Kiel）

该酒是 1945 年法国勃艮第地区第戎市（Dijon）市长诺菲利克斯·基尔先生创制，是以勃艮第阿利高（Aligote，白葡萄品种）白葡萄酒和黑醋栗利口酒调制而成。

2. 血腥玛丽（Bloody Mary）

血腥玛丽的名称源于 16 世纪中叶英格兰王朝为复兴天主教而迫害新教徒的玛丽女王。虽然该酒诞生于 20 世纪 20 年代美国禁酒法时期，但该酒双重含义相结合，使神与形都注入了层出不穷的内涵，耐人寻味。

3. 汤姆·哥连士（Tom Collins）

该酒是 19 世纪在伦敦担任调酒师的约翰·哥连士（John Collins）首创，最初使用的是荷兰金酒，用自己的姓名命名，后逐渐采取英国的老汤姆酒加糖、柠檬汁、苏打水调制而成，称为汤姆·哥连士（Tom Collins）。

4. 教父（God Father）

为马龙·白兰度主演的电影"教父"而创。口味上，由杏仁利口酒散发的杏仁香味，加上浓浓的威士忌酒香，再配以稳重的老式酒杯，让人产生安定厚重的感觉。如果将基酒由威士忌改为伏特加，则成为教母（God Mother）鸡尾酒。

除上述列举之外，以人名命名的鸡尾酒不胜枚举，较为著名的还有亚历山大（Alexander）等。

（二）以地名命名

鸡尾酒是世界性的饮料。多以地名命名鸡尾酒。饮用各具地域和民族风情的鸡尾酒，犹如环游世界。

1. 曼哈顿（Manhattan）

据说这款经典鸡尾酒是英国前首相丘吉尔的母亲杰妮创制，她在曼哈顿俱乐部为自己支持的总统候选人举办宴会，并用此酒招待来宾。该酒以黑麦威士忌、甜苦艾酒、苦精等调制而成，以地名"曼哈顿"命名。

2. 自由古巴（Cuba Liberation）

即朗姆酒可乐。1902年，可口可乐在美国诞生，而在此时古巴人民在美国的援助下，从西班牙的统治下取得了独立，古巴特酿朗姆酒的英雄主义色彩和美国可口可乐相结合产生了这一款鸡尾酒——自由古巴。

3. 长岛冰茶（Long Island Iced Tea）

这款鸡尾酒是1970年由名为蔷薇花蕾（Rosebud）的人发明的，其真正的名字为罗伯特·巴特（Robert butt），他在位于长岛南海岸的海滩橡木旅馆（Oak Beach Inn）工作。与调制所有的古典鸡尾酒规则不同，这款鸡尾酒除利口酒外，还有四种酒精饮料。虽名为茶，但酒精的含量并不低。

以地名命名鸡尾酒还有：环游世界（Around the World）、布朗克斯（Bronx）、横滨（Yokohama）、新加坡司令（Singapore Sling）、阿拉斯加（Alaska）等。

（三）以公司名命名

以公司名及其所属酒牌名命名鸡尾酒，体现了鸡尾酒原汁原味、典型地道的酒品风格。为了倡导酒品最佳的饮用调配方式，生产商通常将鸡尾酒等混合饮料的配方印于酒瓶副标签口或单独印制手册，以飨饮者。

1. 百家得鸡尾酒（Bacardi Cocktail）

顾名思义，必须使用百家得公司生产的朗姆酒调制该鸡尾酒（百家得淡质朗姆＋莱姆汁＋红石榴糖浆）。如用其他品牌的朗姆酒调制，另称为"粉红色黛克瑞酒（Pink Daiquri）"。1933 年美国取消禁酒法，当时设在古巴的百家得公司为促进朗姆酒的销售设计了该酒品。

2. 马天尼（Martini）

马天尼鸡尾酒被誉为是"鸡尾酒之王"，其名称是使用意大利马天尼·埃·罗西公司生产的苦艾葡萄酒调制而开始的。

三、与鸡尾酒的色、香、味、型等相关命名

根据鸡尾酒色、香、味、型等自然属性命名，借助鸡尾酒调制后所形成的艺术化风格，让人产生无限的联想，意图在酒品和人类复杂的情感及客观事物之间寻找某种联系。

（一）以鸡尾酒的色泽命名

除了一些远年陈酿的蒸馏酒外，鸡尾酒悦人的色泽绝大多数来自丰富多彩的配制酒、葡萄酒、糖浆和果汁等。色彩在不同场合的运用，表达着某种特定的符号和语言，从而创造出特别的心理感染和环境气氛。

1. 红粉佳人（Pink Lady）

专为女性调制的鸡尾酒，以色泽粉红而得名。另一传说是在 1912 年，鸡尾酒界献给当时在伦敦演出相当轰动之舞台剧"粉红佳人"（Pink Lady）的女主角而特制鸡尾酒，从此闻名遐迩。

2. 青草蜢（Green Grass Hopper）

因其颜色碧绿如草地上的草蜢而得名，由白色可可酒、绿薄荷酒和鲜奶油等调制而成。

3. 蓝色珊瑚礁（Blue Coral Reef）

樱桃代表珊瑚礁，薄荷酒表现蓝色海洋，用柠檬滑过的杯缘貌似想象中的南太平洋的沙滩。充满薄荷的清爽，适合夏日饮用。

4. 生锈钉（Rusty Nail）

由于其酒色呈现美丽的红褐色，就像是钉子生锈后的颜色一般，因此命名。是由历史悠久的香甜酒——杜林标（Drambuie）配制而成，它在盖尔特人的克特语中的意思是"满足心灵的饮料"。它以口味浓烈、厚重来吸引人。

此外，以色泽命名的鸡尾酒还有：以红色命名的红鸟（Red Bird）、红眼（Red Eye）、红羽毛（Red Feather）；以蓝色命名的鸡尾酒有蓝色夏威夷（Blue Hawaii）等；以绿色命名的鸡尾酒，如绿眼睛（Green Eye）、青龙（Green Dragon）等；此外，以黑色命名的鸡尾酒，如黑杰克（Black Jack）、黑俄罗斯（Black Russian）等；以金色命名的鸡尾酒，如金色梦想（Golden Dream）、金色凯迪拉克（Golden Cadillac）等。

（二）与鸡尾酒的香味相关命名

鸡尾酒的名称以其主要香味命名。如桂花飘香（Osmanthus Fragrance）、翠竹飘香（Aroma of Bamboo）等。

（三）与鸡尾酒的味相关命名

鸡尾酒的名称以其味道命名。如酸味金酒（Gin Sour）、威士忌酸酒（Whisky Sour）等。

（四）与鸡尾酒的型相关命名

与鸡尾酒的型相关命名的鸡尾酒有：马颈酒（Horse Neck）等。有一种说法是在欧美各地，每年秋收一结束就举行庆祝活动。19世纪时，这种庆祝中人们喝的就是装饰着马脖子形状莱姆皮的鸡尾酒，故名。另一种说法是美国总统西奥多·罗斯福狩猎时骑在马上，喜欢一边抚摸着马脖子一边品着这款鸡尾酒，"马颈酒"的名称就由此而来。此外，以装饰造型命名的还有"黄金泡沫（The Bubble of Gold）""太空星（The Star in the Sky）"等。

四、与鸡尾酒的典故等相关命名

以典故命名故事性较强，流传较为广泛的鸡尾酒品有：马天尼（Martini）、曼哈顿（Manhattan）、红粉佳人（Pink Lady）、自由古巴（Cuba Libration）、莫斯科骡子（Moscow's Mule）、迈泰（Mai tai）、旁车（Side Car）、马颈（Horse Neck）、螺丝钻（Gimlet）、血腥玛丽（Bloody Mary）、玛格丽特（Margarita）等。鸡尾酒命名的直观形象性、联想寓意性和典故文化性是任何单一酒品的命名所无法比拟和涉及的。鸡尾酒命名所产生的情境是鸡尾酒文化的重要组成部分，也是其艺术化酒品特征的显现。

1. 莫斯科骡子（Moscow's Mule）

因为这种鸡尾酒的酒性很烈，喝了此酒宛如被骡子的后脚踢到一般。这款鸡尾酒又被称为"莫斯科佬"，这种鸡尾酒的诞生某种意义上可称得上是"美国梦"的典型。故事发生在20世纪40年代后半段的好莱坞。一个大量购入了Ginger Ale(姜汁酒)待沽的男士，一个提出了用自制的铜制Mug Cup(一种有柄的大杯子)做容器的女士以及极力推广伏特加的制造商。三人想法结合起来便诞生了这杯酒。如今，这种鸡尾酒已经推广到了全世界。Mule虽说有动物中的"骡子"的意思，这里是表示"Kick（踢/刺激）很强的饮品"的意思。

2. 咸狗（Salty Dog）

"咸狗"一词是英国人对满身海水船员的蔑称，因为他们总是浑身泛着盐花，本款鸡尾酒的形式与之相似，故名"咸狗"。是以略带苦味的葡萄柚汁为主要口味，在饮用时杯口的盐会瞬间使葡萄柚的苦味转化成泉水般的甘美，产生无比舒畅的感觉。杯口如没有沾盐，则为"无尾狗"。

五、其他命名方式

除了以上命名方式外，其他还有以时间命名的方法、以自然景观命名的方法等。如以时间命名的鸡尾酒有：忧虑的星期一（Worried Monday）、六月新娘（The Bride in June）、最后一吻（The Last Kiss）等；以自然景观命名的鸡尾酒有：雪乡（Yukiguni）、乡村俱乐部（The Club In Countryside）、迈阿密海滩（Miami Beach）、蓝色的月亮（The Blue Moon）、长城之光（The Light of the Great Wall）等。

第五节　鸡尾酒的基本组成

一款色、香、味俱佳的鸡尾酒通常是由基酒、辅料和装饰物三部分组成的。

一、基酒

基酒又称酒基或酒底，主要以烈性酒为主，如金酒、威士忌、朗姆酒、伏特加、白兰地和特基拉等蒸馏酒，也有少量鸡尾酒是以葡萄酒、啤酒或利口酒为基酒的。基酒决定了一款鸡尾酒的主要风味，所以其含量通常不应少于一杯鸡尾酒总容量的1/3。中式鸡尾酒一般以茅台酒、汾酒、五粮液、竹叶青等高度酒作为基酒。

鸡尾酒的命名与
基本组成结构

可以作为基酒的酒品品牌繁多，风格各异。为了控制成本和制定调酒质量标准，饭店、酒吧通常固定使用一些质量较好、品牌流行、价格便宜、易于购买的酒品作为鸡尾酒的基酒，并把它们称为"饭店特备"和"酒吧特备"（House Pouring），例如"House Liquor""House Wine"，基酒以 oz 为单位，拆零标卖。基酒在配方中的分量比例有各种表示方法，国际调酒师协会统一以"份"（part）为单位，一份为 40mL。在鸡尾酒的出版物及实际操作中通常以"mL""量杯"（oz）为单位。

二、辅料

辅料又称调和料，指用于冲淡、调和基酒的原料。辅料与基酒混合后就能体现一款鸡尾酒的特色，常用的辅料主要是各类果汁、汽水以及开胃酒、利口酒等。

可作鸡尾酒辅料的主要有以下几大类。

（一）碳酸类饮料

常见碳酸类饮料有：雪碧、可乐、七喜、苏打水、汤力水、干姜水等。其中苏打汽水（Soda Water）、汤力汽水（Tonic Water）、姜汁汽水（Ginger Water）、七喜汽水（7-UP）、可乐（Cola）等并称为"五大汽水"。

（二）果蔬汁

果蔬汁包括罐装、瓶装和现榨的各类果蔬汁，如橙汁、柠檬汁、青柠汁、苹果汁、西柚汁、芒果汁、西瓜汁、椰汁、菠萝汁、番茄汁、西芹汁、胡萝卜汁、综合果蔬汁等。

（三）水

包括凉开水、矿泉水、蒸馏水、纯净水等。

（四）提香增色添味材料

以各类利口酒为主，如蓝色的柑香酒、绿色的薄荷酒、黄色的香草利口酒、白色的奶油酒、咖啡色的利口酒等。

（五）其他调配料

配料指一些用量较少但能体现鸡尾酒特色的材料，常用的配料有盐、胡椒粉、糖粉、糖浆、淡奶、辣椒油、奶油、玉桂粉、豆蔻粉、鸡蛋、洋葱等。其中重要配料有：红石榴汁（Grenadine Juice）、柠檬汁（Lemon Juice）、莱姆汁（Lime Juice）、鲜奶油（Cream）、椰奶（Pina Colada）、鲜奶（Milk）、蜂蜜（Honey）、蓝柑汁（Blue Curacao Syrup）、薄荷蜜（Peppermint Syrup）、可尔必思（Calpis）、葡萄糖浆（Grape Syrup）等，此外还有备用配料：杏仁露、芹菜粉、红樱桃、绿樱桃、香草片、橄榄粒、辣椒酱等。

（六）冰

根据鸡尾酒的成品标准，调制时常见冰的形态有方冰（Cubes）、棱方冰（Counter Cubes）、圆冰（Round Cubes）、薄片冰（Flake Ice）、碎冰（Crushed）、细冰（Cracked）。

三、装饰物

装饰物主要起点缀、增色作用。装饰物的颜色和口味应与鸡尾酒酒液保持和谐一致，使其外观色彩缤纷，给客人以赏心悦目的艺术感受。对于经典的鸡尾酒，其装饰物的构成和制作方法是约定俗成的，应保持原貌，不得随意更改，而对创新的鸡尾酒，装饰物的修饰和雕琢则不受限制，调酒师可充分发挥想象力和创造力。对于不需作装饰的鸡尾酒品，加以装饰则会画蛇添足，破坏酒品的意境。鸡尾酒常用的装饰材料有以下几大类。

（一）水果类

水果类是鸡尾酒装饰最常用的原料，如柠檬、青柠、菠萝、苹果、香蕉、香桃、杨桃、樱桃等。根据鸡尾酒装饰的要求将水果切配成片状、皮状、角状、块状等进行装饰。有些水果掏空果肉后，是天然的盛载鸡尾酒的器皿，如椰壳、菠萝核、橙盅等。另外，还有咸橄榄（青、黑等色）或酿水橄榄等，它是以油橄榄树未熟果实去核盐渍，又称水橄榄（Spanish Olive）。油橄榄树是常绿乔木，生长于地中海沿岸地区，颗粒含丰富的油脂，可以榨取芳香的橄榄油。

（二）蔬菜类

蔬菜类装饰材料常见的有西芹条、酸黄瓜、新鲜黄瓜条、樱桃番茄、珍珠洋葱等。

（三）花草绿叶

花草绿叶的装饰使鸡尾酒充满自然和生机，令人倍感活力。花草绿叶的选择以小型花序和小圆叶为主，常见的有新鲜薄荷叶、洋兰等。花草绿叶的选择应清洁卫生，无毒无害，不能有强烈的香味和刺激味。

（四）人工装饰物

人工装饰物包括各类吸管（彩色、螺旋形等）、搅棒、象形鸡尾酒签、小花伞、小旗帜等。载杯的形状和杯垫的图案花纹，对鸡尾酒也起到了装饰和衬托作用。

第六节 鸡尾酒的调制概述

一、鸡尾酒的调制原理

鸡尾酒主要以烈性酒为基酒，辅助以调香调色调味料等辅料调配而成，并饰以装饰物。美国著名评酒专家恩伯里（Embury）认为，一份完美的鸡尾酒必须具备下列条件。

首先，鸡尾酒是增进食欲的滋润剂。鸡尾酒甜酸苦辣，五味俱全，尤其在餐前饮用，可以起到生津开胃、促进食欲的作用。因此，无论使用何种材料，包括用大量果汁来调配鸡尾酒，也不应脱离鸡尾酒的这一基本范畴，更不能背道而驰。

其次，鸡尾酒能创造热烈的气氛。巧妙调制的鸡尾酒是完美的饮品，既能缓解紧张的神经，增强血液循环，缓解疲劳，同时还能使人兴奋，心情舒畅。因此，鸡尾酒中如果掺入过多的水分就会失去这样的功效。

再次，鸡尾酒必须口味卓绝。鸡尾酒口味如果太甜、太苦或太香，就会掩盖品尝酒味的能力，降低鸡尾酒的品质。

最后，鸡尾酒必须充分冰冷。鸡尾酒通常使用高脚杯装载，调制时需加冰，加冰量应严格按配方控制，冰块要化到要求的程度。

鉴于此，在鸡尾酒的调制过程，应遵循如下原理。

①鸡尾酒的基酒、辅料和装饰物等之间的风格要基本和谐。

②调制时，中性风格的烈性酒，可以与绝大多数风格和滋味各异的酒品、饮料相配，调制成鸡尾酒。从理论上讲，鸡尾酒是一种无限种酒品之间相互混合的饮料，这也是鸡尾酒的一个显著特征。

③风格、滋味相同或近似的酒品相互混合调配，是鸡尾酒调制的一个普遍规律。

④风格、味型突出并相互抵触的酒品，如果香型、药香型，一般不适宜相互混合。

⑤用碳酸类汽水或有气泡的酒品调制鸡尾酒时，不得采用摇荡法，应采用兑和法或调和法。

⑥调制鸡尾酒时，投料的前后顺序以"冰块→辅料→基酒"为宜，但采用电动搅拌机调制鸡尾酒时，冰块或碎冰通常是最后才加入的。

⑦调制好的鸡尾酒应充分冰凉到具体酒品所需的程度。

⑧鸡尾酒的装饰应根据具体情况而定，不需装饰的鸡尾酒，不要画蛇添足；需要装饰的鸡尾酒应与其色、香、味、型等风格一致。

二、鸡尾酒的调制方法

（一）英式调酒

英式调酒是一门技术，也是一门文化艺术。它是技术与艺术的结晶，是一项专业性很强的工作。调酒为人们提供了视觉、嗅觉、味觉和精神等方面的享受。酒的色、香、味、型、格以及营养保健等方面是体现调酒师技术水平高低的重要标准。英式调酒的工作环境大

英式调酒

多是在中高档高雅舒适安静的酒吧，这些酒吧大多数播放或现场演奏高雅经典流行的萨克斯、钢琴、小提琴、爵士等音乐，主要接待和服务社会中上流有品位的人士。其调制方法通常有以下几种。

1. 摇和法（Shake）

摇和法也称摇晃法或摇荡法，其制作过程是先将冰块放入调酒壶（Cocktail Shaker），接着加入基酒，再加入各种辅料和配料，然后盖紧调酒壶，双手（或单手）执壶用力摇晃片刻（一般为 5 ～ 10 秒，至调酒壶外表起霜时停止）。摇匀后，立即打开调酒壶用滤冰器（Strainer）滤去残冰，将饮料倒入鸡尾酒杯中，用合适的装饰物加以点缀即为成品。值得注意的是有汽酒或汽水不宜加入调酒壶摇晃，而且在基酒等材料摇混均匀后，再行加入。

2. 调和法（Stir）

调和法也称搅拌法，其制作过程是先将冰块或碎冰加入酒杯（载杯）或调酒杯（Mixing Glass），再加入基酒和辅料，用调酒棒（Swizzler）或调酒匙（Bar Spoon）沿一个方向轻轻搅拌，使各种原料充分混合后加装饰物点缀而成。如在调酒杯中调制的鸡尾酒，也须滤冰后倒入合适的载杯，然后加以装饰。

3. 搅和法（Blend）

搅和法的调制过程是将碎冰、基酒、辅料和配料放入电动搅拌机（Blender）中，开动搅拌机运转 10 秒左右，使各种原料充分混合后倒入合适的载杯（无须滤冰），用装饰物加以点缀。

4. 漂浮法（Build & Float）

漂浮法的调制过程是将配方中的酒水按其密度（含糖量）不同逐一慢慢地沿着调酒棒或调酒匙倒入酒杯，然后加以装饰点缀而成。漂浮法主要用于调制各款彩虹鸡尾酒。调制时要求酒水之间不混合，层次分明，色彩绚丽。调制关键是要熟悉各种酒水的密度，应将密度大的酒水先倒入杯中，密度小的酒水后加入。

（二）花式调酒

花式调酒也称美式调酒。目前国际上所谓的花式调酒师主要是学习研究各种调酒动作和表演技巧，例如，酒瓶和调酒杯（听）的各种调酒动作表演技巧等，还会经常在调酒动作表演技巧的过程中吸收加入一些舞蹈、杂技、魔术等表演来促进酒吧的气氛，酒的色、香、味、型、格等倒在其次，好像并不重要了。花式调酒的工作环境是一些演艺酒吧或是一些普通酒吧，这些酒吧主要是以节目表演为主有些像迪吧，主要接待和服务社会大众人士。

（三）分子调酒

分子调酒是在调酒过程中利用一些物理和化学方法，将基酒和配料研发出不同的特性和形态。通俗而言，就是把基酒或配料的味道、口感、质地、样貌利用能够

美式调酒
与分子调酒

利用的各种工具和特别方法完全打散，通过物理和化学的手段重新组合，设计出令人意想不到的美味鸡尾酒。其常见的分子调酒的方法如下。

1. 泡沫法（Bubble Method）

在基酒或配料中加入卵磷脂，用搅拌器打成泡沫。与别的鸡尾酒不同的是，品尝泡沫时不只是舌尖或唇边某一触点的味觉享受，而是能在入口瞬间使口腔内溢满香气，犹如体验了气体美酒的爆炸与挥发感。

2. 胶囊法（The Capsule Method）

对鸡尾酒而言，指的就是以一层薄膜包裹基酒或配料，若刺穿薄膜即可看见内层鸡尾酒涌出，品尝时像在口中弹破了一颗鱼子酱。

3. 液氮法（Liquid Nitrogen Method）

以液氮喷洒在基酒或配料中，能使鸡尾酒瞬间达到极低温，改变口感结构，使其发生物理变化，令鸡尾酒的味道、质感、造型超越常规，品尝时不再是常见的普通鸡尾酒感觉，而是在口中爆破了一堆泡沫或是一缕烟。

4. 真空低温法（The Vacuum & Low Temperature Method ）

真空低温法其实分为真空法和低温法，两种方法常常根据需要结合在一起，俗称真空低温法。在调酒中，利用真空法将不同的香气组合在一起。例如，将苹果汁和几滴青草香精注入一个真空装置中，然后慢慢抽出空气，这样苹果果汁与青草香精就融合在一起了。利用这种方式，还可以制造出带有姜味的凤梨汁，带有凤梨味的苹果汁，还有带有橙子味的樱桃汁等，极大地丰富了鸡尾酒的香气。

利用低温法也可以将清醇的香味融入各种酒精之中。例如，在52℃的真空条件下，在酒精中煮一下水果的话，就可以得到更加干净、更加鲜明、更加精密的水果香味。利用这种技术，可以将覆盆子的香味与龙舌兰酒融合在一起，把玫瑰花瓣的香味与伏特酒结合在一起，将黑加仑子的香味与杜松子酒融为一体。

三、鸡尾酒调制的规范动作

（一）英式调酒

英式调酒主要有摇和法、调和法、搅和法、漂浮法等几种方法。

1. 摇和法（Shaking）的规范动作

采用"摇和"手法调酒的目的有两种，一是将酒精度高的酒味压低，以便容易入口；二是让较难混合的材料快速地融合在一起。因此在使用调酒壶时，应先把冰块及材料放入壶体，加上滤网和壶盖，然后摇匀。调制时滤网必须放正，否则摇晃时壶体的材料会渗透出来。

（1）单手摇壶法的规范动作

适用于小号和中号的标准调酒壶（250mL 和 350mL）。

①在调酒器中装入四分满冰块。正确量好所需材料，依序倒入调酒器中。套上过滤网，盖上盖子，用右手或左手食指顶住壶盖，大拇指及中指、无名指、小指分别环绕在调酒壶两侧。

②摇动调酒壶（手腕左右摇动的同时，整个手臂要上下呈"S"形或"8"字形摇动轨迹，循环往返。其间，冰块在壶体中发出铿锵的节奏声）15～16 次，如果壶中有鸡蛋、奶油等材料，则增加摇动次数至 20～30 次。

③打开摇酒壶，滤出酒液。

（2）双手摇壶法的规范动作

适用于大号调酒壶（530mL）。

①在调酒器中装入四分满冰块。正确量好所需材料，依序倒入调酒壶中。套上过滤网，盖上盖子，用右手大拇指紧压盖顶，用无名指与小指夹住调酒壶，用中指与食指前端压住调酒壶。其次，以左手的中指与无名指抵住调酒壶底部，以左手的大拇指压住过滤网下方的位置，以食指与小指夹住调酒壶壶身（为了保持调酒器中的冰块不被手温影响而融化，手掌绝不可贴住调酒壶壶身）。

②摇动的方法有两种，一种是水平前后摇动，另一种是斜向上下摇动。水平前后摇动时，双手拿着调酒壶，移至肩膀与胸部的正中位置，保持水平，前后做有韵律的 15～16 次运动。若添加蛋、奶油等不易混合的材料时，则至少要用力运动约 30 次。

斜向上下摇动时双手拿着调酒壶，移至右肩前方，壶底向上，在右胸前作斜线上下摇动，摇动次数与前者同。

③摇动结束后，取下调酒壶盖子，用食指紧压住过滤网上方以防脱落，将调好的酒倒入酒杯中饮用。

2. 调和法（Stirring）的规范动作

①调酒杯中预先放入适量冰块，正确量好材料用量，依顺序倒入杯中。

②用吧匙搅拌的要领是用左手手指压住调酒杯底部，吧匙的螺旋状部位夹在右手中指与无名指之间，大拇指与食指轻轻夹在上方，以中指与无名指用力往右的方向（顺时针）搅动 10～15 次。搅拌时，吧匙应保持抵住杯底的状态。当左手指感觉冰凉，调酒杯外有水汽溢出，搅拌即应停止。

③搅拌完成欲取出吧匙时，吧匙的背部要朝上再取出。

④将滤冰器盖在调酒杯口上，用右手食指压住滤冰器，其他手指则紧紧压住调酒杯身，将调好的酒滤入事先备好的载杯中。

3. 搅和法（Electric Blending）的规范动作

用搅拌机调酒，操作比较容易，只要按顺序将所需材料放入搅拌机内，封严顶盖，启动一下电源开关。不过，在调好的鸡尾酒倒入载杯时，要注意不要随之倒入冰块，必要时可用滤冰器先将冰块滤掉。

4. 漂浮法（Floating）的规范动作

①调制时，相对密度大的酒水先倒入，相对密度小的后倒入，无糖分的放在最后。如果不按顺序斟注，或两种颜色酒水的含糖量相差甚少，就会使酒水混合在一起，配置不出层次分明、色彩艳丽的彩虹酒。

②操作时，不可将酒水直接倒入杯中。为了减少倒酒时的冲力，防止色层融合，可用一把长柄匙斜插入杯内，匙背朝上，紧贴载杯内壁，再依序把各种酒水沿着匙背缓缓倒入，使酒水从杯内壁缓缓流下。

③可在调制成的彩虹酒上点燃火焰，以增加欢乐的气氛。

5. 辅助规范动作

（1）传瓶（Pass the Drinks）的规范动作

把酒瓶从酒柜或操作台上传到手中的过程，传瓶一般有从左手传到右手或从下方传到上方两种情形。用左手拿瓶颈部传到右手上，用右手拿住瓶的中间部位，或直接用右手从瓶的颈部下移至瓶中间部位，要求动作快、稳。

（2）示瓶（Display the Drinks）的规范动作

把酒瓶展示给客人。用左手托住瓶下底部，右手拿住瓶颈部，呈 45° 把商标面向客人。

传瓶至示瓶是一个连贯的动作。

（3）开瓶（Open the Drinks）的规范动作

用右手拿住瓶身，左手中指逆时针方向向外拉酒瓶盖，用力得当时可一次拉开，并用左手虎口即拇指和食指夹起瓶盖。开瓶是在酒吧没有专用酒嘴时使用的方法。

（4）量酒（Measure the Drinks）的规范动作

开瓶后立即用左手中指和食指夹起量杯（根据需要选择量杯大小），两臂略微抬起呈环抱状，把量杯放在靠近摇酒壶的正前上方约 1 寸（3.3cm），量杯要端平。然后右手将酒倒入量杯，倒满后收瓶口，左手顺势将酒倒进所用的摇酒壶中。用左手顺时针方向盖上盖，然后放下量杯和酒瓶。

（5）握杯（Hold the Glasses）的规范动作

平底无脚杯如古典杯、海波杯、哥连士杯等平底杯应握杯子下底部，切忌用手掌拿杯口。高脚杯或脚杯应拿细柄部。白兰地杯用手握住杯身，通过手传热使其芳香溢出（指客人饮用时）。

（6）上霜（Frost）的规范动作

上霜又称雪糖杯型或雪霜杯型，是指在杯口沾上糖粉或盐粉。具体操作如下：用柠檬皮均匀擦拭杯口，然后将杯口倒置放入糖粉或盐粉中，最后轻轻提起，把酒杯反过来正常放置。

（二）花式调酒

花式调酒主要是手部的动作表演，辅以身体姿势的变换及脚步的移动。因此，根据抛瓶的位置和手部的动作特点可归纳以下 15 种技法。

1. 上抛（Tossing-up）的规范动作

上抛酒瓶。右手指捏住瓶颈上端，向上后勾抛起，使瓶子向后翻转下落后，再用右手接住。

2. 侧抛（Tossing-side）的规范动作

侧抛酒瓶。右手握住瓶颈中部，然后向左侧上方勾抛，使瓶子从右向左弧线形滚动下落后，用左手接住瓶颈。如用左手握瓶侧抛，则改右手接瓶。

3. 背抛（Tossing-back）的规范动作

背后抛瓶。右手捏住瓶颈，绕往背部向左侧上方斜抛，并迅速用左手接住瓶身，或使瓶子停立于手背之上。如果用左手持瓶，则改右手接瓶。

4. 后勾（Tossing-back）的规范动作

后勾抛瓶。右手捏住瓶颈上部，顺右臂腋下向后勾抛，瓶子绕过右侧肩部上方后，用右手迅速接住瓶颈或使瓶子停立于右手背上。操作时，上下臂不要过多地摆动，整个身体保持相对的稳定姿势。

5. 直立（Erecting）的规范动作

酒瓶直立于手背之上。将瓶子抛起，自由落下后瓶底朝下停立于手背之上。操作者可通过各种手法抛动瓶子，使其下落后停立于手背上。接瓶时，手臂和手要做出缓冲的动作，使瓶子轻巧地停立于手背上，以防砸伤手背。

6. 倒立（Bottle-handstand）的规范动作

酒瓶倒立于手背之上。将瓶子抛起，自由落下后瓶口朝下，停立于手背上。操作者可通过各种手法抛动瓶子，使其下落后倒立于手背上。由于瓶口面积很小，停立难度很大，通常在瓶子瞬间停立后，可立即转变做其他动作。

7. 胯下抛（Crotch- throwing）的规范动作

胯下抛瓶。右手捏住瓶颈，右小腿弯曲并上抬，将瓶子绕右腿胯下向上方抛起，并迅速用左手接瓶。如用左手，则方向相反。胯下抛要注意不要斜抛，应尽量把瓶子往上直抛，以方便接瓶。

8. 滚动（Rolling）的规范动作

瓶子在操作者的手臂、肩部、背部上自然滚动。将右手 4 个手指合拢并与大拇指分开，握住瓶身中部，抬高并伸直手臂，利用手指提拉、卷动，使瓶沿着右手背、右手臂、右肩等方向滚动至背部，最后左手绕至背部后面接住瓶子。此法的各个动作应一气呵成，自然流畅。

9. 旋转（Rotation）的规范动作

旋转酒瓶。操作者右手握瓶颈，4个指头合拢，并与大拇指分开，利用手指和手腕转动之力，将瓶子紧贴着手指自然翻转两圈后，右手再握住瓶身下部，然后依此法不停地翻转。

10. 画圆（Circling）的规范动作

手持瓶画圆。左右手各持一个酒瓶，左手保持在胸部前面并握住瓶身中部，右手捏住瓶颈上端，并以左手为圆心，挥瓶画圆，每画一圈左手必须松开瓶子，让瓶子腾空后再迅速握瓶。

11. 抛瓶入壶（Throwing the Bottle into the Shaker）的规范动作

让上抛的瓶子落入调酒壶内。制作时一手持摇酒壶，另一手采用任何方法上抛瓶子，使瓶子翻转滚动，最后让瓶子底部朝下，准确落入摇酒壶内。

12. 抛壶盖瓶（Throwing a Shake Cover the Bottle）的规范动作

抛动摇酒壶，使之倒盖在瓶颈上。操作者一手持摇酒壶，一手握住瓶身中部，然后上抛摇酒壶，使壶体翻转滚动落下，并准确倒扣住瓶颈。

13. 双指旋瓶（Spinning the Bottle With Two Fingers）的规范动作

用食指和中指夹住瓶颈上端，掌心向上，然后利用两个手指扭转的力气，把瓶子向外侧上方转动绕一圈后，变成中指和无名指夹住瓶颈，掌心呈向下的姿势。然后再将瓶子向身体内侧方向勾起，180°转动后，使食指和中指夹住瓶颈上端，掌心向上。

14. 击旋酒瓶（Hitting & Spinning the Bottle）的规范动作

左手握住瓶身中部，右手击打瓶身下部，使瓶子翻转一圈后，用右手握住瓶颈中部。

15. 双手轮转抛瓶（Throwing the Bottle With Two Fingers）的规范动作

右手握住瓶颈，侧抛180°后，用左手轻按瓶身底部，使瓶子翻转一圈，再用左手握住瓶颈。

（三）分子调酒

分子调酒在近几年风靡全球，引领新一轮调酒趋势，其结合传统调酒技巧与前卫料理手法，解构了鸡尾酒的质地、口味、香气，甚至外观。常见的分子调酒方法有：泡沫法、胶囊法、液氮法、真空低温法等。

1. 泡沫法（The Bubble Method）

（1）泡沫法的概念

泡沫法鸡尾酒中加入卵磷脂并用搅拌器打成泡沫。与别的鸡尾酒不同的是，品尝泡沫时不仅是舌尖或唇边某一触点的味觉享受，而且能在入口瞬间使口腔内溢满香气，犹如体验了气态美酒的爆炸与挥发之感。

（2）泡沫法的原理

大豆卵磷脂是大豆油通过蒸发而分离出来的，是理想的泡沫制造原料。它不仅对健康无害，还有抗氧化作用。卵磷脂外形呈细粉末状，易溶于液体中，不能溶于油脂。

在泡沫制作过程中，使用了高速搅拌器。利用极高的转速可将卵磷脂溶液迅速打出丰富的泡沫。

除此之外，还可以利用真空管将添加了琼脂或凝胶的汁状物，制作成泡沫状物。

（3）泡沫法制作的鸡尾酒案例

案例1：泡泡马天尼鸡尾酒（Bubble Martini）

材料：荔枝味伏特加2oz，薰衣草味饮料1oz，玫瑰香精2滴，卵磷脂0.5g。

用具：手持高速搅拌器、阔口香槟杯、调酒杯。

制法：将冷藏的材料一一注入调酒杯中，滴入玫瑰香精，用高速搅拌器搅打成细密的泡沫，舀入香槟杯中即可。

案例2：青柠威士忌酸（Whiskey Sour）

材料：爱尔兰威士忌3oz，柠檬汁1oz，卵磷脂0.5g。

用具：手持高速搅拌器、古典杯、摇酒壶、调酒杯。

制法：将爱尔兰威士忌和柠檬汁量入摇酒壶中，快速摇匀。滤入一半到古典杯中，另一半注入调酒杯，加入卵磷脂用高速搅拌机搅打成细密的泡沫，舀入古典杯之中即可。

2. 胶囊法（The Capsule Method）

（1）胶囊法的概念

胶囊法是将鸡尾酒的其中一种或几种配料，包裹于细小的胶囊之中，人们品酒时，胶囊破裂，才知道是什么。例如橙味胶囊，就是橙汁的胶囊形状物由一层薄膜包裹，若刺穿薄膜即可看见内层液体，其形态大约维持1小时。

（2）胶囊法的原理

胶囊法中，钙粉入水为"正向"，海藻胶入水为"反向"，两种方法均可成型。正向操作只需要两种辅料，略简便。反向需要三种辅料。当原料为酸性、油性物质时，一定要用反向技术。

①胶囊法（正向）。海藻胶也叫海藻酸钠，是一种从海藻中提取的食品添加剂，当海藻胶溶解在调味汁或果汁内，再滴入钙水中就会瞬间发生反应，在表面形成一层膜，将里面的味汁包裹住，在水中形成圆圆的胶囊形状（小个的胶囊形似鱼子，几乎可以以假乱真）。钙粉为氯化钙的一种，呈颗粒状，有很强的吸水性，和水融在一起后形成钙水，可反复利用。

②胶囊法（反向）。在调味汁或果汁内加上钙粉和黄原胶（一种食品添加剂，

增稠作用）搅拌均匀，然后滴入溶解了海藻胶的纯净水中，静置 30s 即成胶囊。捞出冲洗干净，入保鲜柜保存（做好的胶囊可保存 3～4 天）。

（3）胶囊法制作的鸡尾酒案例

案例 1：牡蛎鸡尾酒（Oyster Cocktail，正向）

材料：番茄蛋黄泥 15g，山葵味伏特加 1oz，欧罗索雪利酒（Oloroso Sherry）0.5oz，青葱 5g，胡椒酱 5g，香芹盐 1g，柠檬汁 0.5oz，海藻胶 1g，纯净水 1000g，钙粉 5g。

用具：不锈钢小勺、搅拌器、调酒杯、净牡蛎壳。

制法：

①将钙粉 5g 倒入 1000g 纯净水中搅匀。

②将番茄蛋黄泥、山葵味伏特加、欧罗索雪利酒（Oloroso Sherry）、青葱、胡椒酱、香芹盐和柠檬汁调匀，再加 1g 海藻胶用搅拌器充分搅拌融合。

③将溶液静置 2h，用不锈钢小勺舀适量，滴入钙水中（将材料与海藻胶充分搅拌融合后，需要放置 2h 再做，目的是让搅拌器打出的泡沫彻底消融，否则"胶囊"里会充满泡沫，浮在钙水上面，无法形成完整的"胶囊"）。

④大约过 10min，可见水里形成许多圆珠，状如胶囊。

⑤将胶囊捞起放入净牡蛎壳中即可。

案例 2：乌贼墨鸡尾酒（Squid Ink Sour，反向）

材料：白龙舌兰 1.5oz，橙汁 200mL，龙舌兰糖浆 0.5oz，乌贼墨 0.5oz，海藻胶 4g，黄原胶 1g，钙粉 1.5g，矿泉水 500g，薄荷叶 1 片。

用具：不锈钢小勺、搅拌器、调酒杯、海波杯。

制法：

①将白龙舌兰量入加满冰块的海波杯中，注入橙汁至八分满。

②把龙舌兰糖浆、乌贼墨、黄原胶、钙粉，用搅拌器搅匀至原料充分融合，然后倒入细密筛漏中，将杂质和泡沫过滤待用。

③矿泉水中加入海藻胶，搅拌 5min 至完全溶解。

④取一只不锈钢小勺，舀起做法②，再放入海藻胶溶液中，静置 30s，外壳凝固成胶囊状。

⑤将胶囊放入酒杯中，以薄荷叶装饰即可。

3. 液氮法（The Liquid Nitrogen Method）

（1）液氮法的概念

液氮法是将鸡尾酒材料放入液氮中，能在瞬间达到特定的温度，或以液氮喷洒在鸡尾酒中，能使鸡尾酒瞬间达到极低温，从而达到改变饮品风味的方法。

（2）液氮法的原理

利用液氮的低温来改变鸡尾酒的结构，使其发生物理变化，令食物的味道、质感、造型超越常规，品尝时感觉是一堆泡沫或一缕烟。

（3）液氮法制作鸡尾酒的案例如下。

案例1：香瓜鸡蛋鸡尾酒（Muskmelon Egg Cocktail）

材料：椭圆形的蛋白糖杯3个，鲜奶油50g，香瓜汁50mL。

用具：液氮罐、液氮不锈钢碗、防护手套、防护眼镜、注射器，阔口香槟杯。

制法：

①在3个椭圆形的蛋白糖杯中浇上鲜奶油，然后浸入–184℃的液氮里。

②沾了奶油的蛋白糖杯瞬间被冻结，表面形成像鸡蛋壳一样的外壳。

③用注射器向壳里注入香瓜汁。

④注满后再浸入到液氮里3秒，取出放入阔口香槟杯即可。

案例2：薄荷珍珠鸡尾酒（Mint Julep）

材料：薄荷酒1oz，波本威士忌2oz，薄荷叶1片。

用具：液氮罐、液氮不锈钢碗、防护手套、防护眼镜、不锈钢勺、三角鸡尾酒杯。

制法：将薄荷酒和波本威士忌混合均匀，用不锈钢勺分次舀入事先放有液氮的不锈钢碗中，让鸡尾酒迅速冻结成固体球，取出后，装盛于三角杯中，插上薄荷叶装饰即可。

4. 真空低温法（The Vacuum & Low Temperature Method）

（1）真空低温法的概念

低温烹饪是在不流失鸡尾酒材料水分和营养的情况下利用真空压缩包装机和可以稳定控制温度的低温恒温箱加热的一种调酒方法。

（2）真空低温法的原理

真空低温法其实分为真空法和低温法，两种方法常常根据需要结合在一起，俗称真空低温法。真空法是在调酒过程中，将混合酒液或鸡尾酒加入香精，放入真空袋中，直接抽真空，使酒液的香气和香精的香气，能很好地融合在一起，让消费者有种奇异的嗅觉感受。

利用低温法也可以将清醇的香味融入各种酒精之中。例如，在52℃时的真空条件下，在酒精中煮一下水果或者鲜花的话，就可以得到更加干净、更加鲜明、更加精密的水果或鲜花的香味。

（3）真空低温法制作鸡尾酒的案例

案例1：柠檬滴（Lemon Drop）。

材料："灰鹅牌"伏特加1.5oz，鲜榨的柠檬汁0.5oz，白糖浆5mL，柠檬香精1滴，柠檬皮螺旋装饰1个

用具：真空袋、抽真空机、摇酒壶、三角鸡尾酒杯。

制法：前 3 种材料放入加了冰的摇酒壶中，摇匀。放入真空袋中，滴入柠檬香精，抽真空。3～4 分钟后，注入三角鸡尾酒杯中，以柠檬皮螺旋装饰即可。

案例 2：香蕉碎冰（Banana Crush）

材料：绝对伏特加 1.5oz，白可可酒 1.5oz，香蕉块 15g，香蕉片装饰 1 个。

用具：真空袋、抽真空机、恒温水槽、摇酒壶、三角鸡尾酒杯。

制法：绝对伏特加、白可可酒、香蕉块等一起放入真空袋中，抽取真空后，在恒温水槽中，以 52℃恒温煮制 10 分钟。取出冷却后，滤入装满冰沙的三角鸡尾酒杯中，以香蕉片装饰即可。

四、调制鸡尾酒的步骤和注意事项

（一）调制鸡尾酒的步骤

①根据具体酒品，选择合适的载杯。

②杯中放入适量大小合适、形状一致的冰块（有的鸡尾酒可不加）。

③确定鸡尾酒的调制方法，选择调酒工具，如调酒壶、调酒杯、吧匙等（分子调酒可能选择高速搅拌器、液氮罐、防护手套、防护眼镜、恒温水槽、真空袋、抽真空机等）。

④在调酒壶或调酒杯中放入冰块（分子调酒有时不需要此步骤）。

⑤量入辅料，最后量入基酒。

⑥按照规范动作调制鸡尾酒（分子调酒需要不同的方法和动作）。

⑦根据具体情况，适当装饰。

⑧规范服务。

（二）调制鸡尾酒的注意事项

①在调制鸡尾酒之前，应将所需材料和一切用具准备好，并摆好位置；杯具、器具要用餐巾擦拭光亮，各种酒的瓶子也应擦拭干净；当着客人的面操作时，酒瓶商标应朝向客人。否则，在调制过程中，如果再耗费时间去找酒杯或某一种材料，那是调不出高质量的鸡尾酒的。

②调酒师要按规定着装。一般应穿长袖白色衬衫，结领花，穿马甲，裤子和鞋子应与衣服配套协调；头发要梳理整齐；不允许留长指甲，双手要洗干净。

③调酒用的基酒及配料的选择，应以物美价廉为原则。

④调酒用的材料应是新鲜而质地良好的，特别是蛋、奶及不含防腐剂的浓缩果汁等原料容易变质，应储存在冰箱内；各类酒品应按要求加以冰镇或常温保存。特别注意始终要在 1 个单独的杯子中打开鸡蛋，以检查其新鲜程度。

⑤要准备大小不同规格的冰块，根据配方要求用冰、冰块、碎冰、冰霜等，

不可混淆。应选用新鲜的冰块，新鲜冰块质地纯净、坚硬，不易融化。避免重复用冰，凡使用过的冰块一律不准再用。冰块上有结霜现象时，可用温水除去。

⑥为了使各种材料混合，应尽量多选用糖浆、糖水，尽量少用糖块、砂糖等难溶于果汁的材料。如用糖块或砂糖，应先把糖放入杯内，用一点水或苏打水、苦精等搅溶后再加其他料。

⑦要严格按照配方要求投放原料，以确保酒品的风格和质量；要注意合理使用辅料，不能喧宾夺主，随心所欲。

⑧下料程序要遵守先冰块，后辅料，最后基酒的原则。这样即使在调制过程中出了什么差错，损失也不会太大，而且冰块不会很快融化。

⑨备好足够的调酒器具，用完的器具，尤其是调酒壶和量杯要立即清洗干净待用。每做完一道鸡尾酒后应清洗一次，以免不同材料互相掺杂，影响酒品质量。同时，调酒师必须保持双手非常干净，因为在许多情况下是需要用手来直接制作的，手是客人注视的焦点。

⑩在调制鸡尾酒之前，要将酒杯和所用的材料预先备好，以方便使用。调酒器具要经常保持干净、清洁，以便随时取用而不影响连续操作。

⑪要养成使用量酒器的习惯，以保证所调制的酒的风格与品味的纯正。

⑫在使用玻璃调酒器杯时，如果当时室温较高，使用前应将冷水倒入杯中，然后加入冰块，将水滤掉，再加入调酒材料进行调制。其目的是防止冰块直接进入调酒杯，产生骤热骤冷的变化而使玻璃破裂。

⑬鸡尾酒调制完毕，应立即滤入载杯。绝大多数鸡尾酒要现调现喝，调完之后不宜放置太长时间，否则会失去其应有的韵味。

⑭调制热饮酒，酒温不可超过78℃，因酒精的沸点是78.3℃。

⑮斟倒鸡尾酒时，以八分满为宜，过分满杯不仅服务、品饮不方便，而且外观不美。若太少又会显得非常难堪。而且，酒杯要保持光洁明亮，一尘不染，要始终拿杯柄或底部，手不要靠近杯口，更不可伸进杯里。

⑯在调酒中"加满苏打水或矿泉水"这句话是针对容量适宜的酒杯而言，根据配方的要求，最后加满苏打水或其他饮料。对于容量较大的酒杯，则要掌握添加量的多少，一味地"加满"，只会使酒变淡。

⑰鸡尾酒中所使用的蛋清，是为了增加酒的泡沫和调节酒的颜色，对酒的味道不会产生影响。

⑱柠檬、橙子等水果在榨汁前，用热水浸泡数分钟，可榨出更多的果汁；制作糖浆，糖粉与水的比例为3∶1。

⑲每次调制以1客分量为宜，有意加大用量，以节省人工和操作次数，是不可取的。

⑳调制1杯以上的酒，浓淡要一样。具体做法是将酒杯都排在操作台上，先

往各杯倒入一半，然后依次倒满，公平分配，使酒色、酒味不致有浓淡的区别（避免由于手掌温度影响使调酒器里的冰块融化而造成出酒前后浓度不均等不利因素）。

㉑调酒壶里如有剩余的酒，不可长时间地在调酒壶中放置，应尽快滤入干净的酒杯中，以备他用。

㉒用水果作装饰时，不宜切片太薄，用果皮装饰时，果皮内层的白瓤要切除。装饰的水果可预先切好，用保鲜纸或干净的湿毛巾覆盖，在冰箱内备用。在调酒操作过程中，应尽量避免直接用手接触装饰物。

㉓酒瓶快空时，应开启一瓶新酒，不要在客人面前显示出一只空瓶，更不要用两个瓶里的同一酒品来为客人调制同一份鸡尾酒。

㉔调制完毕，一定要养成将瓶子盖紧并复位的好习惯。

㉕调完 1 杯鸡尾酒规定时间 1min。吧台的实际操作中要求一位调酒师在 1h 内能为客人提供 80 ～ 120 杯饮品。调制动作要规范、迅速、美观。

㉖装饰是最后一道环节，装饰物应与酒品的风格一致。

㉗酒吧匙、量杯在用完洗净之后，应放在 1 个盛满清水的容器中备用。

㉘因调酒师的手忙脚乱而产生的酒杯和酒瓶的碰撞声，会使客人对调酒师及调酒师所调出的酒产生一种不信任感。

㉙一位好的调酒师要随身带着螺丝开瓶器、打火机、笔等用品。

㉚对于比较陌生或模棱两可的酒，可以虚心向客人讨教，使客人当一回老师的角色，既可以学到新的知识，又可以提高酒吧的声誉，增加收入。

㉛鸡尾酒的创新是每一位调酒师的愿望，配方要简单、易记、实用性强，口味以客人能接受并喜欢为第一标准。

㉜分子调酒时要注意安全。例如，使用液氮罐时，由于温度极低，需要戴上防护眼镜和防护手套。

㉝因为分子调酒是一种新生事物，新的调酒方法，适当情况下，应主动告诉客人如何品尝。

㉞分子调酒应按照相对成熟的配方来操作。

第七节　鸡尾酒的色彩搭配

鸡尾酒色泽来源于调制鸡尾酒的各种材料以及混合后各种材料之间的色泽衍变。它与人的情感有着密切的联系，在鸡尾酒的调制中，应注意鸡尾酒的色泽调配。

一、鸡尾酒的色泽与人的情感

鸡尾酒之所以如此具有魅力，与五彩斑斓的颜色分不开，色泽的调配在鸡尾酒调制中至关重要。通过鸡尾酒的不同色泽可传达不同情感：红色鸡尾酒，表达一种幸福和热情、活力和热烈的情感；黄色鸡尾酒是一种辉煌而神圣的象征；紫色鸡尾酒给人高贵而庄重的感觉；粉红色鸡尾酒传达健康、热烈、浪漫之情；绿色鸡尾酒使人联想起大自然，感到年轻，生机勃勃，使人憧憬未来；蓝色鸡尾酒既可引发冷淡、伤感的联想，又能使人平静而产生希望；白色鸡尾酒给人以纯洁、神圣、善良的感觉。

鸡尾酒的
色彩配制

二、鸡尾酒材料的基本色

根据鸡尾酒的概念可以知道，鸡尾酒的基本色来自鸡尾酒的基酒、辅料和装饰料。

（一）基酒的色泽

除金酒、伏特加等少数烈酒外，绝大多数基酒都有自身的色泽，即使是日本清酒也不例外。其中，最引人注目的是利口酒的色泽，因为利口酒的色泽最为丰富，几乎是赤、橙、黄、绿、青、蓝、紫无所不包。有些同一酒品就有不同色泽，如橙皮酒有蓝、白之分；可可酒有褐、白之分；薄荷酒有绿、白之分。利口酒也是鸡尾酒调制中不可缺少的辅料，它们是构成鸡尾酒色泽的基础。

（二）糖浆的色泽

糖浆是由各种含糖的相对密度不同的水果汁浓缩制成的，色泽有红、浅红、黄、绿、白等。如常用的红石榴糖浆呈深红色，山楂糖浆呈浅红色，香蕉糖浆呈黄色，西瓜糖浆呈绿色等。糖浆是鸡尾酒中常用的调色辅料。

（三）果汁的色泽

果汁是通过水果现挤榨或浓缩果汁稀释而成的，不仅具有水果的天然色泽，而且含糖量比糖浆要少得多。常见的品种如橙汁为橙色、椰子为白色、草莓汁为浅红色、番茄汁为粉红色、西瓜汁为红色等。

（四）装饰物的色泽

鸡尾酒的色泽还来源于装饰物，如水果类中柠檬的黄、樱桃的红、橄榄的绿、葡萄的紫等；蔬菜中黄瓜的绿、胡萝卜的红、樱桃番茄的红、黄、绿等；以及各种装饰用花草的斑斓色彩、各种纸制伞签等的色泽等，都与鸡尾酒的色相互搭配、和谐相容，彰显了鸡尾酒的色泽魅力。

三、鸡尾酒颜色的搭配

对鸡尾酒而言，它的色泽还来源于各种材料之间的调配色。在鸡尾酒家族中绝大部分鸡尾酒都是将几种不同颜色的原料进行混合调制成某种色泽的鸡尾酒。

（一）鸡尾酒的配色规律

基本色 红 黄 蓝 红 黄

二次色 橙 绿 紫 橙

三次色 橄榄 灰 棕褐

（二）鸡尾酒颜色的调配方法

1. 不同色泽材料混合成某种新的色泽

①掌握鸡尾酒的配色规律，了解两种或两种以上不同色泽混合后产生的新色泽。如绿色与蓝色混合成青绿色；黄色与蓝色可混合成为绿色；黄色与红色可混合为橘色；蓝色与红色可混合为紫色。

②应掌握好不同色泽原料的用量及比例关系，以达到预想的效果。例如，"红粉佳人（Pink Lady）"，在标准容量的鸡尾酒杯中调配时，红石榴汁的用量为1吧匙。若多些或少些，则会呈现深红色或淡粉色，使酒品缺乏应有的魅力；调制"日月潭库勒（Sun and Moon Cooler）"时，应以适量的橙汁与绿薄荷搅拌，才能呈现出草绿色。

③注意无色原料对色泽的影响。例如，冰块对鸡尾酒有致冷作用，但同时对鸡尾酒的色泽和口味有冲淡作用，冰块的用量及时间长短均影响鸡尾酒的深浅。但冰块本身具有透亮性，在古典杯中加冰块的饮品更具光泽，更显晶莹透亮，如君度加冰、威士忌加冰等。以碳酸饮料为辅料调制鸡尾酒，因其用量较大，故对色泽有明显的冲淡作用。

④奶、蛋等均具有半透明的特点，且不易和饮品的颜色混合。调制中用这些原料时，奶起增白效果，蛋清增加泡沫，蛋黄增加味感，使调出的饮品呈朦胧状，增加饮品的诱惑力。如"金菲士（Gin Fizz）""青草蜢（Green Grass Hopper）"等。

2. 调制有层色的鸡尾酒，应注意色泽比例配备

通常暖色或纯色部分因其感染力强，故所占体积可小些；冷色或浊色部分的体积可适当大些。例如，调制彩虹酒时，为使酒品给人以平衡感和美感，应注意如下问题：首先，要使每层酒为等距离，即高度一样，以保持酒体形态最稳定的

283

平衡；其次，注意色泽的对比度，如红与绿、黄与蓝是接近补色关系的一对色泽；黑与白是色明度差距较大的一对色泽；最后，将红石榴汁等暗色、深色且相对密度大的酒置于杯的下部；清亮或浅色的白兰地、浓乳等材料置于上部，以保持酒品的平衡感和美感。

第八节　鸡尾酒的香气配制

鸡尾酒大多为冷饮酒品，其香气成分的挥发速度较慢，闻着不明显，但香气依然存在，甚至在个别鸡尾酒酒品中体现得还相当明显。因此，在鸡尾酒的调制过程中，我们应该注重体现鸡尾酒的香气特征，使鸡尾酒的个性特点能完美地展示出来。

一、鸡尾酒的香气来源

鸡尾酒的香气来自基酒的香气、果汁香气及其他辅料香气。

（一）来自基酒的香气

鸡尾酒的基酒主要有酿造酒、蒸馏酒和配制酒3大类。酒的香气大多为复合香，并不是由某一单体产生的香气。酒香又有主香、助香（辅香）及定香之分。在酿造酒中，主要有葡萄酒、啤酒、中国黄酒、日本清酒等种类。它的主要香气来源于果香、发酵香和储存过程中形成的香气。在蒸馏酒中，中国白酒与国外洋酒白兰地酒、威士忌酒、伏特加酒等的香气成分比较相似，只是由于原料及生产工艺的区别，使之形成的香气成分之间的含量（量比关系）不同，从而形成了不同的香型和香韵。在配制酒中，香气成分主要来自发酵、陈酿以及添加植物草卉的香气成分。

（二）来自辅料的香气

鸡尾酒的辅料种类较多，主要有碳酸汽水、水果、蔬菜、果蔬汁、果味糖浆等，这类原料本身或多或少都具有特定的香气。通过调酒配方添加后，它能左右、辅佐甚至掩盖基酒的香气。

二、鸡尾酒的香气配制

（一）以基酒的香气为主，加强主体香气成分

鸡尾酒的基酒都有一定的主体香味，在调酒的过程中，应注意体现基酒的香气，添加的果汁、汽水、糖浆等辅料的香气成分应与基酒的香气成分一致或协调，

具有衬托、辅佐或加强基酒香气成分的作用。

（二）适时增香，弥补香气成分的不足

个别鸡尾酒的基酒由于香气不足，则要在辅料中，选择与其香型相似的果汁、糖浆等来弥补，但在添加过程中，应注意调酒的方法和用量，防止矫枉过正。

（三）注意选择合适的调酒方法，尽量体现鸡尾酒的原味香气

鸡尾酒的调制方法有很多，除了前文介绍的基本方法之外，尚有一些特殊的调制方法。在这些调酒方法中，应尽量选择不易破坏基酒等材料香气成分的手法，如调和法以及漂浮法等，以保持鸡尾酒本身的香气。

鸡尾酒的香气
配制与口味调配

第九节　鸡尾酒的口味调配

一、鸡尾酒原料的基本味

鸡尾酒的基本味，除来自各种基酒及普通果汁外，甜味来自糖、糖浆、蜂蜜、利口酒等；酸味来自柠檬汁、青柠汁、番茄汁等；苦味来自调味酒如金巴利苦味酒、苦精等；辣味来自辣椒汁、胡椒粉等辣味调料；咸味来自食盐、辣酱油等；香味来自酒水中各种香味，尤其是利口酒中有多种水果和香料植物的香味。

二、鸡尾酒的口味调配

不同地区的人们对鸡尾酒的口味要求各不相同，在调制鸡尾酒时，应根据顾客的喜好来调配。通常欧美人士不喜欢含糖或含糖高的鸡尾酒饮品，为他们调制鸡尾酒时，糖浆等用量宜少，碳酸饮料也最好是无糖的；但对于东方人，他们喜欢甜味，鸡尾酒调制时可使饮品甜味突出。例如，用基酒、碳酸饮料与冰调制的长饮，使人具有清凉解渴之感；以柠檬汁、西柠汁和利口酒、糖浆为配料，与烈酒调配出的酸甜鸡尾酒，香味浓郁，入口微酸，回味甘美。这类饮品在鸡尾酒中占很大比重，而且酸甜味比例根据饮品及各地人的口味不同，并不完全一样；为使鸡尾酒呈现明显的基酒口味，故调酒时仅使用少量辅料增加香味；另外，还有以具有特殊香味的牛奶、鸡蛋、利口酒等调制而成的鸡尾酒饮品。

三、不同场合的鸡尾酒口味

鸡尾酒种类繁多，但是在不同的场合，对鸡尾酒的品种、口味等往往有着特殊的要求。

1. 餐前鸡尾酒

餐前鸡尾酒是指在餐厅正式用餐前或者是在宴会开始前提供的鸡尾酒。这类鸡尾酒首先要求酒精含量高、具有开胃作用的酸、辣味鸡尾酒饮品,如马天尼(Martini)、吉姆莱特(Gimlet)等。

2. 餐后鸡尾酒

餐后鸡尾酒是在正餐后饮用的鸡尾酒,要求口味较甜,具有助消化的功能。如黑俄罗斯(Black Russian)、青草蜢(Green Grass Hopper)等。

3. 休闲场合鸡尾酒

休闲场合鸡尾酒主要是游泳池旁、保龄球、台球厅等场所提供的鸡尾酒。通常以清凉、解渴为目的,故酒精含量低,以果汁或碳酸饮料等调制而成。如汤姆哥连士(Tom Collins)、葡萄酒库勒(Wine Cooler)等。

第十节 鸡尾酒的造型装饰

一、鸡尾酒装饰物的选择

通常鸡尾酒的装饰物多以各类水果为主,如樱桃、菠萝、橙子、柠檬等。不同的水果原材料,可构成不同形状与色泽的装饰物,但在使用时要注意其颜色和口味应与鸡尾酒饮品保持和谐一致,并力求其具有较好的视觉效果。

使用装饰物时,可尽情地运用想象力,并将各种原材料加以灵活地组合变化。装饰对创造鸡尾酒饮品的整体风格、外在魅力有着重要作用。只有通过调酒师精心制作、装饰才能使一款鸡尾酒成为一杯色、香、味、型俱佳的艺术饮品。

可以用来装饰鸡尾酒的原料很多,无论是水果、花草,还是一些饰品、杯具都可以用来作为鸡尾酒的装饰物。目前流行的鸡尾酒装饰物有以下类型。

1. 水果类
主要有柠檬、樱桃、香蕉、草莓、橙子、菠萝、苹果、西瓜、哈密瓜等。

2. 蔬菜类
主要有小洋葱、黄瓜、樱桃番茄、芹菜等。

3. 花草类
主要有玫瑰、热带兰花、蔷薇、菊花、薄荷叶、迷迭香等。

4. 饰品类
主要有花色酒签、花色吸管、调酒棒、杯垫、酒针等。

5. 酒杯类
主要有各种载杯以及各种异形酒杯。

6. 其他类
主要有糖粉、盐、豆蔻粉、肉桂棒等。

此外，还有一些酒吧常用的标准装饰物：青柠檬角、挤汁用柠檬皮、青柠檬圈、带把樱桃、橄榄、杏片、蜜桃片、橙片、珍珠洋葱、芹菜竿、菠萝块、香蕉片、柠檬角、新鲜薄荷叶、刨碎的巧克力或刨碎的椰子丝、香料、泡状鲜奶、肉桂棒。

二、鸡尾酒的装饰形式

鸡尾酒的装饰形式主要有点缀型装饰、调味型装饰、实用型装饰 3 种。

鸡尾酒的
造型装饰

（一）点缀型装饰

点缀型装饰多使用水果类作装饰物，常用的有柠檬、橙子、樱桃、菠萝、橄榄、草莓等，其他还有鲜薄荷叶、珍珠洋葱、橄榄、西芹等。这类装饰物应体积小，颜色与饮品相协调，同时要求与鸡尾酒饮品的原味一致。大多数鸡尾酒都采用此类装饰法。

（二）调味型装饰

调味型装饰主要是使用有特殊风味的调料和水果来装饰鸡尾酒饮品，并对鸡尾酒饮品的味道产生影响。常见的有盐、糖粉、豆蔻粉、胡椒粉、桂皮等。如"白兰地亚历山大（Brandy Alexander）"的酒面上撒豆蔻粉装饰，"意大利咖啡（Italian Coffee）"用桂皮搅拌，"玛格丽特（Margaret）""黛克瑞（Daiquiri）"等用盐粉、糖粉装饰杯边。

（三）实用型装饰

鸡尾酒饮品的服务离不开载杯、吸管、调酒棒、杯垫、鸡尾酒牙签等，现在人们除保留其实用性以外，还专门设计出特殊造型，具有装饰性和观赏价值。

三、常见的装饰方法

鸡尾酒的装饰方法要有以下几种。

（一）杯口装饰

杯口装饰是常用的装饰方法之一。其特点是装饰物直观突出，色彩鲜艳，与鸡尾酒饮品协调一致。由于多数装饰物属水果类，为此，需要掌握水果类装饰物制作技法。

1.柠檬类装饰物制作

（1）柠檬切割法

应选用新鲜、多汁、外皮有光泽、富有弹性的柠檬。切割前应洗净，操作在砧板上进行。切割方法主要有纵切、横切及马颈式切割法 3 种。所谓马颈式切割法，即同平常用水果刀削苹果皮那样操作，取皮作装饰物。

①柠檬楔块切法。先切除柠檬两头的皮（不要切去果肉），再把柠檬纵切成两半，然后把每一半如同切西瓜那样切成所需大小的柠檬楔块，通常切成 8 块。柠檬楔块除单独用作装饰物，还可以与樱桃等进行组合装饰。装饰时用刀把柠檬楔块的果皮和果肉分开（只留最上面部分不分开），再让果皮悬于杯外，果肉位于杯内；也可在柠檬楔块的果肉部位切开口子，嵌于酒杯边上。

②柠檬半圆片制法。将上述的半个柠檬进行横切，即得厚度约为 5mm 的柠檬半圆片。再在果肉或果皮的适当部位切开 1 个口子，嵌于酒杯边上；或用吧针将柠檬半圆片纵向串入，与吧针基部的樱桃粒相靠，斜靠在载杯内壁装饰。

③柠檬圆片制法。采用横切法切制柠檬圆片时，圆片的厚度要适中。可将柠檬圆片切开半径长的切口，嵌于酒杯边上；也可将柠檬圆片的果肉与果皮分开（但留最上面部分不分开），再将果皮悬于杯外，果肉留在杯内；还可将柠檬圆片弯曲，再套在串有樱桃的吧针上，横置于酒杯上装饰。柠檬圆片主要装饰海波杯、哥连式杯等鸡尾酒长饮饮品，如自由古巴（Cuba Liber）、汤姆哥连士（Tom Collins）等。

④螺旋状柠檬皮制作。采用类似削苹果皮的方法，削得的螺旋状柠檬皮，可挂在酒杯内或酒杯外装饰。如马颈（Horse Neck）、漂仙 1 号（Pimm's No.1）。

⑤柠檬扭条的制备。先用削皮刀削去柠檬皮的黄色部分，再将其切成长约 4cm 的条，或用槽刀推制而成。使用前，将上述柠檬条在酒杯上方扭拧即可成扭条。柠檬扭条一般都放在古典杯中作装饰，也有放在鸡尾酒杯中的，在装饰的同时，可增加酒的清香。

（2）酸橙楔片和圆片的制作

酸橙又名青柠，略小于柠檬。最好的酸橙应呈深绿色、无籽。先切除酸橙的两头，再如切西瓜那样纵切成 8 块；也可切掉两头后，从中部切成两半，再将每一半切成 4 块大小相等的楔形片。酸橙圆片和柠檬圆片切法相同。

（3）橘圆片及半圆片的制作

最好选用无籽的橘子。切片方法同柠檬片。但要切成 5mm 厚，因为太薄了不易挂牢于杯口。

2. 菠萝的切割法

（1）切成小块状

先将菠萝横切成一定厚度的圆片并去皮，再将其切 8 等份，然后切成小块，可用吧针连同樱桃串起来装饰。

（2）切成长条状

先将菠萝纵切成 1/4，再纵切成细长形并去皮，切成一定厚度即可，用法同菠萝小块。

（3）切成菠萝片

先将菠萝横切成两半、去皮，再纵切成 8 片。也可先切除菠萝的两头，再纵切成 8 份，然后纵切成细长片并去皮。

（4）切成棒状菠萝条

棒状的横切面呈长方形。

（5）切成扇形菠萝

即呈一定厚度的扇状菠萝片。

（6）切成丁状菠萝

即去皮后切成一定厚度的三角形菠萝。

3. 樱桃

樱桃是装饰物中用得最为广泛的原料之一。可用新鲜带枝的樱桃，装饰效果好，但受季节限制；也可用瓶装带枝或不带枝的无核樱桃，通常为进口的欧美罐头装。其色泽有红、绿之分，以个大、硬度适当、光亮的为好，是酒吧必备装饰物。若嵌在酒杯口上，可将樱桃用刀切口即可。如红粉佳人（Pink Lady）、青草蜢（Green Grass Hopper）、蓝色夏威夷（Blue Hawaii）等；也可用装饰签串上后横放在杯口上作装饰，如天使之吻（Angle's Kiss）；还可将樱桃串在吸管上，放入长饮高杯中作装饰用，如雪球（Snow Ball）等。

4. 草莓

一般用新鲜的草莓，切开口后嵌于杯口上，如冰冻草莓黛克瑞（Frozen Strawberry Daiquiri）。

此外，除了以上水果用于杯口装饰之外，其他硬质水果都可以用于装饰，如苹果、梨、香蕉、西瓜等。

（二）杯中装饰

杯中装饰是指将装饰物放在杯中，或沉入杯底，或浮在酒液上面。其特点是艺术性强，寓意含蓄，常能起到画龙点睛的作用。它不像杯口装饰有大的空间可以摆设，因此所用装饰物不宜太大。常用装饰材料有水橄榄、珍珠洋葱、樱桃、柠檬皮、芹菜、薄荷叶、花瓣等。例如，"马天尼（Martini）"鸡尾酒调制中将水橄榄直接放入杯中作装饰；樱桃直接放入"曼哈顿（Manhattan）""蓝色珊瑚礁（Blue Coral Reef）"鸡尾酒饮品中作装饰；"血腥玛丽（Bloody Mary）"用芹菜装饰；"薄荷富莱普（Peppermint Frappe）"等清凉饮用用薄荷叶装饰等。有时为了让装饰物浮在酒液上面，可用牙签串插支撑或以冰块、碎冰粒堆为依托，让装饰物显露出来。

（三）雪霜杯

雪霜杯是指杯口沾上一圈盐或糖的装饰方法。由于像一层雪霜凝结于杯口，故称为雪霜杯。其制法称作"上霜"。

（四）非食物类装饰法

1. 调酒棒

可准备各种形状和颜色的调酒棒，根据酒品的色调，插在杯中，一般多用于长饮类鸡尾酒。

2. 吸管

可准备各种色彩塑料吸管，根据配方的要求，在杯中插入吸管，既美观又实用。

3. 载杯

选用精美造型的载杯是重要的装饰手法之一。载杯不仅是盛载酒品的用具，而且本身是一种艺术品。

4. 杯垫

各种花纹、色彩、质地的杯垫也是一种装饰品。

5. 纸制工艺品

常用彩色纸作成小伞、小动物、小瓜果等形状的装饰品，插在水果上面，使鸡尾酒更显得精致美观。

（五）组合装饰法

装饰物组合一般采用装饰签或吸管进行组合，这主要根据杯型的大小、装饰物的作用来完成。组合性装饰物更突出了装饰的技巧和艺术魅力。

1. 柠檬皮、红樱桃、柠檬片的组合

用牙签先将柠檬片按"U"形串上，其次串上樱桃，再插上半个柠檬片。如新加坡司令（Singapore Slings）、百万富翁（Millionaire）等。

2. 柠檬片、橄榄的组合

用牙签串上"U"形柠檬皮，再串上 3 个橄榄，如黑俄罗斯（Black Russian）等。

✓ **思考题**

1. 现代鸡尾酒有哪些特点？
2. 鸡尾酒的基本组成？
3. 什么是基酒？
4. 鸡尾酒的命名方法有哪些？

5. 鸡尾酒的调制方法有哪些？

6. 摇和法的规范动作是什么？

7. 调制彩虹酒应注意什么？

8. 一般鸡尾酒的调制步骤是什么？

9. 鸡尾酒材料的基本色有哪些？

10. 鸡尾酒的香气来源于何处？

11. 鸡尾酒原料的基本味有哪些？

12. 鸡尾酒的装饰方法有哪些？

第十三章 鸡尾酒的配方

教学内容：鸡尾酒调制常用度量换算

世界上著名的鸡尾酒配方

教学时间：4 课时

教学方式：由教师进行鸡尾酒的规范调制示范，学生分组练习。

教学要求：1. 了解鸡尾酒配方相关的概念。

2. 掌握鸡尾酒的各种配方。

3. 熟悉具体鸡尾酒品种的特点和调制方法。

课前准备：准备酒水和各种器具及设备。

第一节　鸡尾酒调制常用度量换算

鸡尾酒材料的量度换算关系如下：

1 盎司（oz）=28mL

1 醇（Dash）=1/6 茶匙

1 茶匙（Teaspoon）=1/2oz=1/2 食匙（Dessertspoon）

1 汤匙（Tablespoon）=3 茶匙

1 小杯（Pony）=1oz

1 量杯（Jigger）=1.5oz

1 酒杯（Wineglass）=4oz

1 品脱（pint）=1/2qt=1/8gal=16oz

1 瓶（Bottle）=24oz

第二节　世界上著名的鸡尾酒配方

一、鸡尾酒配方的概念

鸡尾酒配方又称酒谱，是记录调制材料的名称、分量以及调制方法的说明。常见的配方有两种：一种是标准配方，另一种是指导性配方。

标准配方是某一个酒吧所规定的配方。这种配方是在酒吧所拥有的材料、用杯、调酒器具等一定条件下做的具体规定。任何一个调酒师都必须严格按配方所规定的材料、用量及程序去操作。

指导性配方是作为大众学习和参考之用的。我们在书中所见到的配方均属这一类。因为这类配方所规定的材料、用量等都可以根据实际所拥有的条件来调整。

二、以各种基酒调制的鸡尾酒配方案例

（一）以白兰地酒为基酒

1. 亚历山大（Alexander）

19 世纪中叶，为了纪念英国国王爱德华七世与皇后亚历山大的婚礼，而调制了这种鸡尾酒作为对皇后的献礼。由于酒中加入咖啡利口酒和鲜奶油，所以喝起来口感很好，适合女性饮用。

材料：白兰地 2/3oz，棕色可可甜酒 2/3oz，鲜奶油 2/3oz，柠檬 1 块，樱桃 1 颗，豆蔻粉少许。

用具：调酒壶、鸡尾酒杯。

制法：将白兰地、甜酒、鲜奶油注入调酒壶加冰块充分摇匀，滤入鸡尾酒杯后，用1块柠檬拧在酒面，再用1颗樱桃进行装饰并在酒面撒上少许豆蔻粉。

2. 白兰地姜汁（Brandy Ginger）

本款鸡尾酒以其配料取名，口味清凉，属于长饮。

材料：白兰地 1oz，姜汁汽水 1 听。

用具：海波杯、调酒棒、吧匙。

制法：在杯中加八分满冰块。量白兰地 30mL 于杯中，注入姜汁汽水至八分满，用吧匙轻搅 2～3 下。放入调酒棒，置于杯垫上。

3. 侧车（Side Car）

侧车，挎斗摩托或三轮摩托，是"一战"中军队常用的交通工具，本款鸡尾酒又叫"挎斗摩托"或"赛德卡"，是在"一战"中由巴黎的一位常骑坐挎斗摩托的法军大尉所创制的。

材料：白兰地 1.5oz，橙皮香甜酒 1/4oz，柠檬汁 1/4oz。

用具：调酒壶、鸡尾酒杯。

制法：将上述材料入调酒壶摇匀后注入鸡尾酒杯，饰以红樱桃。这款鸡尾酒带有酸甜味，口味非常清爽，能消除疲劳，所以适合餐后饮用。

4. 伊丽莎白女王（Queen Elizabeth）

这款鸡尾酒名字高贵，色彩雍容华贵，让人联想到一位成熟的女性。白兰地超凡的芳香，甜味美思的甜美，调和出一款口感华丽奢侈的鸡尾酒。坚强又不乏温柔的味道非常适合餐后饮用，广受欢迎。

材料：白兰地 1oz，甜味美思 1oz，橙皮香甜酒 1 滴。

用具：调酒壶、鸡尾酒杯。

制法：将材料依次放入调酒壶中，摇匀后滤入鸡尾酒杯。

5. 白兰地珊格瑞（Brandy Sangaree）

这是一款在任何时间都受人喜爱的鸡尾酒。

材料：白兰地 1oz，糖粉 0.5 茶匙，甜白葡萄酒 1 茶匙，冰镇苏打水 2oz，橘子片 1 片，豆蔻粉少许。

用具：古典杯。

制法：在古典酒杯中用少许水将糖粉化开，杯中加入 3 块冰块，依次倒入甜白葡萄酒、白兰地和苏打水，在杯中放入 1 片橘子片，然后在酒上撒少许豆蔻粉即可。

6. 白兰地泡芙（Brandy Puff）

Puff 是指以白兰地、鲜牛奶、冰镇苏打水等调制而成的一种上品提神酒。

材料：白兰地 1oz，鲜牛奶 1oz，冰镇苏打水 2oz。

用具：海波杯、吧匙。

制法：海波杯中加入 2 块冰块，依次倒入鲜牛奶和白兰地，用吧匙搅拌一下，最后倒入苏打水，即可饮用。

7. 白兰地霸克（Brandy Buck）

霸克类是一种鸡尾酒，这种鸡尾酒一般要加鲜柠檬汁，用摇酒壶摇好，倒入海波杯，再加满姜汁啤酒和冰块饮用。口味清美，消暑解渴。

材料：白兰地 1oz，白色薄荷酒 1 茶匙，柠檬汁 1/6oz，冰镇姜汁汽水 1 听，柠檬 1 块。

用具：调酒壶、海波杯。

制法：在摇酒壶中加入 3 块冰块，将上述材料依次倒入，摇动 10～15s，使其充分混合，然后将酒液滤入加有冰块的海波酒杯中，加满姜汁汽水，杯中点缀 1 块柠檬。

8. 尼古拉斯（Nikolaschka）

据说俄国皇帝尼古拉斯二世喜欢就着柠檬一起喝伏特加酒，因而这款创制于德国的鸡尾酒就借用了这个名字。

材料：白兰地 1oz，砂糖 1 茶匙，柠檬薄片 1 片。

用具：量酒器、鸡尾酒杯。

制法：用量酒器量白兰地 30mL 于鸡尾酒杯中，放柠檬薄片于杯口，在薄片上倒 1 茶匙砂糖，置于杯垫上。

9. 甜苹果（Honey Apples）

本款鸡尾酒以其材料取名。

材料：苹果白兰地 2oz，蜂蜜 1/3oz。

用具：量酒器、啤酒杯、吧匙。

制法：用量酒器量入苹果白兰地、蜂蜜于啤酒杯中搅拌均匀，在杯中加入 60℃的热水至八分满，置于杯垫上。

10. 美国丽人（American Beauty）

"美国丽人"是玫瑰花的一个品种，是美国华盛顿特区的区花，本款鸡尾酒创于华盛顿，且红色配黯红边的酒色也酷似此花，故名。

材料：白兰地 0.5oz，甜苦艾酒 0.5oz，红石榴糖浆 0.5oz，柑橘汁 0.5oz，白薄荷酒 1/3oz，红葡萄酒约 0.5oz。

用具：调酒壶、鸡尾酒杯、吧匙。

制法：调酒壶中加入八分满冰块，量白兰地、甜苦艾酒、红石榴糖浆、柑橘汁、白薄荷酒倒入调酒壶中摇至外部结霜，倒入鸡尾酒杯，用吧匙的背面顺杯壁缓缓倒入红葡萄酒，置于杯垫上。

11. 奥林匹克（Olympic）

本款鸡尾酒诞生在巴黎著名的"丽晶饭店"，是为了纪念 1900 年在巴黎举行的奥林匹克运动会而创制的，故名。

材料：白兰地 1oz，橙色柑香甜酒 1oz，柳橙汁 1oz。

用具：调酒壶、古典杯。

制法：调酒壶中加入八分满冰块，倒入配料，摇至外部结霜，连冰带酒倒入古典杯，置于杯垫上。

12. 贤妻良母（Lady Be Good）

这一款鸡尾酒浓郁甘醇，处处体现出家庭的温暖和甜蜜，作为一位顾家的好先生，作为一位温柔的好妻子，都是再恰如其分不过了。

材料：白兰地 2/3oz，白柑橘香甜酒 1/6oz，甜苦艾酒 1/6oz。

用具：调酒壶、鸡尾酒杯。

制法：调酒壶中装入 1/2 冰块，量入白兰地、白柑橘香甜酒、甜苦艾酒，摇至外部结霜，倒入鸡尾酒杯，置于杯垫上。

（二）以威士忌酒为基酒

1. 曼哈顿（Manhattan）

据说美国第 19 届总统选举时，丘吉尔的母亲在纽约曼哈顿的俱乐部举行酒会，这种鸡尾酒就是在那个时候诞生的。另一种说法是，马里兰州的一名酒保为负伤的甘曼所调制的一种提神酒。近来，越来越多的人喜欢辛辣口味的曼哈顿。

材料：黑麦威士忌 1oz，干味美思 2/3oz，安哥斯特拉苦精 1 滴，樱桃 1 颗。

用具：调酒杯、吧匙、鸡尾酒杯。

制法：在调酒杯中加入冰块，注入上述材料，搅匀后滤入鸡尾酒杯，用樱桃装饰。

2. 古典鸡尾酒（Old Fashioned）

这款鸡尾酒是美国肯塔基州彭德尼斯俱乐部调酒师为当地赛马迷设计的。肯塔基州以赛马著称的丘吉尔园赛马场入口处，有装有这款鸡尾酒的纪念玻璃杯销售，每年都有许多赛马迷收藏这种玻璃杯。

材料：威士忌 1.5oz，方糖 1 块，苦精 1 滴，苏打水 2 匙，柠檬 1 块，橘皮 1 片，樱桃 1 颗。

用具：调酒壶、古典杯、吧匙。

制法：在古典杯中放入苦精、方糖、苏打水，搅拌后加入冰块、威士忌，搅凉后拧入 1 块柠檬，并饰以橘皮和樱桃。

3. 纽约（New York）

本款鸡尾酒表现纽约的城市色彩，体现了五光十色的夜景，喷薄欲出的朝阳，落日余晖的晚霞。

材料：波旁威士忌 1.5oz，莱姆汁 0.5oz，红石榴糖浆 0.5oz，柳橙 1 片。

用具：调酒壶、鸡尾酒杯。

制法： 倒入威士忌、莱姆汁、糖浆，加冰块于调酒壶中， 摇至外部结霜，倒入鸡尾酒杯，夹柳橙片于杯口，置于杯垫上。

4. 罗伯罗依（Rob Roy）

这是一种带辛辣味的曼哈顿式鸡尾酒。

材料：波旁威士忌 45mL，甜苦艾酒 22.5mL，红樱桃 1 颗。

用具：鸡尾酒杯、调酒杯、吧匙。

制法：调酒杯中加入 1/2 刻度冰块，倒入威士忌及苦艾酒，用吧匙搅拌均匀，倒入装饰好红樱桃的鸡尾酒杯，置于杯垫上。

5. 薄荷朱丽普（Mint Julep）

所谓"朱丽普"即白兰地或威士忌加糖、冰及薄荷等的混合饮料，据说"朱丽普"在波斯语中即"玫瑰"，故在酒中加入有玫瑰类香味之水的饮料就叫"朱丽普"。

材料：波旁威士忌 2oz，苏打水 2/3oz，砂糖 2 茶匙，薄荷叶 4 ～ 6 片。

用具：量酒量、鸡尾酒杯、吧匙。

制法：把 4 ～ 6 片薄荷叶弄碎，和 2 茶匙砂糖放在鸡尾酒杯中，加入苏打水搅拌使砂糖溶化，将冰块打碎倒入杯中约 2/3 杯，量波旁威士忌倒入，充分搅拌至酒杯外面挂霜，装饰薄荷叶，插入吸管，置于杯垫上。

6. 响尾蛇（Rattlesnake）

本款鸡尾酒力道十足，如果多饮很容易喝醉，就像被响尾蛇咬了一口一般，故名。

材料：混合威士忌 1.5oz，茴香酒 2 茶匙，柠檬汁 1/3oz，糖水 1/6oz，蛋清 1 只。

用具：调酒壶、鸡尾酒杯。

制法：调酒壶放入八分满冰块，倒入材料，摇至外部结霜，倒入鸡尾酒杯，置于杯垫上。

7. 生锈钉（Rusty Nail）

四季皆宜，酒味芳醇，且有活血养颜之功效。

材料：苏格兰威士忌 1.5oz，蜂蜜香甜酒 1.5oz。

用具：调酒壶、鸡尾酒杯、吧匙。

制法：用 1/2 满冰块入调酒壶，倒入材料，用吧匙搅拌均匀，倒入鸡尾酒杯，置于杯垫上。

8. 波旁可乐（Bourbon Cola）

本款鸡尾酒以其配料取名。

材料：波旁威士忌 1oz，可乐适量，柠檬 1 片。

用具：海波杯、量酒器、吧匙、调酒棒。

制法：在海波杯中加八分满冰块，量波旁威士忌于杯中，注入可乐至八分满，用吧匙轻搅 2 ～ 3 下。夹柠檬片于杯口，放入调酒棒，置于杯垫上。

9. 加拿大七喜（Canadian 7-up）

本款鸡尾酒以其配料取名。

材料：加拿大威士忌 30mL，七喜汽水 1 听。

用具：海波杯、量酒器、吧匙、调酒棒。

制法：在海波杯中加八分满冰块，量加拿大威士忌于杯中，注入七喜汽水至八分满，用吧匙轻搅 2 ～ 3 下。放入调酒棒，置于杯垫上。

10. 苏格兰苏打（Scotch Soda）

本款鸡尾酒以其配料取名。

材料：苏格兰威士忌 1oz，苏打水 1 听。

用具：海波杯、量酒器、吧匙、调酒棒。

制法：在海波杯中加八分满冰块，量苏格兰威士忌于杯中，注入苏打水至八分满，用吧匙轻搅 2 ～ 3 下，放入调酒棒，置于杯垫上。

11. 约翰哥连士（John Collins）

又名约翰·考林。据说本款鸡尾酒是著名的酒吧侍者约翰·哥连士所创，故得名。

材料：调配威士忌（百龄坛）1oz，柠檬汁 0.5oz，糖水 0.5oz，苏打水 1 听，柠檬片 1 片，红樱桃 1 颗。

用具：哥连士杯、量酒器、吧匙、调酒棒、吸管。

制法：在哥连士杯中加八分满冰块。量调配威士忌、柠檬汁、糖水于杯中，注入苏打水至八分满，用吧匙轻搅 2 ～ 3 下。夹柠檬片与红樱桃串于杯口，放入调酒棒与吸管，置于杯垫上。

12. 威士忌库勒（Whisky Cooler）

开胃提神，是流行的餐前饮料。

材料：威士忌酒 1oz，冰镇苏打水 1 听，柠檬或酸橙 1 个。

用具：海波杯、吧匙。

制法：取新鲜干净的柠檬或酸橙 1 个，将皮以螺旋状旋下，放入海波酒杯中，再放入 3 块冰块，依次倒入威士忌酒和苏打水，轻轻搅拌一下饮用。

13. 思索（Thinking）

冰凉爽口，餐前、餐后饮用均很适宜。

材料：威士忌酒 1oz，糖浆 1 茶匙，鲜薄荷叶 6 片，柠檬片 1 片。

用具：调酒壶、古典杯。

制法：在调酒壶中加入 4 块冰块，将 6 片薄荷叶撕碎放入，然后依次倒入糖浆和威士忌酒，剧烈摇动 15 秒，将酒液和冰块一并倒入古典酒杯中，再加入 1 片柠檬片，即可饮用。

14. 非洲之行（Around Africa）

味道丰富，适于任何场合饮用。

材料：威士忌酒 1oz，柠檬汁 1/6oz，可口可乐 1 听，柠檬片 1 片，红樱桃 1 颗。

用具：海波杯、吧匙、吸管。

制法：在海波酒杯中加入 3 块冰块，依次倒入柠檬汁、威士忌酒和可口可乐，轻轻搅动一下，杯中放入 1 片柠檬片，杯口夹 1 颗红樱桃，用吸管饮用。

15. 爱尔兰咖啡（Irish Coffee）

寒冷的冬季，横跨大西洋的飞机在接近爱尔兰空港时，为使乘客暖和起来而提供本款鸡尾酒，故名。

材料：爱尔兰威士忌 1oz，咖啡适量，咖啡细砂糖适量，鲜奶油适量。

用具：玻璃咖啡杯。

制法：玻璃咖啡杯加温后放入咖啡细砂糖，把咖啡倒入杯中至七分满，加入爱尔兰威士忌，轻轻搅拌，将打过的鲜奶油慢慢注入杯中，达到 3cm 的厚度，置于杯垫上。

16. 一杆进洞（Hole in One）

美国是最盛行高尔夫球的国家，高尔夫球手都喜爱本款鸡尾酒，每位高尔夫球手都希望有机会一杆进洞，该酒因此而得名。

材料：威士忌 2/3oz，不甜苦艾酒 1/3oz，柠檬汁 2/3oz，柳橙汁 1/3oz。

用具：调酒壶、鸡尾酒杯。

制法：调酒壶中加入八分满冰块，倒入材料，摇至外部结霜，倒入鸡尾酒杯，置于杯垫上。

（三）以金酒为基酒

1. 马天尼（Martini）

"马天尼"这个名字来源于本款鸡尾酒材料之一的不甜或甜苦艾酒，这种酒早先最著名的生产厂商是意大利的马尔蒂尼·埃·罗西公司，所以原先这款酒叫作"马尔蒂尼"，后来演变成现在的名字。

材料：金酒 1oz，干味美思 1oz，橄榄 1 枚。

用具：调酒壶、鸡尾酒杯。

制法：金酒与干味美思加冰块入调酒壶摇匀后滤入鸡尾酒杯，用橄榄沉底作为装饰。

2. 红粉佳人（Pink Lady）

此乃 1912 年，著名舞台剧《粉红佳人》在伦敦首演的庆功宴上，献给女主角海则尔·多思的鸡尾酒。

材料：金酒 1oz，蛋清 0.5oz，柠檬汁 0.5oz，红石榴糖浆 1/4oz，红樱桃 1 颗。

用具：调酒壶、鸡尾酒杯。

制法：调酒壶加入冰块和金酒，倒入材料，摇至外部结霜，倒入装饰好的鸡尾酒杯，置于杯垫上。

3. 白美人（White Beauty）

这款鸡尾酒高贵优雅、纯净冷艳，让人联想到高贵典雅的名媛贵妇。伦敦某俱乐部的调酒师哈利·马肯霍恩，1919 年发明了这款鸡尾酒。

材料：干金酒 1oz，君度酒 1/3oz，柠檬汁 0.5oz。

用具：调酒壶、鸡尾酒杯。

制法：将材料和冰块放入调酒壶摇匀，然后注入鸡尾酒杯。

4. 蓝月亮（Blue Moon）

这款鸡尾酒色彩明快，如一轮闪烁在夜空中的浪漫蓝月亮，极具视觉冲击效果。香草紫罗兰利口酒由烈酒萃取甜紫罗兰花瓣的紫色和香味。"蓝月亮"鸡尾酒的香味和色彩营造出一种摄人心魄的妖艳之美，有"饮用香水"的美誉。

材料：干金酒 4/3oz，香草紫罗兰利口酒 1/6oz，柠檬汁 0.5oz。

用具：调酒壶、鸡尾酒杯。

制法：将冰块和材料放入调酒壶摇匀，然后将其注入鸡尾酒杯。

5. 海水正蓝（Blue Sea）

这款鸡尾酒以其漂亮的色泽而得名。

材料：金酒 1oz，青柠汁 1/2oz，糖浆 1/4oz 司，蓝橙甜酒 1/4oz，汤力水 1 听，柠檬片 1 片。

用具：调酒壶、哥连士杯、吸管。

制法：在调酒壶中加入冰块，将金酒、青柠汁、糖浆、蓝橙甜酒按配方量入其中，摇匀，过滤冰块，将酒水倒入已加入冰块的哥连士杯中，兑八分满的汤力水，用柠檬片挂杯装饰，加入搅拌的吸管。

6. 银菲士（Silver Fizz）

"Fizz"是苏打水泡沫爆响的谐音，材料中基酒为金酒，并加了蛋清，故名。

材料：金酒 1oz，柠檬汁 0.5oz，蛋清半只，糖水 0.5oz，苏打水 1 听。

用具：调酒壶、海波杯、吧匙、调酒棒。

制法：调酒壶中装 1/2 满冰块，将金酒、柠檬汁、蛋清、糖水倒入，摇至外部结霜，将材料带冰块一起倒入海波杯内，加苏打水至八分满，用吧匙轻搅 2～3 下，放入调酒棒，置于杯垫上。

7. 地震（Earthquake）

本款鸡尾酒酒精度较高，喝多了就会醉，摇摇晃晃的就像地震的感觉，故名。

301

材料：金酒 0.5oz，威士忌 1oz，法国大茴香酒 0.5oz，猕猴桃 1 片。

用具：调酒壶、鸡尾酒杯。

制法：调酒壶中加八分满冰块，将金酒、威士忌、法国大茴香酒倒入杯中，摇至外部结霜，倒入鸡尾酒杯，夹猕猴桃片于杯口，置于杯垫上。

8. 蓝鸟（Blue Bird）

色泽淡蓝，口味清爽。

材料：金酒 1.5oz，白柑橘香甜酒 0.5oz，蓝柑橘糖浆 1/4oz，苦精 4 滴，柠檬皮 1 段。

用具：调酒杯、吧匙、鸡尾酒杯。

制法：用 1/2 满冰块入调酒杯，倒入材料，用吧匙搅拌均匀，倒入鸡尾酒杯，扭转柠檬皮擦拭鸡尾酒杯杯口，再放入杯中，置于杯垫上。

9. 吉普生（Gibson）

色泽清冽，口味特别，造型美观。

材料：金酒 1.5oz，干苦艾酒 2/3oz，珍珠洋葱 1 个。

用具：调酒杯、吧匙、鸡尾酒杯。

制法：调酒杯加入 1/2 满冰块，倒入材料，用吧匙搅拌均匀，倒入鸡尾酒杯，加入珍珠洋葱，置于杯垫上。

10. 吉姆莱特（Gimlet）

Gimlet 意为手钻，此酒口味特别，饮后如钻头刺了一下，由此得名。

材料：金酒 1oz，莱姆汁 1oz，糖水 0.5oz。

用具：调酒杯、吧匙、鸡尾酒杯。

制法：调酒杯加入 1/2 满冰块，倒入以上材料，用吧叉匙搅拌均匀，倒入装饰好的鸡尾酒杯，置于杯垫上。

11. 金霸克（Gin Buck）

这是一款鸡尾酒长饮，色泽和口味俱佳。

材料：金酒 1oz，柠檬汁 0.5oz，姜汁汽水 1 听，柠檬片 1 片。

用具：海波杯、吧匙、调酒棒。

制法：在海波杯中加八分满冰块，倒金酒、柠檬汁于杯中，注入姜汁汽水至八分满，用吧匙轻搅 2～3 下，夹柠檬片于杯口，放入调酒棒，置于杯垫上。

12. 金姜汁（Gin Ginger）

本款鸡尾酒以其配料取名。

材料：金酒 30mL，姜汁汽水适量，柠檬皮 1 片。

用具：海波杯、量酒器、吧匙、调酒棒。

制法：在海波杯中加八分满冰块。量金酒 30mL 于杯中，注入姜汁汽水至八分满，用吧匙轻搅 2～3 下，扭转柠檬皮擦拭海波杯杯口，再放入杯中，放入调酒棒，置于杯垫上。

13. **金汤力**（Gin Tonic）

本款鸡尾酒以其配料取名。

材料：金酒 1oz，汤力水 1 听，柠檬片 1 片。

用具：海波杯、量酒器、吧匙、调酒棒。

制法： 在海波杯中加八分满冰块。量金酒于杯中，注入汤力水至八分满，用吧匙轻搅 2～3 下，夹柠檬片于杯口，放入调酒棒，置于杯垫上。

14. **汤姆哥连士**（Tom Collins）

这是一款长饮鸡尾酒，口味清爽，适于夏季饮用。

材料：金酒 1oz，柠檬汁 0.5oz，糖水 0.5oz，苏打水 1 听，檬柠片 1 片，红樱桃 1 颗。

用具：哥连士杯、量酒器、吧匙、调酒棒、吸管。

制法：在哥连士杯中加八分满冰块。量金酒、柠檬汁、糖水于杯中，注入苏打水至八分满，用吧匙轻搅 2～3 下。夹柠檬片与红樱桃串于杯口，放入调酒棒与吸管，置于杯垫上。

15. **长岛冰茶**（Long Island Ice Tea）

本款鸡尾酒诞生美国长岛地区，具有茶的色泽、酒的刚烈。

材料：金酒 0.5oz，伏特加 0.5oz，白朗姆酒 0.5oz，龙舌兰酒 0.5oz，白柑橘香甜酒 15mL，柠檬汁 1oz，糖水 15mL，可乐 1 听，柠檬片 1 片，小雨伞 1 把

用具：海波杯、吧匙。

制法： 调酒杯加入 1/2 满的冰块，倒入材料，用吧匙搅拌均匀，倒入海波杯，加入可乐至八分满，夹柠檬片与小雨伞于杯口，置于杯垫上。

16. **新加坡司令**（Singapore Sling）

本款鸡尾酒诞生在新加坡波拉普鲁饭店。口感清爽的金酒配上热情的樱桃白兰地，喝起来口味更加舒畅。夏日午后，这种酒能使人疲劳顿消。

材料：金酒 1oz，柠檬汁 1oz，红石榴糖浆 0.5oz，樱桃白兰地 0.5oz，苏打水 1 听，柠檬片 1 片，红樱桃 1 颗。

用具：调酒壶、吧匙、哥连士杯、量酒器、调酒棒、吸管。

制法： 调酒壶中加入八分满的冰块，量金酒、柠檬汁、红石榴糖浆倒入，摇至外部结霜，倒入加适量冰块的哥连士杯，加入苏打水至八分满，淋上樱桃白兰地，柠檬片与红樱桃串放杯口装饰，放入吸管与调酒棒，置于杯垫上。

（四）以朗姆酒为基酒

1. **黛克瑞**（Daiquiri）

1898 年，当西班牙和美国的战争结束时，一位美国工程师应聘至古巴的圣

地亚哥，协助开采一个名叫黛克瑞（Daiquiri）的铁矿。由于工程艰苦，气候炎热，每晚须喝点酒来解乏，于是他就地取材，把朗姆酒加些糖和青柠汁调和来喝。直到1900年，这位工程师觉得如此美酒没名太遗憾，便向同僚建议取名黛克瑞。

材料：朗姆酒 1.5oz，柠檬汁或橙汁 0.5oz。

用具：调酒壶、鸡尾酒杯。

制法：将朗姆酒、橙汁倒入调酒壶中摇匀，然后将摇和好的酒倒入鸡尾酒杯中。

2. 最后之吻（The Last Kiss）

相逢是离别的开始，一曲终了又将上演新的一幕。世上是否有一种鸡尾酒，能让那痛苦成为美好的回忆呢？最后之吻将为你诠释这一切！

材料：朗姆酒 1.5oz，白兰地 1/3oz，柠檬汁 1/6oz。

用具：调酒壶、鸡尾酒杯。

制法：将朗姆酒、白兰地、柠檬汁倒入调酒壶中摇匀，然后将摇和好的酒倒入鸡尾酒杯中。

3. 迈阿密（Miami）

朗姆酒产于加勒比海和西印度洋群岛，而美国佛罗里达州的迈阿密被认为是加勒比海的入口，当地温暖的气候和美丽的海滩使之成为盛名的旅游度假区。朗姆酒柔和的口味让人联想到加勒比海地区的风情。

材料：朗姆酒 1.5oz，白薄荷酒 2/3oz，柠檬汁 1 茶匙。

用具：调酒壶、鸡尾酒杯。

制法：将朗姆酒、白薄荷酒、柠檬汁倒入调酒壶中摇匀，然后将摇和好的酒倒入鸡尾酒杯中。

4. 霜冻黛克瑞（Frozen Daiquiri）

本款鸡尾酒是"黛克瑞"加碎冰打匀，故名。

材料：白朗姆酒 1.5oz，白柑橘香甜酒 0.5oz，莱姆汁 0.5oz，糖水 0.5oz 或砂糖 1 匙。

用具：量酒器、搅拌机、鸡尾酒杯。

制法：量白朗姆酒、白柑橘香甜酒、莱姆汁、糖水或砂糖，倒入搅拌机内。用碎冰机打碎适量冰块，加入搅拌机内，打匀倒入鸡尾酒杯，置于杯垫上。

5. 蓝色夏威夷（Blue Hawaii）

材料：椰香朗姆酒 1oz，蓝橙利口酒 0.5oz，菠萝汁 1oz，柠檬汁 0.5oz，柠檬 1 片、小雨伞 1 把或兰花 1 朵。

用具：调酒壶、香槟杯。

制法：调酒壶中加八分满冰块，倒入材料，摇至外部结霜，倒入高脚香槟酒杯，夹柠檬片与小雨伞（或兰花）于杯口装饰，最后置于杯垫上。

6. 迈泰（Mai Tai）

"Mai Tai"乃澳大利亚塔西提岛土语，意思是"好极了"。1944年这款酒的最初品尝者是两个塔西提岛人，他们品饮之后连声说："Mai Tai!"从此得名。本款酒又叫"好极了""迈太"或"媚态"。

材料：白色朗姆酒1oz，深色朗姆酒0.5oz，白柑橘香甜酒0.5oz，莱姆汁0.5oz，糖水0.5oz，红石榴糖浆1/3oz，红樱桃与凤梨片串。

用具：调酒壶、古典酒杯。

制法：调酒壶装1/2冰块，量白色朗姆酒、深色朗姆酒、白柑橘香甜酒、莱姆汁、糖水、红石榴糖浆倒入，摇至外部结霜，将摇杯中材料和较完整的冰块一起倒入古典酒杯，红樱桃（在上）与凤梨片（在下）串挂在杯口，一边浸入酒中，置于杯垫上。

7. 凤梨可乐达（Pina Colada）

"Pina"即西班牙语"菠萝"，而"Colada"即冰镇果汁朗姆酒，本款鸡尾酒是墨西哥等地区极流行的降暑饮料。

材料：白朗姆酒1oz，凤梨汁3oz，柠檬汁0.5oz，椰浆1oz，红樱桃与凤梨片。

用具：量酒器、搅拌机、哥连士杯、吸管、调酒棒。

制法：量白朗姆酒、凤梨汁、柠檬汁、椰浆倒入搅拌机内。用碎冰机碎适量冰块，加入搅拌机内。打匀倒入哥连士杯中，凤梨片与红樱桃串挂于杯上，放入吸管与调酒棒，置于杯垫上。

8. 天蝎座（Scorpion）

这种鸡尾酒正如其名，是一种非常危险的鸡尾酒，因为它喝起来的口感很好，等到发现不对的时候，已经相当醉了。

材料：白朗姆酒1oz，白兰地0.5oz，柳橙汁2oz，凤梨汁2oz，柳橙片与红樱桃。

用具：量酒器、搅拌机、哥连士杯、吸管、调酒棒。

制法：量白朗姆酒、白兰地、柳橙汁、凤梨汁倒入搅拌机内。用碎冰机打碎适量冰块，加入搅拌机内。打匀倒入哥连士杯中，柳橙片与红樱桃串桂于杯上，放入吸管与调酒棒，置于杯垫上。

9. 自由古巴（Cuba Libre）

Cuba libre是古巴人民在西班牙统治下争取独立的口号，美西战争中，在古巴首都哈瓦那登陆的一位军官在酒吧要了朗姆酒，他看到对面座位上的战友们在喝可乐，就突发奇想把可乐加入了朗姆酒中，并举杯对战友们高呼："Cuba libre!"从此就有了这款鸡尾酒。

材料：深色朗姆酒1oz，柠檬汁0.5oz，可乐1听，柠檬片1片。

用具：海波杯、吧匙、调酒棒。

制法：在海波杯中加八分满的冰块，量深色朗姆酒与柠檬汁于杯中，注入可乐至八分满，用吧匙轻搅 2～3 下。夹柠檬片于杯口，放入调酒棒，置于杯垫上。

10. 上海（Shanghai）

上海曾沦为欧美各国的租界，这种鸡尾酒就是以它命名，黑色朗姆酒独特的焦味配上茴香利口酒的甜味，调制出口味复杂的上海鸡尾酒。

材料：黑色朗姆酒 0.5oz，茴香酒 1/6oz，石榴糖浆 1/2 茶匙，柠檬汁 1/3oz。

用具：调酒壶、鸡尾酒杯。

制法：将冰块和材料倒入调酒壶中摇匀，倒入鸡尾酒杯中即可。

11. X.Y.Z

这种名字让人觉得似乎有什么秘密存在，其实它的配方很简单，是由朗姆酒、柠檬汁、柑香酒各 1/3 调制而成的。这种白色的鸡尾酒入口顺滑，很受欢迎。如果将配方中的朗姆酒换成白兰地，就是有名的"侧车"鸡尾酒，事实上 X.Y.Z 是从"侧车"变化而来的。

材料：无色朗姆酒 0.5oz，无色柑香酒 0.5oz，柠檬汁 0.5oz。

用具：调酒壶、鸡尾酒杯。

制法：将冰块和材料倒入调酒壶中摇匀，滤入杯中即可。

12. 维纳斯（Venus）

美国女神维纳斯是众男神所想追求的对象，其中男神宙斯为了获得她的青睐把自己变成雄壮的金牛接近她，并温柔地让女神骑在背上悠然奔跑。该款鸡尾酒似乎具有同样的魅力。

材料：透明朗姆酒 0.5oz，柳橙汁 1/3oz，橙汁 1/3oz，杏味白兰地 1/6oz，石榴糖浆 1 茶匙。

用具：调酒壶、鸡尾酒杯。

制法：将冰块和材料倒入调酒壶中摇匀，滤入杯中即可。

（五）以特基拉酒为基酒

1. 玛格丽特（Margaret）

本款鸡尾酒是 1949 年全美鸡尾酒大赛冠军，它的创作者是洛杉矶的简·杜雷萨。在 1926 年，他和恋人玛格丽特外出打猎，她不幸中流弹身亡。简·杜雷萨从此郁郁寡欢，为纪念爱人，将自己的获奖作品以她的名字命名。因为玛格丽特生前特别喜欢吃咸的东西，故本款鸡尾酒杯使用盐口杯。

材料：特基拉酒 1oz，橙皮香甜酒 1/2oz，鲜柠檬汁 1oz，柠檬片 1 片。

**玛格丽特与
蓝色玛格丽特**

用具：调酒壶、玛格丽特杯。

制法：先将玛格丽特杯用精细盐圈上杯口待用，上述材料加冰摇匀后滤入杯中，饰以柠檬片即可。

2. 蓝色玛格丽特（Blue Margaret）

蓝色玛格丽特在玛格丽特的基础上，创新而成。

材料：特基拉酒 1oz，蓝色柑香酒 0.5oz，砂糖 1 茶匙，细碎冰 3/4 杯，盐适量。

用具：调酒壶、鸡尾酒杯。

制法：用盐将杯子做成雪糖杯型。然后，将冰块和材料倒入果汁机内，打匀倒入杯中即可，是玛格丽特的变化之一。

3. 冰镇玛格丽特（Iced Margaret）

本款鸡尾酒是"玛格丽特"加碎冰打匀，故名。

材料：特基拉酒 1oz，白柑橘香甜酒 1oz，莱姆汁 1oz。

用具：玛格丽特杯、搅拌机、量酒器。

制法：制作盐口鸡尾酒杯（切柠檬 1 片，夹取柠檬擦拭鸡尾酒杯口，铺薄盐在圆盘上，将杯口倒置，轻沾满盐备用）。量特基拉酒、白柑橘香甜酒、莱姆汁，倒入搅拌机内。用碎冰机打碎适量冰块，加入搅拌机内，打匀倒入盐口杯，置于杯垫上。

4. 特基拉日出（Tequila Sunrise）

这是一款诞生在特基拉酒的故乡——墨西哥的鸡尾酒。1972 年，滚石乐队成员进行世界巡回演出时，邂逅这款鸡尾酒，对其大加赞赏。随后滚石乐队的歌迷们爱屋及乌地将它带到了世界各地，为世人所共知。

材料：特基拉酒 1oz，橙汁 2oz，石榴糖浆 1/2oz。

用具：鸡尾酒杯、吧匙、量酒器。

制法：在鸡尾酒杯中加适量冰块，量入特基拉酒，兑满橙汁，然后沿杯壁放入石榴糖浆，使其沉入杯底，并使其自然升起呈太阳喷薄欲出状。

（六）以伏特加酒为基酒

1. 咸狗（Salty Dog）

"咸狗"一词是英国人对满身海水船员的蔑称，因为他们总是浑身泛着盐花，本款鸡尾酒的形式与之相似，故名"咸狗"。

材料：伏特加 1oz，葡萄柚汁 1 听。

用具：海波杯、吧匙、调酒棒。

作法：制作盐口海波杯（切柠檬 1 片，夹取柠檬擦拭海波杯口，铺薄盐在圆盘上，将杯口倒置，轻沾满盐备用）。在盐口海波杯中加八分满冰块。量伏特加 30mL 于杯中，注入葡萄柚汁至八分满，用吧匙轻搅 5 ~ 6 下，放入调酒棒，置于杯垫上。

2. 烈焰之吻（Kiss of the Fire）

伏特加酒酒性浓烈，如烈火一样，这款鸡尾酒在伏特加酒内添加了萃取药草精华的味美思酒，因此一接触到嘴唇就有一股强烈刺激的灼热感，似烈焰燃烧。

材料：伏特加 2/3oz，野红莓杜松子酒 2/3oz，干味美思 2/3oz，柠檬汁 2 大滴，砂糖适量。

用具：调酒壶、玻璃杯。

制法：用柠檬切片将鸡尾酒杯湿润，将酒杯倒放在铺有砂糖的平底器皿上，让砂糖黏附在杯口，最后擦去多余的糖粒，装饰成积雪状。然后，把材料和冰放入调酒壶，摇匀，注入鸡尾酒杯。

3. 莫斯科的骡子（Moscow's Mule）

"莫斯科的骡子"鸡尾酒由姜汁啤酒、伏特加和柳橙调和而成，口味清新爽口。

材料：伏特加 1.5oz，姜汁啤酒 3oz，柳橙 1 块。

用具：哥连士杯。

制法：将冰块倒入哥连士杯中，依次加入伏特加酒和姜汁啤酒，柳橙挤汁后沉入杯底。

4. 俄罗斯人（Russian）

伏特加原产俄罗斯，故名。

材料：伏特加 2/3oz，金酒 2/3oz，深色可可酒 2/3oz。

用具：调酒壶、鸡尾酒杯。

作法：调酒壶中放入八分满冰块，然后倒入材料，摇至外部结霜，倒入鸡尾酒杯，置于杯垫上。

5. 黑俄（Black Russian）

本款酒因为采用了俄罗斯人最喜爱的伏特加为基酒，又加入了咖啡香甜酒，颜色较深，故名。

材料：伏特加 1oz，咖啡利口酒 0.5oz。

用具：搅拌长匙、岩石杯。

制法：将伏特加倒入加有冰块的岩石杯中，倒入利口酒，轻轻搅匀。

6. 伏特加汤力（Vodka Tonic）

本款鸡尾酒以其配料取名。

材料：伏特加 1oz，汤力水 1 听，柠檬片 1 片。

用具：海波杯、吧匙、量酒器、调酒棒。

制法：在海波杯中加八分满冰块。量伏特加于杯中，注入汤力水至八分满，用吧匙轻搅 2～3 下。夹柠檬片于杯口，放入调酒棒，置于杯垫上。

7. 狂热（Fever）

本款鸡尾酒口感清香酸甜，据说喝了会使人的爱情更加炽烈地燃烧，体现出无限的浪漫和温情。

材料：伏特加 1oz，白柑橘香甜酒 2/3oz，葡萄柚 1.5oz。

用具：调酒壶、古典酒杯、量酒器。

制法：调酒壶装 1/2 杯冰块，量伏特加、白柑橘香甜酒、葡萄柚倒入，摇至外部结霜，将调酒壶中材料和较完整的冰块一起倒入古典酒杯，置于杯垫上。

8. 非常喜悦（High Life）

本款鸡尾酒口味甜蜜、感观喜悦，如此一款甜蜜蜜的鸡尾酒正好烘托出恋人们甜蜜的心情。

材料：伏特加 1.5oz，白柑橘香甜酒 1/3oz，凤梨汁 1/3oz，蛋清 1 只。

用具：调酒壶、古典酒杯、量酒器。

制法：调酒壶装 1/2 杯冰块，量伏特加、白柑橘香甜酒、凤梨汁、蛋清，摇至外部结霜，将摇杯中材料和较完整的冰块一起倒入古典酒杯，置于杯垫上。

9. 血腥玛丽（Bloody Mary）

"血腥玛丽"指 16 世纪中叶英国女王玛丽一世。她心狠手辣，为复兴天主教杀戮了很多新教教徒，因此得到这个绰号。本款鸡尾酒颜色血红，使人联想到当年的屠杀，故名。

材料：伏特加酒 1oz，番茄汁 3 oz，辣椒油 4 滴，李派林汁 6 滴，胡椒粉适量，西芹杆与柠檬片。

用具：古典杯、吧匙、量杯。

制法：先用柠檬片擦拭古典杯的杯口，然后倒扣杯子在撒满糖的盘里轻轻转动，使杯口均匀地涂上一圈糖。然后放 4 块冰在杯中，用量杯量入基酒、辅料，撒上胡椒粉，用西芹杆与柠檬片挂杯装饰。

10. 幻想曲（Fantasia）

本款鸡尾酒色泽清新，口味完美，使人充满幻想。

材料：伏特加 1.5oz，樱桃白兰地 1/3oz，橙色柑香甜酒 1/3oz，葡萄柚 2/3oz。

用具：调酒壶、古典杯、量杯。

制法：调酒壶装 1/2 杯冰块，量伏特加、樱桃白兰地、橙色柑香甜酒、葡萄柚倒入，摇至外部结霜，将摇杯中材料和较完整的冰块一起倒入古典酒杯，置于杯垫上。

11. 螺丝钻（Screw Driver）

这是一种杯中洋溢着柳橙汁香味的鸡尾酒。在伊朗油田工作的美国工人以螺丝起子将伏特加及柳橙汁搅匀后饮用，故而取名为螺丝钻。

材料：伏特加 1.5oz，鲜橙汁 6oz，鲜橙 1 片。

用具：哥连士杯、吧匙。

制法：将碎冰置于哥连士杯中，注入酒和橙汁，搅匀，以鲜橙点缀之。

12. 公牛弹丸（Bull Shot）

这是一种将酒与汤结合在一起的特殊鸡尾酒。这种鸡尾酒的问世，让人更相信只要口味兼容，任何材料都可以拿来调制鸡尾酒。

材料：伏特加 1oz，牛肉汤 2oz。

用具：调酒壶、古典杯。

制法：将冰块和材料倒入调酒壶中摇匀，滤入加有冰块的杯中。

（七）以啤酒为基酒

1. 红眼（Red Eye）

这是一款使用番茄汁调和的美式鸡尾酒。

材料：啤酒 1/2 杯，番茄汁 1/2 杯。

用具：坦布勒杯、吧匙。

制法：在坦布勒杯中倒入冰冷的啤酒和番茄汁，用吧匙慢慢地调和均匀。

2. 红鸟（Red Bird）

这是一款美式长饮酒，其中加入了很多番茄汁，与"红眼"一样可以说是鸡尾酒中的代表品种。

材料：啤酒 1/2 杯，番茄汁 1/2 杯。

用具：坦布勒杯、吧匙。

制法：将啤酒倒入坦布勒杯中注到一半，剩下的一半用番茄汁注满，搅拌均匀。

3. 鸡蛋啤酒（Egg in the Beer）

此酒是用啤酒和蛋黄调制而成，泡沫丰富，营养全面，而且具有细腻的口感。

材料：啤酒 1 杯，蛋黄 1 只。

用具：鸡尾酒杯。

制法：将蛋黄倒入鸡尾酒杯中，用吧匙打散，用啤酒注满。

4. 黑丝绒（Black Velvet）

黑丝绒于 1861 年在英国伦敦的布鲁克斯俱乐部调制而成，因埃尔伯特王子逝世了，一名服务员在倒香槟时加入了黑啤酒来哀悼。

材料：黑啤酒 1/2 杯，香槟 1/2 杯。

用具：鸡尾酒杯。

制法：从酒杯两侧同时倒入黑啤酒和香槟至八分满。

5. 杏仁啤（Apricot Beer）

材料：啤酒 2oz，杏仁酒 1oz，柳橙汁 1oz，红石榴汁 1/3oz。

用具：比尔森啤酒杯、吧匙。

制法：在比尔森啤酒杯中加上冰块，然后将杏仁酒、柳橙汁、红石榴汁量入杯中，用吧匙搅拌均匀后，注入啤酒至八分满。

6. 抹茶啤（Green tea Beer）

材料：啤酒 6oz，抹茶利口酒 1oz。

用具：比尔森啤酒杯。

制法：在比尔森啤酒杯中加上冰块，然后倒入抹茶利口酒，再注入啤酒至八分满。

（八）以葡萄酒为基酒

1. 基尔（Kiel）

基尔原指以干白葡萄酒加入黑醋栗利口酒调制成的鸡尾酒，而皇家基尔则以香槟代替干白葡萄酒。

材料：干白葡萄酒 2oz，黑醋栗利口酒 1/3oz。

用具：鸡尾酒杯。

制法：在鸡尾酒杯中倒入冰镇的干白葡萄酒，然后倒入黑醋栗利口酒，搅拌均匀。

2. 翠竹（Bamboo）

这款"翠竹"鸡尾酒的味道有点像竹子里清冽的汁液，因此而得名。

材料：干雪利酒 1.5oz，干味美思 0.5oz，橙味苦酒 1 大滴。

用具：调酒杯、滤冰器、调酒匙、鸡尾酒杯。

制法：将冰镇的各种材料放在调酒杯中，搅拌均匀，过滤到鸡尾酒杯中。

3. 香槟鸡尾酒（Champagne）

香槟鸡尾酒（Champagne）以香槟为基酒调制而成，气质高雅，似乎能够感觉到上流社会的奢侈味道。

材料：香槟酒 2oz，苦酒 1 滴，方糖 1 块。

用具：调酒杯、滤冰器、调酒匙、鸡尾酒杯。

制法：将冰镇的各种材料放在调酒杯中，搅拌均匀，过滤到鸡尾酒杯中。

4. 含羞草（Mimosa）

含羞草，这里指一种鸡尾酒。这种以香槟为基酒的鸡尾酒，被喻为世上最美味、最豪华的柳橙汁。

材料：香槟酒 1/2 杯，柳橙汁 1/2 杯。

用具：鸡尾酒杯。

制法：将冰镇的柳橙汁放在鸡尾酒杯中，然后慢慢注入香槟酒。

5. 雪比丽宾治酒（Happy Punch）

这款酒清凉怡神，是酒会上的必备饮品。

材料：玫瑰露酒 1oz，薄荷糖浆 1oz，干白葡萄酒 14oz（8 人份），8 片薄荷叶。

用具：大玻璃碗或宾治酒缸、吧匙、葡萄酒杯。

制法：在 1 个大玻璃碗或宾治酒缸中，加入 1 块大冰块或者数块小冰块，然后将玫瑰露酒、薄荷糖浆和葡萄酒依次倒入酒缸中，用酒吧匙搅拌，使其均匀、凉透，再将 8 片薄荷叶撕碎放入酒缸中，将酒分别盛入 8 个高脚葡萄酒杯中，供 8 人同时饮用。

6. 白鹅（White Goose）

这款酒色彩洁白，味道清香。

材料：杏仁露 1/3oz，国产伏特加酒 1/3oz，白葡萄酒 1.5oz。

用具：调酒壶、鸡尾酒杯。

制法：在调酒壶中加入 4 块冰块，然后将上述 3 种材料依次倒入调酒壶中，摇动 10 秒，将酒液滤入鸡尾酒杯中。

7. 红香槟（Red Champagne）

这款酒味道和颜色都给人以清新的感觉。

材料：干白葡萄酒 2oz，可口可乐 1 听，柠檬片 1 片。

用具：海波杯。

制法：海波杯中加入 3 块冰块，将干白葡萄酒和可口可乐依次倒入，杯口装饰 1 片柠檬片即可。

8. 水果鸡尾酒（Wine Fresh）

这种酒含碳酸，喝起来舌头倍感清爽。

材料：干白葡萄酒 2oz，苏打水 1 听，柠檬汁 1 茶匙，柠檬片 1 片。

制法：在装有方形冰块的海波杯中加入干白葡萄酒至五分满，再加些许柠檬汁，然后加满苏打水，最后以柠檬片装饰。

（九）以清酒为基酒

1. 清酒马天尼（Saketini）

将传统马天尼材料中的干味美思换成清酒，就是一款日本风味的鸡尾酒。俗称清酒马天尼（Saketini）。

材料：日本清酒 0.5oz，金酒 1.5oz，橄榄或柠檬皮。

用具：调酒杯、吧匙、鸡尾酒杯。

制法：将冰镇的材料倒在调酒杯中，轻轻搅拌均匀，滤入鸡尾酒杯中。装饰物可根据口味使用橄榄或柠檬皮。

2. 清酒酸（Sake Sour）

这款酒口味清新、提神醒目，这是清酒酸的特色，饮后使人神清气爽。

材料：日本清酒 1.5oz，柠檬汁 0.5oz，砂糖 1 茶匙，苏打水适量。

用具：调酒壶、鸡尾酒杯。

制法：将前 3 种材料倒在调酒壶中摇匀，滤入鸡尾酒杯中，最后慢慢注入苏打水。

3. 武士（Samurai）

不习惯清酒口味的人不妨喝这种鸡尾酒试试看，莱姆汁青涩的香味可以抑制清酒的独特口味，使人较容易接受。

材料：清酒 1.5oz，莱姆汁 0.5oz。

用具：搅拌长匙、岩石杯。

制法：杯中放两三个冰块，倒入上述材料轻轻搅拌即可。

4. 樱花（Sakura）

这款酒色泽如樱花般灿烂，洋溢着春天的气息。

材料：清酒 0.5oz，香橙甜酒 0.5oz，石榴糖浆 0.5oz，鲜柠檬汁 0.5oz，西瓜甜酒 4/3oz。

用具：调酒壶、鸡尾酒杯。

制法：使用调酒壶加入适量冰块，依序将上述材料倒入，摇晃均匀后倒入已冰冷的鸡尾酒杯中即可。

（十）以利口酒为基酒

1. 天使之吻（Angle's Kiss）

"天使之吻"鸡尾酒口感甘甜而柔美，如丘比特之箭射中恋人的心。取一颗甜味樱桃置于杯口，在乳白色鲜奶油的映衬下，恍似天使的红唇，这款鸡尾酒因此得名。在情人节等重要的日子，喝 1 杯这样的鸡尾酒，爱神肯定会把思念传递给你朝思暮想的人。

材料：可可甜酒 4/5oz，鲜奶油 1/5oz，樱桃 1 个。

用具：搅拌长匙、利口酒杯。

制法：采用引流法将可可甜酒从杯侧轻轻注入利口酒杯中，然后用同样方法将奶油轻轻注入利口酒杯中，使其漂浮在酒面上产生分层的效果，最后，用酒签刺穿的樱桃横在杯口装饰。当红樱桃放入再拉起时，可见鲜奶油上的旋涡如嘴唇般开合，如天使亲吻，极具情调。

2. 青草蜢（Green Grass Hopper）

此款鸡尾酒颜色翠绿，一如草地上跳动的精灵——青草蜢。

材料：白色可可酒 2/3oz，绿色薄荷香甜酒 2/3oz，鲜奶油 2/3oz。

用具：调酒壶、鸡尾酒杯。

制法：调酒壶内加上一半的冰块，再把上述材料加入一起摇匀后，倒入鸡尾酒杯内。

3. 金色梦幻（Golden Dream）

这款酒具有金黄的色泽，朦朦胧胧，如梦似幻。

材料：意大利加里安诺香草酒 1oz，白柑橘香甜酒 0.5oz，柳橙汁 0.5oz，奶油 0.5oz。

用具：调酒壶、鸡尾酒杯。

制法：调酒壶中加入八分满冰块，倒入材料，摇至外部结霜，倒入鸡尾酒杯，置于杯垫上。

4. 卡萨布兰卡 （Casa Blanca）

卡萨布兰卡是西班牙语，Casa 意为"房屋"，Blanca 是"白色"，连起来就是"白房子"的意思。该款鸡尾酒色泽淡蓝，口感如雪，清凉爽口。

材料：蓝橙甜酒 1oz，菠萝汁 2oz，椰浆 1/2oz，鲜奶 1oz，糖 1/3oz，凤梨 1 角。

用具：搅拌机、鸡尾酒杯、吸管。

制法：将基酒与辅料用量杯量入已加好碎冰的电动搅拌机中，中速搅拌 15s，然后连冰带水倒入杯中用凤梨角装饰，插入吸管。

5. 美国佬（Americano）

在金巴利酒中，加入甜苦艾酒，最后注入苏打水，口味微苦，色泽微红。

材料：金巴利酒 1oz，甜苦艾酒 2/3oz，苏打水 1 听，柠檬皮 1 块。

用具：海波杯、吧匙、量酒器、调酒棒。

制法：在海波杯中加八分满冰块。量入金巴利酒、甜苦艾酒于杯中，注入苏打水至八分满，用吧匙轻搅 2～3 下。扭转柠檬皮擦拭海波杯杯口，再放入杯中，放入调酒棒，置于杯垫上。

6. 蓝潟湖（Blue Lagoon）

蓝潟湖是一个由火山熔岩形成的咸水湖，富含矿物质，远在冰岛。

材料：蓝柑橘糖浆 1oz，莱姆汁 0.5oz，苏打水 1 听，柠檬片与红樱桃。

用具：哥连士杯、吧匙、量酒器。

制法：在哥连士杯中加八分满冰块。量入蓝柑橘糖浆、莱姆汁于杯中，注入苏打水至八分满，用吧匙轻搅 2～3 下。柠檬片与红樱桃串夹于杯口，放入调酒棒与吸管，置于杯垫上。

7. 火凤凰（Fire Phoenix）

这款酒颜色自然美丽，味道甜润可口。

材料：石榴糖浆 1/3oz，竹叶青酒 1/3oz，冰镇鲜橙汁 4oz。

用具：平底果汁杯。

制法：在平底果汁杯中加入鲜橙汁，然后将石榴糖浆倒入，最后再将竹叶青酒轻轻地倒在上面即可。

8. 红绿灯（Red & Green Light）

这款酒层次分明醒目，犹如管理交通的红绿灯。

材料：甜红葡萄酒 2/3oz，糖粉 4 茶匙，甜白葡萄酒 2/3oz，橙汁粉 2 茶匙，竹叶青酒 2/3oz。

用具：吧匙、利口酒杯、调酒棒。

制法：首先将糖粉溶于红葡萄酒中，并倒在利口酒杯内，再将橙汁粉溶于白葡萄酒中，并顺调酒棒轻轻倒在红葡萄酒上面。最后将竹叶青酒顺调酒棒轻轻倒入，浮在杯内两种酒的上面即可。

9. 红与黑（Red and Black）

这款酒颜色反差强烈，味道甜美浓厚。

材料：速溶咖啡粉 1 茶匙，糖浆 1oz，二锅头酒 2/3oz，红味美思酒 1/3oz。

用具：吧匙、利口酒杯、调酒棒。

制法：先将 1 茶匙速溶咖啡粉溶于糖浆中（或先用少许水将咖啡粉溶化之后，再和糖浆混合），倒入利口酒杯中，再将糖浆和一半二锅头酒混合，沿调酒棒慢慢倒入杯中第一种酒料之上，最后将一半二锅头酒和红味美思酒混合，沿调酒棒轻轻倒入杯中，使之浮在两种酒之上即可。

10. 天使飞升（Flying Angel）

这款酒饮用时奶油呈旋涡状旋转，如天使飞升。

材料：石榴糖浆 2/3oz，棕色可可酒 2/3oz，白兰地酒 2/3oz，鲜奶油 2/3oz。

用具：吧匙、利口酒杯。

制法：取利口酒杯，将上述 4 种材料按所列先后顺序，沿吧匙逐一轻轻倒入，即可得到 1 杯色彩艳丽的鸡尾酒。

11. 四喜临门（Four Happy Events）

这款酒色彩绚丽，高贵大方，如喜事临门。

材料：红石榴糖浆 1/3oz，绿色薄荷甜酒 1/3oz，蓝色橙味甜酒 1/3oz，普通白酒 1/3oz。

用具：吧匙、利口酒杯。

制法：先将红石榴糖浆倒入利口酒杯内，再将绿色薄荷酒用酒吧匙沿杯壁轻轻倒入，使绿色薄荷酒浮在红石榴糖浆上面，再用此法将蓝色橙味甜酒倒入，最后倒入白酒即可。

12. 安全地带（The Safe Zone）

这款酒颜色搭配和谐自然，味道清香甜醇，令人陶醉。

材料：中国红葡萄酒 1/3oz，糖浆 1/3oz，绿色薄荷酒 1/3oz，白酒 1/3oz，鲜橙汁 1.5oz。

用具：果汁杯。

制法：将鲜橙汁倒入果汁杯中，再将红葡萄酒和糖浆混合均匀后倒入果汁中，最后将绿色薄荷酒和白酒充分混合后轻轻倒入即可。

13. 飞天（Flying in the Sky）

这款酒色彩、味道相得益彰，品尝后如天使飞天一般的感觉。

材料：绿色薄荷酒 2/3oz，中国红葡萄酒 1/3oz，普通白酒 1/3oz，鲜橙汁 1.5oz。

用具：果汁杯

制法：首先将鲜橙汁倒入果汁杯中，然后将绿色薄荷酒倒入，最后再将中国红葡萄酒和普通白酒混合均匀，倒入即成。

14. 霓虹灯（Neon Lamp）

这款酒色彩艳丽，酒味香醇，具有较高的观赏和品尝价值。

材料：竹叶青酒 1oz，桂花陈酒 1/3oz，伏特加酒 1/3oz，红味美思酒 2/3oz，白味美思酒 2/3oz，糖浆 1oz。

用具：利口酒、吧匙、调酒棒。

制法：首先将桂花陈酒和一半糖浆混合均匀，倒入利口酒杯中，然后将剩余的一半糖浆和红味美思酒充分混合，沿调酒棒轻轻倒入，再将伏特加酒和白味美思酒混合，沿调酒棒慢慢倒入杯内两种酒的上面，最后将竹叶青酒慢慢倒入即可。

15. 清凉世界（Cool World）

这款酒色泽碧绿、口味清凉，具有凉凉的薄荷味。

材料：绿色薄荷酒 1.5oz，雪碧 1 听，红樱桃 1 只。

用具：哥连士杯。

制法：将哥连士杯中装入一半冰块，量入绿色薄荷酒，最后注入雪碧至八分满，红樱桃卡在杯口装饰。

16. 金巴利苏打（Campari & Suda）

苏打水在淡红色的液体中缓缓上升，有种轻快的感觉。这种鸡尾酒的特色是，金巴利独特的甘甜及微苦的味道，慢慢在口中散开，给人爽快的感觉。

材料：金巴利 1oz，苏打水 1 听。

用具：海波杯。

制法：在海波杯加入冰块，倒入金巴利酒，最后注入苏打水至八分满。

17. 布希球（Boccie Ball）

安摩拉多（Amaretto）利口酒含有浓厚的杏仁味，以柳橙汁及苏打水调淡后，就是一种口感极佳的鸡尾酒。

材料：安摩拉多利口酒 1oz，柳橙汁 1oz，苏打水 1 听。

用具：搅拌长匙、平底杯。

制法：将安摩拉多利口酒和柳橙汁倒入装有冰块的杯中，然后加满冰冷的苏打水，轻轻搅匀即可。

18. 美伦鲍尔（Melon Ball）

这种鸡尾酒色泽漂亮，味道甘美。瓜类利口酒的甜味配上柳橙汁甜中带苦的味道，别有一番风味。

材料：瓜类利口酒 2oz，伏特加 1oz，柳橙汁 4oz。

用具：搅拌长匙、高脚玻璃杯。

制法：将材料倒入装有冰块的杯中，轻轻搅匀即可。

（十一）以中国白酒为基酒

1. 中国马天尼（Chinatini）

这款酒采用中国国酒之一调制而成，味美醇厚，酱香突出。

材料：茅台酒 3oz，玫瑰露 1oz，青橄榄 1 只。

用具：调酒壶、鸡尾酒杯。

制法：将茅台酒和玫瑰露酒放入调酒壶中摇匀，滤入鸡尾酒杯，杯口用柠檬皮擦拭，橄榄沉底装饰。

2. 长城之光（The Light of the Great Wall）

这款酒的酒液色美、味道酸甜，适于四季饮用。

材料：竹叶青 1.5oz，金奖白兰地 0.5oz，柠檬汁 1.5oz，石榴糖浆 1 茶匙。

用具：调酒壶、鸡尾酒杯。

制法：将材料和冰放入调酒壶，摇匀，然后滤入鸡尾酒杯。

3. 水晶之恋（Crystal Love）

这款酒味道甘美、香气幽雅，清澈透明如水晶一般，象征着纯洁的爱情。

材料：洋河大曲 2oz，中国干白葡萄酒 1/3oz，红樱桃 1 颗。

用具：调酒壶、鸡尾酒杯。

制法：将材料和冰放入调酒壶，摇匀，然后滤入鸡尾酒杯，红樱桃沉底装饰。

4. 熊猫（Panda）

这款酒酒液黄色、醇厚宜人，具有优雅的酱香气息。

材料：茅台酒 1oz，柳橙汁 1oz，蛋黄 1 只，白砂糖 1 茶匙。

用具：调酒壶、鸡尾酒杯。

制法：将材料和冰放入调酒壶，摇匀，然后滤入鸡尾酒杯，最好用竹叶装饰。

（十二）无酒精鸡尾酒

1. 佛罗里达（Florida）

这是以美国南部佛罗里达州的名字命名的鸡尾酒。这款酒是无酒精饮料中的名品。

材料：橙汁 3/4oz，柠檬汁 1/4oz，砂糖 1 茶匙，树皮苦酒 2 滴。

用具：调酒壶、鸡尾酒杯。

制法：将所有材料倒入调酒壶中摇和，倒入鸡尾酒杯中。

2. 灰姑娘（Cinderella）

这是一款无酒精鸡尾酒。灰姑娘从一个普通的女孩变成了王后，寓意非常美好，所以选用此名来命名这款鸡尾酒。无酒精鸡尾酒有很多，灰姑娘是其中最具人气、最令人瞩目的一款。

材料：橙汁 1oz，柠檬汁 1oz，菠萝汁 1oz。

用具：调酒壶、鸡尾酒杯。

制法：将所有材料倒入调酒壶中摇和，倒入鸡尾酒杯中。

3. 秀兰·邓波儿（Shirley Temple）

这是以曾经风光无限的明星秀兰·邓波儿的名字命名的鸡尾酒，这杯鸡尾酒由于不含酒精，口味酸甜，略带姜汁的辛辣，适合任何场合饮用。如果她是一个滴酒不沾的女孩子，你不妨制作这杯"秀兰·邓波儿"与她共享。

材料：石榴糖浆 2/3oz，姜汁汽水适量，柠檬片 1 片。

用具：坦布勒杯、吧匙。

制法：将石榴糖浆倒入加满冰块的坦布勒杯中，然后用姜汁汽水注满酒杯，轻轻地调和，最后用柠檬片装饰。

4. 潜行者（Pussyfoot）

潜行者也称"猫步"，是形容那些像猫一样轻轻走路的人。这是一款无酒精鸡尾酒，加入蛋黄的目的，是为了调和出金黄色。

材料：橙汁 3/4oz，柠檬汁 1/4oz，石榴糖浆 1 茶匙，蛋黄 1 个。

用具：调酒壶、鸡尾酒杯。

制法：将所有材料倒入调酒壶中长时间地摇和，倒入鸡尾酒杯中。

5. 柳橙苏打（Orange Squash）

本款鸡尾酒以其配料取名。

材料：鲜柳橙汁 4oz，七喜汽水 1 听，柳橙片与红樱桃。

用具：哥连士杯、吧匙、量杯。

制法：在哥连士杯中加八分满冰块。量鲜橙汁于杯中，注入七喜汽水至八分满，用吧匙轻搅 2～3 下。柳橙片与红樱桃串夹于杯上，置于杯垫上。

6. 水果宾治（Fruit Punch）

"punch" 即果汁、香料、奶、茶、酒等掺和的香甜混合饮料，本款 punch 又由多种果汁调成，故名。

材料：柳橙汁 2oz，凤梨汁 2oz，红石榴糖浆 1/3oz，七喜汽水 1 听，柳橙片与红樱桃。

用具：哥连士杯、吧匙、吸管、调酒棒。

制法：哥连士杯中加入八分满冰块，量柳橙汁、凤梨汁、红石榴糖浆倒入杯中，注入七喜汽水至八分满，用吧匙轻搅几下，柳橙片与红樱桃串夹于杯口，放入吸管与调酒棒，置于杯垫上。

7. 凤梨霜汁（Frosted Pineapple）

本款鸡尾酒以其配料及口味取名。

材料：白薄荷糖浆 1oz，凤梨汁 1 听，红樱桃与凤梨串 1 个。

用具：哥连士杯、吧匙、量酒器、吸管、调酒棒。

制法：哥连士杯中加入八分满冰块，量白薄荷糖浆倒入，加入凤梨汁至八分满，用吧匙轻搅几下，水果串夹于杯口，放入吸管与调酒棒，置于杯垫上。

8. 绿野仙踪（Green Temptation）

这款酒颜色碧绿、口味凉爽，是夏日备受欢迎的清凉饮料。

材料：柳橙汁 2oz，柠檬汁 0.5oz，绿薄荷果露 0.5oz，雪碧 1 听。

用具：调酒壶、果汁杯。

制法：将柳橙汁、柠檬汁、绿薄荷果露倒入盛满冰块的调酒壶中，摇和均匀，倒入果汁杯中，加入雪碧注满即可。

✔ 思考题

1. 鸡尾酒材料的量度换算有哪些？

2. 鸡尾酒配方的概念是什么？

3. 标准配方与指导性配方的差别有哪些？

4. 介绍两种以白兰地为基酒的鸡尾酒配方。

5. 介绍两种以威士忌为基酒的鸡尾酒配方。

6. 介绍两种以朗姆酒为基酒的鸡尾酒配方。

7. 介绍两种以金酒基酒的鸡尾酒配方。

8. 介绍两种以特基拉酒基酒的鸡尾酒配方。

9. 介绍两种以伏特加酒基酒的鸡尾酒配方。

参考文献

［1］李祥睿.调酒师手册[M].北京：化学工业出版社，2007.

［2］李祥睿.调酒事典[M].北京：化学工业出版社，2019.

［3］康明官.鸡尾酒调制及饮用指南[M].北京：化学化工出版社，1999.

［4］卢溧环.鸡尾酒及其调制[M].上海：上海科学技术出版社，1990.

［5］王文君.饮料管理与酒吧经营[M].北京：中国商业出版社，1993.

［6］尉文树.世界名酒知识[M].第2版.北京：中国展望出版社，1990.

［7］吴锡文.香醇咖啡[M].沈阳：辽宁科学技术出版社，1997.

［8］吴锡文.健康鲜果汁[M].沈阳：辽宁科学技术出版社，1997.

［9］双长明，李祥睿.饮品知识[M].北京：中国轻工业出版社，2000.

［10］高富良.菜点酒水知识[M].北京：高等教育出版社，1994.

［11］陈宗懋.中国茶经[M].上海：上海文化出版社，1998.

［12］朱宝镛，章克昌.中国酒经[M].上海：上海文化出版社，2000.

［13］彭国梁.茶之趣[M].珠海：珠海出版社，2003.

［14］李祥睿.饮料工艺与配方[M].北京：中国纺织出版社，2008.

［15］Michael Edwards.香槟鉴赏手册[M].上海：汪泽，译.上海科学技术出版社，2002.

［16］吴克祥，范建强.吧台酒水操作实[M].沈阳：辽宁科学技术出版社，1997.

［17］李祥睿.饮品加工技术与工艺[M].北京：中国纺织出版社，2017.

［18］李祥睿.饮料制作与调配[M].北京：化学工业出版社，2020.

［19］李祥睿.英汉汉英餐饮分类词汇[M].北京：中国纺织出版社，2014.

附录 调酒术语

1. 配方（Recipe）

配方又称酒谱，是记录调制原料的名称、分量以及调制方法的说明。常见的配方有两种：一种是标准配方，另一种是指导性配方。

2. 摇匀（Shake Well）

按鸡尾酒配方，将所需材料放入调酒壶内，连冰块一起摇晃，使多种调酒料混合均匀，称为摇匀。

3. 搅匀（Stir Well）

按鸡尾酒配方，将所需材料放入调酒杯内，用吧匙或调酒棒搅拌，称为搅匀。

4. 过滤（Sieve）

鸡尾酒在摇酒壶内摇匀或调酒杯内搅匀后，用滤冰器滤去冰块，将酒水倒入载杯，称过滤。

5. 岩石法（On the Rocks）

岩石法是指在杯中预先放入较大的冰块，然后将酒淋在冰块上的一种调酒方法。

6. 雾霭法（Mist）

雾霭法是指把材料直接注入装满碎冰的岩石杯中的饮酒方法。由于碎冰的冷却性较强，会使杯子挂上一层薄薄的宛如雾霭的水滴，故而得名。

7. 清尝（Neat）

清尝是指只喝一种纯粹的、不经任何加工的饮料。如在美国酒吧点一份威士忌时，侍者会问"On the Rock（岩石酒）or Straight（纯饮）"？如果喝岩石酒，可回答"On the Rocks"或"Over"；纯饮又可说："Up"或"Neat"。

8. 雪霜法（Snow Frosting）

雪霜法是指鸡尾酒的杯口需用盐或砂糖沾上一圈，由于像一层霜雪凝结于杯口，故称为雪霜式。制法是用柠檬或绿柠檬的切口在杯口涂一圈，然后将杯口在盛有盐或糖的小碟里蘸一下即成。

9. 双混法（Double Mixing）

它是指两种不同的饮料对半混合的方法，如深色啤酒与淡色啤酒对半掺和，辣口味美思与甜口味美思对半混合等。

10. 剥皮（Peel）

切剥果皮，用柠檬皮或橙皮扭汁于酒面上，以增加香味。切皮要切成薄片，不能带着果品肉质，否则难扭出汁水。

11. 拧转（Twist）

将长条状柠檬皮扭转成螺旋状，点缀于鸡尾酒中，叫拧转。

12. 调香（Zest）

挤压柠檬片，使皮中的香味油汁喷洒在鸡尾酒中，起到调香、调味的作用。

13. 酒精纯度（Proof）

"Proof"是国外一种酒精纯度的度量单位，与我国常用的"酒精含量"意义不同。酒精含量（又称标准酒度）是指酒内的酒精所占的容积，以百分比表示，如酒精含量50%，即为酒精50°；而国外的"酒精纯度"仅为"酒精含量"的一半，100个Proof的"酒精含量"为50%，等于我国所说的酒度50°。但"Proof"还有英国式和美国式之分，英制纯酒度的最高标准为175，美制则为200，而"酒精含量"最高为100%。三种酒度之间的换算公式是：

标准酒度×1.75=英制酒度

标准酒度×2=美制酒度

英制酒度×（8/7）=美制酒度

14. 基酒（Base）

调制鸡尾酒时使用的最基本的酒。

15. 注入调和器（Dash）

一种附于苦味酒瓶的计量器。

16. 滴（Drop）

通俗的计量单位。

17. 茶匙（Spoon）

一种计量单位，1茶匙=10滴。

18. 涩味酒（Dry）

指调好的略带辛辣味的鸡尾酒。

19. 单份（Single）

30mL。

20. 双份（Double）

60mL。

21. 净饮（Straight）

不加入任何东西的酒。

22. 酒后水（Chaser）

一是喝过较烈的酒之后，在杯中加入冰水品饮，可与烈酒中和保持味觉的新鲜，可以根据个人喜好加入苏打水、啤酒、矿泉水等。二是指饮料中加入某些材料使其浮于酒中，如鲜奶油等，比重较轻的酒可浮于苏打水上。

23. 糖浆（Sugar Syrup or Simple Syrup）

将糖粉溶解在100℃的开水中而获得的一种透明的无色糖液。

24. 加冰饮用（On the Rocks）

这是指在杯中预先放入冰块，将酒淋在冰块上。